煤炭高等教育"十四五"规划教材
辽宁工程技术大学校级规划教材
教育部产学合作协同育人项目资助

U0323851

微波遥感
原理与应用

赵瑞山　张兵　戴激光　张继超／编著

中国矿业大学出版社
·徐州·

内 容 提 要

本书围绕星载合成孔径雷达(synthetic aperture radar,SAR)对地观测技术、SAR 应用领域,以 PIE-SAR 软件为依托,加强读者对微波遥感相关理论的深入理解。本书共 10 章内容:微波遥感概述、电磁波与雷达系统、合成孔径雷达成像技术、SAR 图像的定位与定标、SAR 图像校正、SAR 图像解译、立体 SAR 摄影测量、雷达干涉测量、雷达极化测量及微波遥感应用。

本书可作为测绘工程、遥感科学与技术等专业教师和科研工作者的参考书籍,也可作为各类高等院校相关专业本科生、研究生的教材。

图书在版编目(CIP)数据

微波遥感原理与应用 / 赵瑞山等编著. —徐州:
中国矿业大学出版社,2024.5
ISBN 978 - 7 - 5646 - 6264 - 6

Ⅰ. ①微… Ⅱ. ①赵… Ⅲ. ①微波遥感-研究 Ⅳ.
①TP722.6

中国国家版本馆 CIP 数据核字(2024)第 098850 号

书　　名	微波遥感原理与应用
编 著 者	赵瑞山　张　兵　戴激光　张继超
责任编辑	杨　洋
出版发行	中国矿业大学出版社有限责任公司
	（江苏省徐州市解放南路　邮编221008）
营销热线	（0516)83885370　83884103
出版服务	（0516)83995789　83884920
网　　址	http://www.cumtp.com　E-mail:cumtpvip@cumtp.com
印　　刷	江苏淮阴新华印务有限公司
开　　本	787 mm×1092 mm　1/16　**印张** 17.5　**字数** 448 千字
版次印次	2024 年 5 月第 1 版　2024 年 5 月第 1 次印刷
定　　价	42.00 元

（图书出现印装质量问题,本社负责调换）

前　言

　　微波遥感是用微波设备来探测、接收被测物体在微波波段的电磁辐射和散射特性以识别远距离物体的技术。它可以全天候、全天时对静止目标与运动目标进行探测,受到广泛重视,在灾害监测、资源调查、军事侦察、测绘以及海洋研究等领域显示出巨大的应用价值和潜力。自20世纪五六十年代对空雷达和射电天文出现至今,微波遥感技术已经从理论研究和技术突破走向全面应用,并成为气象、海洋、环境等领域业务应用和地球与空间科学研究的重要数据和信息的获取手段。我国微波遥感自20世纪70年代开始,已经先后应用在国土卫星、气象卫星、绕月卫星、海洋卫星和环境卫星等卫星上作为主要探测手段,在国民经济、社会发展、国防建设和科学研究中发挥着重要作用。

　　本书为煤炭高等教育"十四五"规划教材和辽宁工程技术大学校级规划教材,得到了教育部产学合作协同育人项目资助。本书重点围绕星载合成孔径雷达(synthetic aperture radar,SAR)对地观测技术及SAR应用领域,以PIE-SAR软件为依托,加强读者对微波遥感相关理论的深入理解。本书共包括10章内容:微波遥感概述、电磁波与雷达系统、合成孔径雷达成像技术、SAR图像的定位与定标、SAR图像校正、SAR图像解译、立体SAR摄影测量、雷达干涉测量、雷达极化测量、微波遥感应用。

　　本书由赵瑞山、张兵、戴激光、张继超共同编写。本书的第1、2、10章由张继超、戴激光编写,第3章至第7章由赵瑞山编写,第8、9章由张兵编写。全书由赵瑞山统稿和校对。辽宁工程技术大学宋伟东教授、王崇倡教授,以及航天宏图信息技术股份有限公司的任芳、路聚峰、张添、孙焕英对全书进行了审阅,在此致以诚挚的谢意。在资料收集和整理以及格式编排等工作中,辽宁工程技术大学的董碧涵、魏宇、于志、林芸雯、谢新泽、杨宁、王立波等研究生做出了较大贡献;在编写过程中,得到了辽宁工程技术大学测绘学院领导和教师及其他单位的测绘同仁的大力支持,在此一并谨致谢意。

本书可作为测绘专业、遥感专业本科生和研究生的教学用书,也可以作为有关科研和实际工作者的参考资料。

由于编著者水平有限,书中疏漏之处在所难免,敬请广大读者批评指正。

编著者

2022 年 12 月

目　　录

1 微波遥感概述 ………………………………………………………………… 1

　1.1 引言 …………………………………………………………………………… 1

　1.2 微波遥感发展历史 …………………………………………………………… 2

　1.3 微波遥感分类 ………………………………………………………………… 7

　1.4 微波遥感传感器 ……………………………………………………………… 8

　1.5 微波遥感优缺点 ……………………………………………………………… 20

　1.6 常用 SAR 遥感数据处理软件 ……………………………………………… 25

2 电磁波与雷达系统 …………………………………………………………… 28

　2.1 电磁波基础 …………………………………………………………………… 28

　2.2 微波相互作用 ………………………………………………………………… 34

　2.3 电磁波的散射 ………………………………………………………………… 37

　2.4 微波传感器系统 ……………………………………………………………… 44

　2.5 星载合成孔径雷达系统 ……………………………………………………… 47

3 合成孔径雷达成像技术 ……………………………………………………… 58

　3.1 基本概念 ……………………………………………………………………… 58

　3.2 成像处理技术 ………………………………………………………………… 68

　3.3 合成孔径雷达成像算法 ……………………………………………………… 72

　3.4 仿真成像 ……………………………………………………………………… 77

　3.5 质量评估 ……………………………………………………………………… 81

4 SAR 图像的定位与定标 ……………………………………………………… 87

　4.1 误差源 ………………………………………………………………………… 87

　4.2 几何模型 ……………………………………………………………………… 93

　4.3 雷达方程 ……………………………………………………………………… 101

　4.4 定标方法 ……………………………………………………………………… 103

5 SAR 图像校正 ………………………………………………………………… 111

　5.1 几何畸变及其校正 …………………………………………………………… 111

5.2　辐射畸变及其校正 ·· 118

5.3　SAR 图像产品分级 ·· 124

5.4　基于 PIE-SAR 软件的 SAR 图像几何校正处理 ··············· 125

6　SAR 图像解译 ·· 138

6.1　SAR 图像的基本特征 ·· 138

6.2　SAR 图像的解译标志 ·· 141

6.3　典型地物的图像判读特征 ··· 144

6.4　计算机解译 ·· 147

7　立体 SAR 摄影测量 ·· 172

7.1　立体 SAR 构象方式 ·· 172

7.2　立体 SAR 误差源分析 ·· 172

7.3　立体 SAR 定位模型 ·· 176

7.4　基于立体 SAR 技术的 DSM 生产处理 ·························· 179

7.5　基于 PIE-SAR 软件的立体 SAR 处理 ·························· 184

8　雷达干涉测量 ·· 191

8.1　InSAR 的基本原理 ··· 191

8.2　InSAR 高程测量 ··· 194

8.3　InSAR 形变测量 ··· 196

8.4　InSAR 形变监测应用 ·· 197

8.5　基于 PIE-SAR 软件的 InSAR 数据处理 ······················ 201

9　雷达极化测量 ·· 220

9.1　极化 SAR 基本原理 ·· 220

9.2　极化目标分解 ·· 227

9.3　极化矢量干涉 ·· 230

9.4　极化 SAR 应用 ··· 232

9.5　基于 PIE-SAR 软件的极化 SAR 数据处理 ···················· 235

10　微波遥感应用 ·· 241

10.1　应用需求分析 ··· 241

10.2　农业应用 ·· 242

10.3　测绘应用 ·· 246

10.4　海洋应用 ·· 246

10.5　森林应用 ·· 247

10.6　地质应用 ………………………………………………… 248

10.7　水文应用 ………………………………………………… 250

10.8　冰雪应用 ………………………………………………… 252

10.9　大气应用 ………………………………………………… 253

10.10　城市管理 ………………………………………………… 253

10.11　灾害监测 ………………………………………………… 254

参考文献 ………………………………………………………… 255

1 微波遥感概述

1.1 引言

遥感是非接触的、远距离的探测技术。遥感即遥远的感知，是指在高空和外层空间中的各种平台上，通过运用各种传感器、遥感器对物体电磁波的辐射、反射特性的探测来获取各种数据信息，并进行提取、判定、加工处理、分析与应用。

微波遥感是在 20 世纪 90 年代迅速发展起来的遥感技术，是利用传感器来接收地面各种地物发射或反射的微波信号，进而识别、分析地物，提取所需要的信息，如图 1-1 所示。微波遥感工作的基本过程大致可归结为：电磁波源通过大气传输到地面，与地面目标进行交互，由地面交互反射回传感器，传感器接收数据后将数据传输到地面接收站或通过中继卫星将数据传输到地面接收站，由地面接收站进行接收、处理、存档、分发，并进行相关技术研究，为遥感应用提供数据服务。

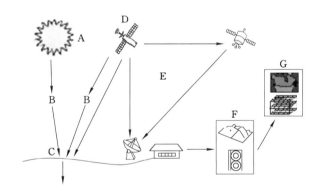

图 1-1 微波遥感示意图

与可见光、红外遥感技术相比，微波遥感主要具有以下优势和独特探测能力：

（1）全天时、全天候的工作能力。微波遥感技术不易受气象条件和日照水平的影响，能够在白天、夜晚以及各种天气条件下进行探测。

（2）穿透能力。微波遥感能够穿透云层、雾和雨等，同时也能够穿透植被，具有探测地表下目标的能力。

（3）对某些地物具有特殊的波谱特征。例如，在微波波段，水和冰的比辐射率与红外波段相比有所不同，这使得微波遥感能够利用这些特征进行特定的探测和分析。由于水体是微波辐射的理想反射体，在微波图像上表现为浅色调，这使得微波遥感技术在探测海上冰层、洋流、陆地上的水体、冰雪、土壤含水性等领域广泛应用。

（4）能够提供海洋表面的详细信息，对海洋遥感具有特殊意义。微波遥感技术能够探测海洋表面的动力参数，如海面高度、温度、风场等，在海洋现象监测、海洋动力学参数反演以及海面目标检测识别等领域广泛应用。

（5）获取丰富的立体图像信息。与可见光和红外遥感相比，微波遥感获取的图像具有明显的立体感，能够提供更多维度的信息。

我国微波遥感技术快速发展，在理论与实践上不断完善，现已成为实用且可持续发展的科学技术，并形成了应用体系。目前我国已具备星载全模态探测的能力。在国家重大项目、863 计划（国家高技术研究发展计划）以及其他计划的支持下，成像雷达的分辨率达到亚米级，星载高度计精度优于 5 cm，具备了全极化探测和三维干涉成像探测的能力；遥感探测频率已拓展到亚毫米波段，具备了空间太赫兹探测与成像的能力；多模态体制及信息融合与先进的处理技术得到了发展与广泛应用，大幅度提高了遥感信息的深层次挖掘能力；全电磁波参量作为信息载体，以小卫星、临近空间飞行器作为平台的遥感技术正在成为空间探测的重要手段等。

1.2　微波遥感发展历史

微波的发展和利用为当今世界的发展做出了贡献。无线电、电视、移动通信、微波炉和具有幻想色彩的死亡射线都与微波辐射测量和雷达系统有着同样的渊源。微波实验结果引领了理论物理学的进步，也为狭义相对论奠定了基础。雷达的发展可能是盟军在第二次世界大战中取胜的独一无二的重要因素。此外，长达半个世纪的被动微波测量，不仅使我们对太阳系的认知增长，还改变了我们对宇宙整体尺度和历史所持有的观念。

1.2.1　微波遥感起源

在遥感领域一直有一个说法：遥感的历史根植于 19 世纪摄影测量的发展。对于 SPOT 全色影像来说，其的确起源于纳达尔（Nadar，1820—1910 年）的巴黎热气球影像。其同时依赖于促进摄影发展的科学家们，例如法国发明家约瑟夫·尼塞费尔·尼埃普斯（Joseph Nicéphore Nièpce，1765—1833 年）和摄影技术发明人之一、英国化学家威廉·亨利·福克斯·塔尔博特（William Henry Fox Talbot，1800—1877 年）。

与光学遥感相同，微波遥感奠基于 19 世纪，但不是始于针孔照相机和光敏相机，而是基于电学和磁学。

1.2.2　电磁波

19 世纪初，主流文化被电的奇迹和磁的奥秘所充斥。多亏了光的一些新应用，为数不多的科学家们才更加关注光的性质和本质。1845 年至 1850 年期间进行的一些重要实验，使人们逐渐认识到电和磁之间是有关联的。

例如，丹麦物理学家、化学家汉斯·克里斯钦·奥斯特（Hans Christian Oersted，1777—1851 年）发现通电电线能引起旁边指南针指针的转动，这是一个非常有趣的现象，因为电线和指南针之间没有任何物理接触。电学之父、物理学家、化学家迈克尔·法拉第

(Michael Faraday,1791—1867 年)做过一个类似的实验,但他是通过控制磁力的开和关,时变的磁也以某种方式产生了电,即电磁感应,而在那时这被认为是一种非常神秘的现象。

法拉第的解释是磁体有着无形的"场",场力的作用可以扩散到周围的空间中,离磁体越近,场力越强,越远则越弱。因此,有人认为存在某种以一定方式同时具有电和磁特性的电磁扰动。

直到 1845 年,法拉第发现了电、磁和光的联系。他注意到强的磁场会影响在介质中传播的光束的特性。此外,1849 年法国科学家阿曼德·斐索(Armand Hippolyte Louis Fizeau,1819—1896 年)首次采用非天文观测的方法测定了光速。次年,法国物理学家傅科(Jean-Bernard-Léon Foucault,1819—1868 年)通过测量得到了一个重要的结论:光在水中的传播速度比在空气中的慢。这一现象给牛顿的微粒说带来了挑战,反映了微粒说和波动说在解释光本质上的局限性。最终,光的本质被认为具有玻粒二象性,即光既具有波动性,又具有粒子性。

英国物理学家、数学家詹姆斯·克拉克·麦克斯韦(James Clerk Maxwell,1831—1879 年)在前人的成就的基础上,对整个电磁现象进行了系统、全面的研究,凭借其高深的数学造诣和丰富的想象力,接连发表了关于电磁场理论的三篇论文:《论法拉第的力线》(1855 年 12 月至 1856 年 2 月)、《论物理的力线》(1861 至 1862 年)、《电磁场的动力学理论》(1864 年 12 月 8 日),对前人和他自己的工作进行了总结,用简洁、对称、完美的数学形式将电磁场理论表达了出来,经后人整理和改写,成为经典电动力学主要基础的"麦克斯韦方程组"。据此,1865 年他预言了电磁波的存在,电磁波只可能是横波,并推导出电磁波的传播速度等于光速,同时得出结论:光是电磁波的一种形式,揭示了光现象和电磁现象之间的联系。1888 年,德国物理学家海因里希·鲁道夫·赫兹(Heinrich Rudolf Hertz,1857—1894 年)用实验验证了电磁波的存在。之后,人们又进行了许多实验,不仅证明光是一种电磁波,还发现了更多形式的电磁波,它们的本质完全相同,只是波长和频率有差别。

1.2.3 雷达

在赫兹的小规模实验的 7 年后,剑桥大学的科学家们进行了超过 1 km 距离的无线电信号传输实验。1901 年,意大利无线电工程师、"无线电之父"伽利尔摩·马可尼(Guglielmo Marconi,1874—1937 年)成功将无线电波传过大西洋,这宣告了全球通信时代的开始,并为微波遥感和雷达的发展奠定了基础。

雷达的基本概念形成于 20 世纪初,但是直到第二次世界大战前后才得到迅速发展。早在 20 世纪初,欧洲和美国的一些科学家已知道电磁波被物体反射的现象。

1922 年,马可尼发表了无线电波可能用于检测物体的论文。美国海军实验室发现用双基地连续波雷达能发现在其间通过的船只。1925 年,美国开始研制能测距的脉冲调制雷达,并首先用它来测量电离层的高度。20 世纪 30 年代初,一些欧美国家的学者开始研制探测飞机的脉冲调制雷达。1936 年,美国研制出作用距离达 40 公里、分辨力为 457 m 的用以探测飞机的脉冲雷达。1938 年,英国已在邻近法国的本土海岸线上布设了一条观测敌方飞机的早期报警雷达链。

第二次世界大战期间,由于作战需要,雷达技术发展极为迅速。就使用的频段而言,战前的器件和技术只能达到几十兆赫兹。大战初期,德国首先研制成大功率三、四极电子管,把频率提高到 500 MHz 以上,这不仅提高了雷达搜索和引导飞机的精度,还提高了高射炮控制雷达的性能,使高射炮具有更高的命中率。1939 年,英国发明了频率为 3 000 MHz 的雷达,地面和飞机上装备了这种磁控管的微波雷达,使盟军在空中作战和空海作战方面获得优势。大战后期,美国进一步把磁控管的频率提高到 10 GHz,实现了机载雷达小型化并提高了测量精度。在高炮火控方面,美国研制的精密自动跟踪雷达 SCR-584,使高炮命中率从作战初期的数千发炮弹击中一架飞机提高到数十发击中一架飞机。

20 世纪 40 年代后期出现了动目标显示技术,这有利于在地杂波和云雨等杂波背景中发现目标。高性能的动目标显示雷达必须发射相干信号,于是研制了功率行波管、速调管、前向波管等器件。50 年代出现了高速喷气式飞机,60 年代出现了低空突防飞机,中、远程导弹以及军用卫星,促进了雷达性能的迅速提高。60 年代至 70 年代,电子计算机、微处理器、微波集成电路和大规模数字集成电路等应用到雷达上,使雷达性能大幅度提高,同时减小了体积和重量,提高了其可靠性。在雷达新体制、新技术方面,50 年代已比较广泛地采用了动目标显示、单脉冲测角和跟踪以及脉冲压缩技术等,60 年代相控阵雷达问世,70 年代固定相控阵雷达和脉冲多普勒雷达问世。

雷达的发展可以归纳为以下四个阶段:

(1) 第一阶段,1930 年—1950 年。1935 年英国的罗伯特·沃森研制了世界上第一台雷达,1936 年美国海军研制了第一台收发共用的雷达。1940 年,由于世界大战期间军事上的需要,雷达发展迅速。1940 年多腔体磁控管雷达研制成果,1942 年雷达开始量产并运用到实战中。

(2) 第二阶段,1951—1970 年。雷达的理论研究高速发展,雷达的匹配滤波理论、统计检测、模糊函数等重要理论都是在这一时期形成的。20 世纪 60 年代,由于航天航空工业的快速发展和迫切需求,雷达精度得到进一步提高,工作波长从短波扩展到毫米波、红外线、紫外线等领域;脉冲压缩技术成熟,出现了相控阵雷达和单脉冲雷达,同时相参雷达的出现也进一步促进了多普勒雷达的构建和发展。各种高精度、远距离、高分辨力、多目标测量的雷达逐步出现。

(3) 第三阶段,1971—2000 年。这一时期随着数字电路技术的不断发展和电路集成度的不断提高,雷达朝着高频、高精度、高灵活度、小型化的方向不断演进。同时数字电路技术的进步,使得计算机的雷达信号处理能力逐步增强。

(4) 第四阶段,2001 年至今。目前的雷达主要以基于相位控制的相控阵、合成孔径和脉冲多普勒三种体制为主。同时雷达逐步网络化、智能化,网络通信系统也在与雷达感知系统逐步走向统一。

中国雷达技术自 20 世纪 50 年代初才开始发展。中国研制的雷达已装备军队。中国已研制出防空用的二坐标和三坐标警戒引导雷达、地-空导弹制导雷达、远程导弹初始段靶场测量雷达和再入段靶场测量与回收雷达。在民用方面,远洋轮船的导航和防撞雷达、飞机场的航行管制雷达以及气象雷达等均已生产和应用。中国研制的机载合成孔径雷达能够获得大面积清晰的测绘地图。中国研制的新一代雷达均已采用计算机或微处理器,并应用了中、大规模集成电路的数字式信息处理技术,频率已扩展至毫米波段。

1.2.4　成像雷达

在微波遥感史上,机载雷达的发明是一个很大的飞跃。雷达能全天候、全天时工作的特性意味着其能被用于轰炸机的导航。1941 年,英国以"硫化氢"(H_2S)为代号研制一种用于轰炸机的10 cm雷达。其设计的应用目的是从飞机上对地探测及对飞向和飞离轰炸目标进行辅助导航。

随着"硫化氢"等机载雷达的发展和进步,人们对其在侦查和制导中的作用有了越来越深的认识,这是成像雷达发展的根源。成像雷达的明显优势是能在黑暗环境中获取影像,且不受云层的影响。此外,更大的研究动力来自它们具有识别植被层下隐藏目标的潜能。使用发射高频微波的长天线是成像雷达发展中关键的一步。这种天线能产生窄的扇形波束,通过从垂直于航线(实际上稍微向前或者向后倾斜)的方向上投影到飞机一侧的地面,实现观测。随着飞机的飞行,使用扇形波束能获取覆盖区域范围较大的信息。20 世纪 50 年代,以军用侦查为目的研制的侧视机载雷达(side looking airborne radar,SLAR)便是具有这种性能的设备。在这里,摄影技术和微波技术的历史有了唯一的交集。因为机载雷达获取的数据具有变化范围广和数据量大的特点,当时摄影用的胶卷是唯一适用于记录这种数据的方法。

1925 年,出现了一个重要的进展——多普勒波束锐化(Doppler beam sharpening)技术,这是由固特异飞机公司(Goodyear Aircraft Corporation)的卡尔·威利(Carl Wiley)为了提高长波成像雷达的分辨率而研发的。更长的工作波长需要大得不可能实现的天线来获取与短波工作雷达相同的空间分辨率。为了解决这个问题,威利研发了一种利用回波多普勒频移来获取更高分辨率的方法,现在被称为"孔径合成"。通过这种技术可以使用小天线实现较大的合成天线(孔径),从而有效地获取高分辨率。

在军用系统和它们解密后用于民用的系统之间存在很大的时间差。第一个民用机载成像雷达出现于 1967 年,其实现了对覆盖巴拿马的达连省 20 000 km² 面积的测绘。该区域到处是很难接近的热带雨林,同时常年被云层覆盖,因此从未进行过摄影测量或地图绘制。该项目的成功为其他测绘项目树立了榜样。1971 年,对覆盖委内瑞拉 500 000 km² 国土面积进行了测绘,实现了水资源分布的系统性调查和制图,还发现了前所未知的几条大河。

这些成功实施的项目为成像雷达作为一种不可替代的测绘工具开辟了道路。

1.2.5　航天微波遥感

航天微波遥感始于 20 世纪 60 年代。自 1962 年美国首次用双频道微波辐射计测量全星表面温度以来,微波遥感器已不断地用在美、苏等国发射的多种气象卫星和空间飞行器上。1968 年,苏联发射"宇宙 243"(Cosmos 243)卫星,搭载了 4 台正下视微波辐射计进入观测轨道,首次实现了大气观测。1972 年,美国发射了"雨云 5 号"(nimbus-5),其搭载了称为雨云-E 微波谱仪(nimbus-E microwave spectrometer,NEMS)的正下视微波辐射计,主要应用于温度探测。从那时起,传感器从最初的单通道、低分辨率的辐射计向多通道、更高分辨率的辐射计发展,测量结果也被用于测量降水、云中液态水、大气水汽和温度剖面等。

星载雷达是由星载微波高度计和散射计实现的。1969—1970 年,微波高度计被用在"阿波罗"(Apollo)计划登陆月球时的导航装置上;1973—1974 年,"S-193"微波散射计是为

"天空实验室"(Skylab)计划开展观测实验而研发的。

自 20 世纪 70 年代,美国开始了雨云卫星计划,并逐步开始大气温度、湿度微波辐射的遥感研究与业务应用,中国与此同时也开始进行大气微波辐射传输与遥感技术研究。自 20世纪 70 年代起,北京大学赵柏林等研制了地基多通道大气微波辐射计,开展了大气辐射遥感实验与研究。80 年代,中国科学院长春地理研究所张俊荣等研制了车载多通道微波辐射计,并在长春净月潭遥感实验场开展了车载对地表植被、积雪、海冰的遥感实验。1982 年中国科学院大气物理研究所周秀骥等出版了《大气微波辐射及遥感原理》,讨论了大气辐射传输理论、大气粒子散射等问题,这是我国大气辐射微波遥感的第一部学术著作。1992 年 10月,国家卫星气象中心成立专家组,讨论风云三号气象卫星微波遥感通道及其技术参数,进而开始了风云三号微波遥感大气温度、大气湿度与多通道微波辐射成像仪等遥感器的立项,这是我国星载微波遥感气象卫星计划的开始。

将成像雷达送到太空则花费了更长的时间。直到 20 世纪 70 年代初,美国国家航空航天局(National Aeronautics and Space Administration,NASA)发展了性能可靠的民用雷达技术,星载雷达成像才成为可能。1978 年发射的"海洋之星"(Seasat)带来了星载主动微波遥感(至少是对民用方面来说)革命。Seasat 上搭载了一台微波高度计、一台多波束散射计[海洋 A 星散射计"(the Seasat-A Satellite Scatterometer,SASS)]以及第一台民用星载成像的合成孔径雷达(synthetic aperture radar,SAR),主要用于海洋领域研究。虽然该卫星只持续工作了几个月,但其设备也明确证明了主动微波传感器在某些特定尺度范围内的海洋研究中,作为一个特殊角色应具有的稳固地位。这引导了 20 世纪 80 年代继承了 Seasat技术的航天飞机(space shuttle)的系列飞行计划,还为其他一些轨道平台上 SAR 的成功应用奠定了基础,其中包括欧洲航天局(European Space Agency,ESA)的 ERS-1/2 号卫星,这两颗卫星提供了持续时间超过十年的观测数据。

自国家 863 计划开始,SAR 的微波主动遥感技术调研和研制开始启动。中国科学院电子学研究所等成为我国 SAR 研制的主要单位,以雷达信号处理为主的研究在 SAR 研制中发挥了重要的作用,这是我国主动微波遥感 SAR 研制的开始。2002 年,神舟四号多模态微波遥感系统的成功在轨飞行实现了我国航天微波遥感零的突破,使我国进入航天微波遥感时代。2006 年中国遥感卫星一号的成功发射实现了我国航天微波遥感全模态工作。多模态微波遥感器上天,推动了我国以微波遥感器为主要载荷的一系列应用卫星的发展。

经过多年发展,中国的微波遥感事业变得有声有色。在理论基础、技术实现和工程的层面上已形成了实用且可持续发展的技术、科学与应用体系。具有里程碑意义的事件是 1975年召开的全国遥感规划通县会议,此次会议拟定了我国遥感发展规划,其中微波遥感发展规划指导着我国微波遥感的发展。

我国微波遥感经历了四个发展阶段:(1) 概念研究阶段。(2) 我国将微波遥感作为重点项目进行科技攻关,进行了遥感器的基本研制和基础研究以及若干应用的研究。(3) 我国进入了航天遥感阶段。一些星载遥感设备和遥感器在这个阶段得以研制,同时还利用国外数据进行应用处理方法的研究,为以后国产数据处理做准备。(4) 我国多个型号卫星都载有微波遥感器,例如遥感系列卫星、风云二号 G 星(FY-2G)、风云三号(FY-3)、海洋二号(HY-2)、高分三号等。

微波技术,无论是主动的还是被动的,现在都已经成熟,这使得其在对地球和其他太阳系星体的观测中具有不可替代的地位。

1.2.6 新型 SAR 遥感

纵观 SAR 技术的发展,其经历了从单波段单极化到超高分辨率、多极化、多模式和星座化的发展:第一阶段为单波段、单极化 SAR 遥感(如 Seasat、ERS-1/2、JERS-1、RADARSAT-1 等)。第二阶段为多波段、多极化 SAR 遥感(如 ENVISAT/ASAR 和 SIR-C/X-SAR)。极化 SAR 和干涉 SAR 代表第三阶段(如 ALOS/PALSAR 和 RADARSAT-2 等)。而以极化干涉 SAR(Pol-InSAR)、三维/四维 SAR(3D/4DSAR)、双站/多站 SAR(Bistatic/Multistatic SAR)和数字波束形成 SAR(DBF SAR)为代表的前沿雷达技术的出现,表明第四阶段 SAR 或新型 SAR 出现。

基于新型 SAR 理论和技术,美国、德国、意大利、西班牙、阿根廷、日本、韩国、印度和中国等国家已实施和提出了多个新型 SAR 计划,例如:德国的 TanDEM-X/PAZ 计划和 TanDEM-L 计划、意大利的 COSMO-Skymed 星座计划、西班牙的 PAZ 计划、阿根廷的 SAOCOM 计划、日本的 ALOS-2 计划、韩国的 KOMPSat-5 计划、印度的 RISAT-1(Radar Imaging Satellite-1)计划、美国和印度的双频 NISAR 计划以及我国的"16+4+4+X"计划(其中有 4 颗是 SAR 卫星)等。以上已实施和正在实施的新型 SAR 计划大多数具有双/多站或星座观测、极化干涉测量、高分宽幅测绘或三维结构信息获取等能力,这些能力远超传统 SAR,使得其在全球环境变化监测、全球森林监测、城市三维信息获取、资源勘查、环境监测与评价以及对月探测等领域中发挥更加重要的作用。

随着国防、民生和地球科学应用需求的不断提高,单一体制的 SAR 已经很难满足对地球表面动态过程进行高精细、大尺度和连续不断监测的要求。因此,需要发展新的体制和新的模式的 SAR 系统和技术,来满足日益增长的 SAR 的应用需求。随着科技的不断发展,SAR 领域得到了极大程度的拓展,新型 SAR 的发展趋势可以从多通道、多观测角、高时相、高分辨率和高测绘带宽等方面把握。

1.3　微波遥感分类

微波遥感可以分为主动式微波遥感和被动式微波遥感。

主动式微波遥感是通过向目标地物发射微波并接收其后向散射信号来实现对地观测的遥感方式,如图 1-2 所示。其特点是传感器系统自身微波辐射,并接收从目标反射或散射回来的电磁波。普通雷达、侧视雷达、合成孔径雷达、微波散射计、雷达高度计等都属于主动式微波遥感。

被动式微波遥感是指传感器不向目标发射电磁波,接受来自目标地物发射或散射的微波,而达到探测目的的遥感方式,如图 1-3 所示。常用的遥感器有微波辐射计等。其中,被动接受目标地物微波辐射的传感器为微波辐射计。

主动式微波传感器一般分为成像和非成像两类。最常见的成像式主动微波传感器是侧视雷达,包括真实孔径雷达(real-aperture radar,RAR)和合成孔径雷达(synthetic aperture radar,SAR)。

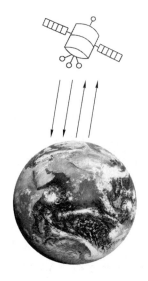

图 1-2　主动式微波遥感

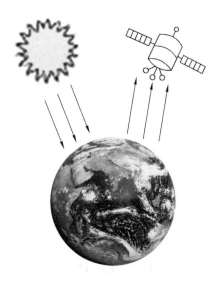

图 1-3　被动式微波遥感

非成像微波传感器包括高度计和散射计,主要用于测量目标的物理特性,如高度、散射特性等,而不是形成图像。

主动式微波遥感和被动式微波遥感的差异见表 1-1。

表 1-1　主动式微波遥感和被动式微波遥感的差异

名称	原理	传感器	特点
主动式微波遥感	探测器主动发射微波,并接收物体反射的微波能量	RAR(成像),SAR(成像),雷达高度计,微波散射计	独特的成像特征,是对地观测技术很好的补充
被动式微波遥感	类似于热红外遥感原理,不同的是接收的是地物发射的微波能量	微波辐射计	空间分辨率低,可用于探测大气中水汽和臭氧的含量、测量土壤湿度等

1.4　微波遥感传感器

传感器是一种检测装置,能感受到被测量的信息,并将感受到的信息按一定规律变换成为电信号或其他所需形式的信息输出。

遥感平台是装载传感器的运载工具,按高度分为:

(1)地面平台——把传感器设置在地面平台上,如车载、船载、手提、固定或活动高架平台等,可为航空和航天遥感作校准和辅助。

(2)航空平台——80 km 以下的平台,把传感器设置在航空器上,如气球、航模、飞机及其他航空器和遥感平台等。

(3)航天平台——80 km 以上的平台,把传感器设置在航天器上,如高空探测火箭、人造地球卫星、航天飞机、宇宙飞船、空间实验室等。

其中,人造地球卫星按运行轨道可以分为:

(1) 低轨道高度、短寿命卫星——200～2 000 km。

(2) 中轨道高度、长寿命卫星——2 000～20 000 km。

(3) 高轨道高度、长寿命卫星——20 000 km 以上。

微波遥感传感器是利用微波特性来检测一些物理量的器件,包括感应物体的存在、运动速度、距离、角度等。微波遥感传感器主要有微波辐射计、雷达高度计、微波散射计、侧视雷达和合成孔径雷达等。

微波遥感传感器有成像方式和非成像方式两种。非成像方式的传感器有雷达高度计、微波散射计。成像方式的传感器有微波辐射计、侧视雷达。其中,微波辐射计是被动微波遥感成像的传感器,侧视雷达是主动微波遥感成像的传感器。

1.4.1　非成像微波传感器

非成像微波传感器主要包括雷达高度计、微波散射计。

(1) 雷达高度计

雷达高度计是一种利用天底点指向的回波延时进行准确距离(更准确地话称为高程)测量的传感器,属于主动式微波遥感。传统的雷达高度计以飞行器的轨道为基准,向地面发射电磁脉冲,并接收地面反射的回波,通过测量发射信号和接收信号之间的时间延迟,来测量与其垂直的地球表面的距离。其基本结构如图 1-4 所示。其工作原理:按照定时系统的指令,发射机发出调制射频波束,经转换开关导向天线,由天线将波束射向目标,然后还是由天线收集向天线方向发射或散射回来的那部分能量,再由转换开关引向接收机,将返回的信号进行处理后提供输出数据,以决定往返双程传播的时延,因为传播速度是已知的,由时延测量即可计算目标的距离。

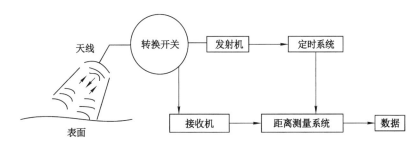

图 1-4　雷达高度计结构示意图

星载雷达高度计的延时测量精度极高,可以在 800 km 的飞行高度上获得厘米级的观测精度。为了准确地测量地表面高度变化,要求定时系统在测量期间具有良好的稳定性,保证测量是可重复的。由于平台的姿态和高度变化可能引起很大的量测误差,因此还必须修正姿态和高度变化带来的误差。

雷达高度计的功能是以极高的精度获得一个表面的平均高度,同时它的工作波长足够长,云的影响可以忽略。只要提供足够的辅助数据以及误差补偿,就可能将平均高度的准确度降到厘米级。如 TOPEX/Poseidon 卫星上的雷达高度计,其精度可达 2 cm,单次轨道过顶的测量准确度可达 13 cm。

通过对雷达高度计直接测量的雷达回波波形的信息提取可以获得海面高度、有效波高等数据产品,进一步开展数据产品的反演数据可获得包括海洋地球物理学、海洋动力学、海洋气候与环境、海冰监测等诸多应用领域的专题应用产品。雷达高度计测量技术目前已经成为重要的用于海洋观测不可或缺的遥感手段。

在对地观测中,雷达高度计的应用主要集中于海洋和两极冰盖,包括固体地球地形和海底地形绘图、确定海面风速、测量海冰分布和厚度等。它们的地形主要表现为:在数公里的尺度上厘米级到米级的微小垂直变化。这些表面也是动态的,因为海洋表面随着潮汐、洋流和海风变化,而冰盖随着冰平衡的改变有着季节性或年际变化。因此,一个长时间尺度的多次重复高度测量是关于地球海洋和冰面宏观过程的一个重要信息源。

自 1973 年美国的天空实验室(Skylab)验证了星载雷达高度计的方案以来,测量精度也从最初的米级提高到了现在的厘米级。目前装载了雷达高度计的卫星绝大部分来自美国和欧洲,美国和法国合作研制的 Jason 系列卫星是高度计卫星最典型的代表,目前在轨的可提供高度计应用数据的卫星包括 Jason 系列卫星、"冷星"(CryoSat)系列卫星和海洋二号系列卫星等。

星载雷达高度计的发展经历了传统星下点高度计、星下点合成孔径雷达高度计以及宽刈幅干涉型高度计的发展历程,其中 Jason-3 卫星、CryoSat-2、Sentinel-3A/B 卫星采用了合成孔径雷达高度计,其利用卫星运动,经多普勒锐化将天线波束变成多个子波束,每个子波束在传统圆形天线足迹内形成条带状的波束足迹,即采用合成孔径技术提高了沿轨迹空间的分辨率,同时在卫星飞行过程中,条带区域内的目标被子波束依次扫视,将不同位置接收的回波信号进行延迟距离校正后叠加,实现对目标的多次测量。比起传统回波波形,合成孔径雷达高度计的回波前沿更陡峭,信噪比更高,从而能获得更高的测距精度。

干涉型成像高度计是一种采用小角度、高精度干涉测量的技术,能精确获得海面的干涉条纹信息,进而获得三维海面形态,再经过复杂的定标最终获得宽刈幅范围内的海平面高度测量。将传统雷达高度计和干涉技术相结合的新型海洋雷达高度计,克服了传统雷达高度计的不足,可以满足观测高纬度、宽刈幅范围的区域的要求。因此,基于垂直航迹干涉(XTI)的测高技术是目前最具潜力、最值得期待的新技术之一。

哨兵 6 号(Sentinel-6)卫星、地表水和海洋地形(surface water and ocean topography,SWOT)等卫星使用了干涉型成像高度计。干涉型成像高度计采用干涉技术获取高程信息的原理,虽然理论上绝对测高精度不及传统高度计,但是其具有宽刈幅观测能力,可以大幅度提高海面高度和有效波高的探测效率,同时其通过各种差分校正技术和信号处理手段,可以在宽刈幅内获得相对高的测高精度,满足特定的应用需求,此外可以获得海

图 1-5 SWOT 卫星在轨效果图

洋波浪谱信息,兼顾海洋和陆地的成像功能。SWOT 卫星的观测刈幅可达 120 km,如图 1-5 所示。

　　我国目前已发射的海洋二号系列卫星采用传统雷达高度计,测高精度优于 5 cm。合成孔径雷达高度计也已经进入工程研制阶段。2016 年 9 月 16 日,由中国科学院国家空间中心研制的三维成像微波高度计随天宫二号空间实验室发射升空开展原理验证工作,成为国际上第一个实现宽刈幅高度测量的三维成像高度计,在 400 km 的轨道高度上在定轨精度达 20 cm 的条件下实现了幅宽 30~35 km、相对测高精度为 8.2 cm 的指标。

　　天宫二号高度计在实现宽刈幅海面测高的同时,可对海面三维形态以及海洋内波进行观测,还可以对海面风速和海面有效波波向进行测量。天宫二号高度计以前所未有的 1°~8°视角从太空对海洋和陆地进行雷达干涉成像观测,以独特的视角所获取的观测数据呈现了许多独特现象。例如,图 1-6 的幅度图像清楚反演了海浪的信息,而图 1-7 所示三维图像更加清楚地反映了涌浪的信息。三维海面原始的空间分辨率约为 100 m,可经多视处理成公里量级以消除海浪对海面测高的影响,得到厘米级精度的海平面高度。

图 1-6　天宫二号对海洋观测幅度图像　　　　图 1-7　天宫二号对海洋观测的三维图像

（2）微波散射计

　　微波散射计是记录物体散射数据而不要求成像的雷达,用来获得各种物体对入射微波的散射特性。一般只要能精确测量目标信号强度的雷达,都可以称为散射计。大多数雷达在校准之后都能作为散射计使用。

　　微波散射计的原理和设计与常规雷达基本相同,如图 1-8 所示。一般微波散射计的组成包括:微波发射器、天线、微波接收机、检波器和数据积分器。

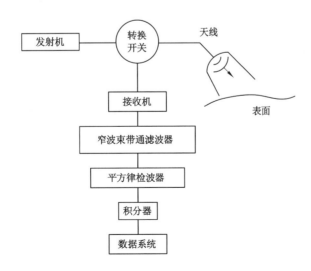

图 1-8　微波散射计组成部分

微波散射计和雷达高度计的工作原理类似：以固定脉冲重复频率（pulse repetition frequency，PRF）发射一系列脉冲并测量其回波；微波散射计主要致力于回波特性的定量化，而不是延时的精确测量。微波散射计和雷达高度计的不同点：它在设计时牺牲测距准确度和空间分辨率，致力于提供非常准确的目标散射截面测量。延时仍然被用来估计距离，但只是作为目标定位的一个辅助，其本身并不作为最终产品。当一台微波散射计指向某个允许微波穿透的目标区域（如森林顶篷或冰雪）时，其提供了散射系数相对于目标深度变化的一个精确测量。

正底视微波散射计常用来测量植被、冰雪、雨云等的雷达截面随高度的变化。然而，微波散射计并不总要指向天底点，因为高度不再是其主要关注的测量值。在星载微波散射计中，天线波束常是倾斜的，即指向距离天底点很远的地方。波束方向可以和航迹的一侧相垂直，也可以沿着航迹相同或相反的方向。根据不同的应用场合，波束可以指向任意视角，或者是不同视角和距离的叠加。可以同时使用多波束技术，各个波束之间要么通过不同相对运动速度（由不同视角引起）的多普勒频移，要么通过选择略有不同的载频对各波束的回波进行分辨。

星载微波散射计是专门用来从空间大范围定量测量被观测面（或体）散射特性（即后向散射系数）的有源微波遥感器。星载微波散射计对海面风矢量的测量是通过在不同方位角测量海面同一区域的归一化雷达后向散射系数，并利用后向散射系数和海面风的几何模型函数来推导出海面风的速度和方向，从而得到海洋表面的矢量风场。星载微波散射计的基本体制主要包括笔形波束（也称为点波束）体制和扇形波束体制两种。笔形波束体制的分辨能力通常靠角度测量来获得，扇形波束体制的分辨力由距离测量来获得，也可以由速度测量来获得。

星载微波散射计目前可以分为降雨雷达和风散射计两大类。

① 降雨雷达（rain radar）或降水雷达（precipitation radar，PR）也是一种微波散射计，通过对雨云散射截面的测量确定它们的特性。1997 年美国和日本合作发射了第一台星载降水雷达——热带降水测量任务（tropical rainfall measuring mission，TRMM）卫星。该雷达专注于测量热带降雨，因为全球 2/3 的降雨都集中在这个区域。PR（搭载于 TRMM 上的降水雷达）类似扫描高度计，其测量的回波强度是延时的函数，但它致力于以仅 250 m 的分辨率精确测量一个较宽刈幅（约 215 km）的后向散射。

② 风散射计是专门用来测量海洋表面风速和风向的设备。其被设计为可以从两个或更多视角（方位角）对开阔水域进行测量，以得到海面风生波的方向。通过将测量值和一个通过长期监测得到的模型拟合，还能确定风速。风散射计可以定期提供风场测量值，几乎每天被用作气候模型和天气预报的输入值。

美国发射了海洋卫星-A（Seasast-A），首次证明了散射计可以对海洋上空的风矢量进行全天候测量。自 Seasast-A 之后，美国、日本等先后研制并成功发射了多个散射计，其中最具代表性的是 NASA 喷气推进实验室（JPL）研制的 NSCAT 扇形波束微波散射计和 SeaWinds 笔形波束微波散射计。

星载散射计的两个重要的发展方向是扇形波束圆锥扫描体制散射计和极化散射计，扇形波束圆锥扫描体制结合了点波束圆锥扫描和扇形波束的优势，通过获取扫描过程中对同一目标的不同入射角观测值无模糊反演风场矢量。由中国国家航天局和法国国家空间研究中心联合立项支持的、航天东方红卫星公司研制的中法海洋卫星(CFOSAT-1)搭载了一台扇形波束扫描散射计,风速测量精度达到 2 m/s,如图 1-9 所示。中法海洋卫星利用两个有效载荷[中方研制的微波散射计(SCAT)和法方研制的海洋波谱仪(SWIM)]分别测量海面风场(包括风速和风向)和海面波浪方向谱(沿不同方向的不同波长的海面波浪的能量分布),研究海面风场与波浪的物理特性和相互作用。

图 1-9　中法海洋卫星在轨效果图

星载散射计的另一个发展方向是极化散射计。极化散射计同时测量常规的同极化后向散射系数,以及同极化和交叉极化的雷达回波的相关系数。利用同极化和极化相关信号的对称性质的差异可以解决风向模糊问题,同时提高整个观测带内的风向反演性能。此外,采用极化散射计还有可能将大气中雨的影响去掉,提高降雨情况下风的反演精度。

1.4.2　成像微波传感器

成像微波传感器主要包括微波辐射计和侧视雷达。

(1) 微波辐射计

星载微波辐射计是一种被动式微波遥感设备,通过接收被观测场景辐射的微波能量来探测目标特性。当微波辐射计的天线主波束指向地面时,天线收到地面辐射、地面散射和大气辐射等辐射流量,引起天线视在温度的变化。天线接收的信号经放大、滤波、检波和再放大后,以电压的形式给出。对微波温度探测辐射计的输出电压进行定标后,即建立起输出电压与天线视在温度的关系,就可以确定所观测目标的亮度温度,该温度值包含了辐射体和传播介质的一些物理信息。微波辐射计主要用于记录目标的亮度温度,可用于测海洋温度、海面风速、海水盐度、特殊微量气体等。微波辐射计实质上就是一个高灵敏度、高分辨率的微波接收机。

微波辐射计可以分为图像型和非图像型。将它放在地面平台上时,微波辐射计可以记录一个观测单元的亮度温度。如果安装在飞行器上,则可以记录沿飞行方向的一条亮度温度曲线。若将辐射的天线设计成扫描式天线,就可以获得一个扫描区域的亮度温度图。采用扫描天线的扫描微波辐射计就是图像型微波辐射计,其特点是天线可以对地面目标进行扫描探测,获取地面目标的微波辐射信息,把所获取的信息转换成以灰度等级显示的物体图像,扫描方式有两类:

① 电控扫描,如雨云 5 号和 6 号气象卫星上的电扫描微波辐射计。

② 机械扫描,如雨云 7 号和海洋卫星 1 号上的扫描多通道微波辐射计和泰罗斯 N 号上的微波探测器。

图 1-10 为微波辐射计天线的两种不同扫描方式,天线在每个瞬间接收来自地面的一个近似圆形或椭圆形地块内地物的微波辐射信号,通过天线来回扫描,随着飞行器的前进,获得扫描地带上各种地物的信号,并形成图像。

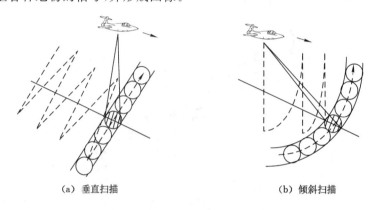

（a）垂直扫描　　　　　　　　　　　　（b）倾斜扫描

图 1-10　微波辐射计天线波束的扫描方式

微波辐射计表面上仅仅是一种接收机,但与雷达或通信中的接收机不同。其一,物体发射是相位非相干的自然辐射,可以扩展到整个电磁波谱,而雷达接收机所接收到的输入信号则可能是相位相干,并近于单色。其二,关于接收机输出端的信噪比 S_n,雷达接收机为提取接收信号中的信息,必须使 $S_n \gg 1$。而微波辐射计的待测信号 P_A 通常比接收机的噪声功率小得多,因此,微波辐射计是一种高灵敏度的接收机,能精确地测出很小的输入信号电平。

星载微波辐射计已发展成为观测大气与地球表面的重要遥感工具,具有全天候、全天时的对地观测能力,可获取大气温度、湿度、水汽、降雨含量、海冰分布等地表、海洋和大气的重要信息,它们是气象卫星和海洋卫星的重要遥感载荷。

美国的 Seasat 系列卫星、国防气象卫星（DMSP）、"诺阿"（NOAA）气象卫星、"科里奥利"（Coriolis）卫星都搭载了微波辐射计。我国的风云三号卫星、云海一号卫星、海洋二号系列卫星（图 1-11）也搭载了微波辐射计。目前海洋二号系列卫星已成功发射 4 颗,海洋二号 B 星、C 星、D 星相继于 2018 年、2020 年、2021 年成功发射并在轨稳定运行,三星组网构成我国首个海洋动力环境卫星星座。

图 1-11　海洋二号卫星在轨示意图

微波辐射计目前的发展方向主要是全极化辐射计和综合孔径辐射计。

传统的微波辐射计只测量目标微波辐射的 H 和 V 极化分量的辐射亮温。研究表明：除了 H 和 V 极化分量，Stokes 矢量的其他分量，即两个极化分量的复相关分量，能够提供更多的关于目标的信息。由此，星载全极化微波辐射计得到了快速的发展和应用，全极化微波辐射计可以测量海面微波辐射全部 4 个 Stokes 参数，与传统的微波辐射计只能测量水平和垂直极化两个 Stokes 参数（TV、TH，前两个 Stokes 参数）相比，第 3 个和第 4 个 Stokes 参数对于粒子分布的方向非常敏感，这是测量大气有关粒子分布方向信息很好的两个候选参数。通过反演获得测量海面风场（风速、风向）信息，美国的 Coriolis 卫星搭载了全极化辐射计，其测温精度达到了 0.75 K，并能够提供高精度的海面风场测量数据。我国全极化微波辐射计也已进入工程研制。

星载微波辐射计要提高空间分辨率，就必须设法增大天线的物理口径，而天线物理口径过大对于其星载应用会带来很大的困难。综合孔径微波辐射测量技术将一个大口径天线等效分割成若干个小口径天线，通过基线设计和组合干涉测量得到所有的小口径天线组合的测量结果，并对这些干涉测量结果进行相干处理，来得到被测目标的辐射亮温。美国于 2002 年发射的 HYDROSTAR 辐射计为综合孔径辐射计，其工作在 L 频段，采用一维稀疏天线阵，在交轨方向采用孔径综合技术，在顺轨方向采用天线真实口径进行观测，其星下点分辨率为 27 km。目前在轨运行的土壤湿度和海洋盐度卫星（SMOS）搭载的 MIRAS 为全球首个二维综合孔径微波辐射计，其具有 1 000 km 观测幅宽、40 km 分辨率和 1 K 灵敏度。

（2）侧视雷达

侧视雷达（side-looking radar，SLR）分为真实孔径雷达（real aperture radar，RAR）和合成孔径雷达（synthetic aperture radar，SAR）两类。真实孔径雷达由于分辨率较低，很少再作为成像雷达使用。现在的侧视雷达一般指视场方向和飞行器前进方向垂直，用来探测飞行器两侧的合成孔径雷达。

飞行器上的侧视雷达包括发射机、接收机、传感器、数据存储和处理装置等。早期使用真实孔径雷达探测目标，采用直接加大天线孔径和发射窄脉冲的方法来提高雷达图像的分辨率。20 世纪 60 年代之后，采用合成孔径技术，使雷达探测分辨率提高几十倍至几百倍。现代侧视雷达在 10 000 m 高度上的地面分辨率已达到 1 m 以内，相当于航空摄影水平。

自 20 世纪 60 年代起飞机上开始装备侧视雷达，用以侦察、测绘地面和战场的军事目标，搜索和监视战场情况，发现隐蔽在树林中的坦克群、导弹地下发射井和火箭发射架。装有侧视雷达的遥感飞机在农业、地质勘探、资源考察、环境保护和海洋调查等方面已获得广泛应用。

在卫星上用星载侧视雷达，必须使用合成孔径天线，因为真实孔径天线分辨力太低。使用合成孔径天线，需要消耗较大的功率。功率的大小与卫星高度和所要求的地面分辨力成正比，平均功率一般为几百瓦到几千瓦量级。这么大的功率，如果用太阳电池来供电，就需要几十平方米的大型太阳电池，实现起来不容易。因此，在卫星上使用侧视雷达取决于卫星上电源的容量。可见，卫星用的侧视雷达，在保证获得高分辨力的前提下，功率要小，同时体积要小，重量要轻。

合成孔径雷达作为一种主动式微波成像遥感器，通过发射宽带调频信号和脉冲压缩技术实现距离向高分辨率，通过方位合成孔径技术获得方位向高分辨率。

自 1978 年美国发射第 1 颗 SAR 卫星"海洋卫星"（Seasat）开始，星载 SAR 逐渐成为对地观测领域的研究热点，很多国家都陆续开展了星载 SAR 技术研究并制定了相应的星载 SAR 卫星系统发展规划。进入 21 世纪以来，世界上多个航天强国相继部署了各自的星载 SAR 卫星系统，并实现了 SAR 卫星的更新换代，其中美国发射了 5 颗"未来成像架构"（FIA）卫星，俄罗斯发射了 1 颗秃鹰-E（Kondor-E）卫星，以色列发射了 1 颗地平线-10（Ofeq-10）卫星，韩国发射了阿里郎-5（Kompsat-5）卫星，欧洲航天局发射了 2 颗"哨兵-1（Sentinel-1）"卫星，印度发射了雷达成像卫星-1（RISAT-1）。同时，美国、德国、意大利、加拿大等国家对其已有的 SAR 卫星进行更新换代。英国、阿根廷、西班牙等国家也已发射了自己的首颗 SAR 卫星。

美国在其第一代"长曲棍球"（Lacrosse）雷达侦察卫星系列之后，相继发射了 5 颗"未来成像架构"（future image architecture，FIA）雷达卫星，其轨道高度为 1 100 km，成像最高分辨率优于 0.3 m，整星质量约 3 300 kg，采用了大型伞状反射面天线。

美国航天飞机雷达地形测绘使命（shuttle radar topography mission，SRTM）是第一个全球测绘 SAR 任务，是由美国航空航天局、国家地理空间情报局以及德国和意大利的航天机构于 2000 年 2 月开始的。任务是通过航天飞机的天线以及从航天飞机货舱伸出去的另一副雷达天线接收从地球表面各城市、田野、山脉、森林以及其他地形反射传回的雷达信号，将雷达信号合成为三维立体、清晰逼真的地形图。具体原理如图 1-12 所示，其中平面精度为 ±20 m，设计高程精度为 ±16 m，实际高程精度为 ±10 m，可用于海上定标、数据融合处理等。

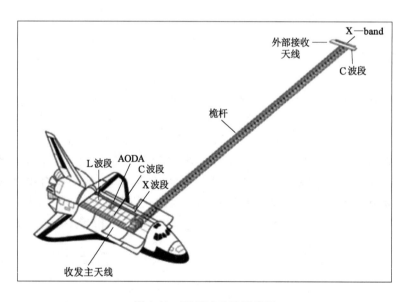

图 1-12　SRTM 卫星原理图

德国所发射的陆地观测系列卫星包含 2 颗雷达卫星，第 1 颗陆地雷达-X 频段卫星（TerraSAR-X）于 2007 年发射，第 2 颗于 2010 年发射。TerraSAR-X 可在高 514 km 的轨道上环绕地球，轨道倾角为 97.44°，卫星利用有源天线昼夜搜集雷达数据。两颗星载 SAR 组成 X 频段陆地合成孔径雷达——附加数字高程测量（TanDEM-X）编队（图 1-13），并能够协同工作实现干涉测绘功能。TerraSAR-X 除了具有条带、扫描、滑动聚束等功能外还在轨验证了能够去除星载波束扫描合成孔径雷达(ScanSAR)模式中扇贝效应的 TOPS 模式、能够进行高分辨率成像及识别的凝视聚束模式以及可以进行海洋宽幅监测的超宽幅ScanSAR 模式,其凝视聚束模式分辨率最高可达 0.8 m(距离向)×0.16 m(方位向)。两个卫星的空间基线控制在 120～500 m 之间,用于生成全球数字高程模型,目前已覆盖欧洲、亚洲、南美等地区,设计高程精度为±4 m。TanDEM-X 任务的主要目标是创建一个精确的地球陆地表面三维地图,其质量均匀,准确性极高,可用于千公里级定标场布设和精密的几何和干涉测量检校等。

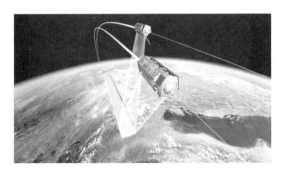

图 1-13　德国 TanDEM-X 双星编队示意图

俄罗斯在 2013 年发射了 Kondor-E 卫星,质量约为 1 150 kg,部署在高度约 500 km 的太阳同步轨道上,其有效载荷为 S 频段合成孔径雷达,载荷天线为口径 6 m 的网状反射面天线,其聚束模式分辨率为 1 m,如图 1-14 所示。

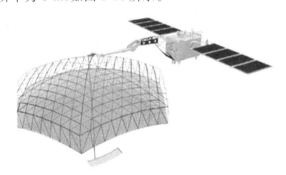

图 1-14　俄罗斯 Kondor-E 星载 SAR 示意图

加拿大于 2019 年发射了"雷达卫星星座任务"(RCM)星座,RCM 星座为"雷达卫星"(RADARSAT)系列的后续系统,与 RADARSAT 系列卫星相比,RCM 星座仍采用 C 频段SAR 载荷,并新增了舰船自动识别系统(AIS),卫星质量由 RADARSAT-2 的 2 200 kg 降为1 400 kg。RCM 星座三星运行于同一轨道面,等相位分布,三星组网后可通过干涉测量实现对地表形变的监测。

RADARSAT-2 卫星是一颗搭载 C 波段传感器的高分辨率商用雷达卫星(图 1-15),由加拿大太空署与 MDA 公司合作,于 2007 年 12 月 14 日在哈萨克斯坦拜科努尔基地发射升空。卫星设计寿命为 7 年,目前仍在使用中,预计可运行 30 年。RADARSAT-2 具有最高

1 m 高分辨率成像能力,多种极化方式使用户选择更为灵活,根据指令进行左右视切换获取图像缩短了卫星的重访周期,提高了立体数据的获取能力。另外,该卫星具有强大的数据存储功能和高精度姿态测量及控制能力。

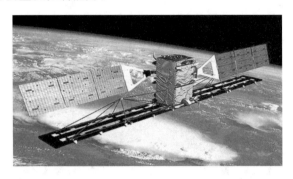

图 1-15 RADARSAT-2 卫星

COSMO-SkyMed 卫星是意大利航天局和意大利国防部共同研发的高分辨率雷达卫星星座的第 2 颗卫星,该卫星星座共有 4 颗卫星。COSMO-Skymed 卫星的分辨率为 1 m,扫描带宽为 10 km,具有雷达干涉测量地形的能力。COSMO-SkyMed 卫星系统是一个可服务于民间、公共机构的军事和商业两用的对地观测系统,其目的是提供民防(环境风险管理)、战略用途(防务与国家安全)、科学与商业用途,主要用于地中海周边地区的险情处理、沿海地带监测和海洋污染治理。COSMO-SkyMed 卫星系统是一个军民两用的对地观测系统,能够在任何气象条件下全天候观测地球。

Sentinel-1(哨兵 1 号)由两颗极轨卫星 A 星和 B 星组成。两颗卫星搭载的传感器为合成孔径雷达,属于主动微波遥感卫星,是完全免费的业务化 SAR 卫星,是哥白尼计划的第一批卫星,完成全球环境与安全观测,为陆地和海洋提供全天候、全天时的雷达影像。

近年来国内星载 SAR 卫星也取得了突出进展,频段覆盖 L、S、C、X、Ka 等频段,整体达到国际先进水平。

2012 年我国发射了由航天东方红卫星有限公司抓总研制的首颗民用的环境一号 C 星(HJ-1-C)SAR 卫星(图 1-16),卫星采用 CAST2000 小卫星平台,整星重约 830 kg,有效载荷为 S 频段 SAR,其采用了 6.0 m×2.8 m 的可折叠式网状抛物面天线,其条带模式成像分辨率为 5 m。HJ-1-C 卫星的成功发射取得了重要的技术及应用成果,填补了我国星载构架式可展开天线技术领域的空白,首次实现星载集中式 SAR 体制在轨检验和成像,并首次开展了 S 频段 SAR 图像数据在环境减灾领域的应用研究。

HJ-1-C 卫星后续卫星目前正在工程研制,其标称分辨率仍为 5 m,通过增大天线口径并对馈源进行优化设计,其系统灵敏度在 HJ-1-C 卫星的基础上提高了 2～3 dB。相比 HJ-1-C 单极化,后续卫星可选择单极化、双极化、四极化,同时通过增大观测幅宽提升了对目标区域的重访与覆盖能力,卫星上增加了数据应急处理分系统,具备卫星上实现 SAR 图像几何校正、成像等功能,可优先将紧急数据下传到地面。

2016 年 8 月 10 日,由中国空间技术研究院抓总研制的高分三号(GF-3)卫星在太原卫星发射中心用长征四号丙运载火箭成功发射升空。高分三号卫星是 1 m 分辨率雷达遥感卫星,也是中国首颗分辨率达到 1 m 的 C 频段全极化多模式 SAR 成像卫星,如图 1-17 所示。GF-3 卫星具有高分辨率、大成像幅宽、高辐射精度、多成像模式和长时工作的特点,能够全天候和全天时实现对全球海洋和陆地的监视监测。GF-3 卫星具有 12 种成像模式,涵盖传统的条带成像模式和扫描成像模式,以及面向海洋应用的波成像模式和全球观测成像模式,是世界上成像模式最多的合成孔径雷达卫星。卫星自发射以来已经成为资源监测、灾害应急不可或缺的重要手段,广泛应用于国民经济各行业。

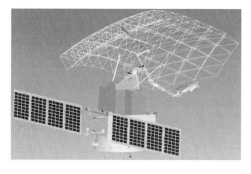

图 1-16　HJ-1-C 卫星在轨示意图　　　　图 1-17　GF-3 卫星在轨示意图

　　此外由中国空间技术研究院遥感卫星总体部抓总研制的世界首颗高轨 SAR 卫星已进入正样研制阶段,高轨 SAR 卫星运行于地球同步轨道,具有大幅宽、快重访的能力,可向用户提供分辨率优于 20～50 m 的 SAR 图像,有效满足防灾减灾及应急监测需求,同时兼顾国土资源、地震、水利、气象、海洋、环保、农业、林业等行业应用需求。

　　近年来随着设计理念及卫星上电子器件和机电产品技术的不断进步,微小型 SAR 卫星成为空间微波遥感领域的新热点。特别是自 2018 年以来,以芬兰"冰眼"(ICEYE)系列卫星、美国 Capella 系列卫星(图 1-18)、日本 Strix 卫星和 QPS 卫星为代表,世界各国共研制发射了 20 余颗微小 SAR 卫星,均为百千克量级,最高分辨率可达 0.5 m。与大中型 SAR 卫星单星或小规模星座组网应用相比,各国计划建设的微小 SAR 卫星星座规模达到几十颗至上百颗。微小型 SAR 卫星的批量化研制、规模化部署和网络化运行将带来空间微波遥感应用模式和商业模式的新变革。

图 1-18　美国 Capella 卫星在轨示意图

　　目前世界范围内已经陆续发射了超过 26 个系列 50 余颗 SAR 卫星(部分军用卫星未公开发布),其中美国发射的 SAR 卫星数量最多,超过 16 颗。截至 2020 年,国内外航天国家发射的主要 SAR 卫星情况见表 1-2。

表 1-2　国内外主要的典型 SAR 卫星

卫星名称	国家或机构	年份/年	特点	应用
Seasat	美国	1978	单一成像模式、单极化、低分辨率、无编队、窄幅宽	海洋定性观测
ERS	欧洲太空局	1991	单一成像模式、单极化、低分辨率、双星编队、窄幅宽	陆地、海洋、冰川定性观测
ENVISAT	欧洲太空局	2002	多成像模式、全极化、高分辨率、宽幅宽	搭载多台化学成分测量仪器
ALOS	日本	2006	多成像模式、全极化、高分辨率、无编队、宽幅宽	测图、灾祸监测及资源调查等
TerraSAR-X	德国	2007	多成像模式、全极化、高分辨率、无编队、宽幅宽	对地定性观测、形变定量监测
COSMO-SkyMed	意大利	2007，2008，2010	多成像模式、双极化、高分辨率、四星编队、宽幅宽	资源环境监测、灾害监测、海事监测和科学研究
RADARSAT-2	加拿大	2007	多极化成像、自动探测目标	防灾、农业、制图、林业、水文、海洋、地质
TanDEM-X	德国	2010	多成像模式、全极化、高分辨率、双星编队、宽幅宽	全球 DEM 定量反演
Sentinel-1	欧洲太空局	2014	多成像模式、全极化、高分辨率、双星编队、宽幅宽	陆地海洋以及大气监测
ALOS-2	日本	2014	分辨率达 3 m、观测范围为 2 320 km	绘制地图、区域和灾害监视、资源勘测
高分三号	中国	2016	多成像模式、全极化、高分辨率、单一卫星、宽幅宽	海洋、气象监测
海丝一号	中国	2020	国内首颗对标国际先进指标的、基于有源相控阵天线的百公斤级(整星＜185 kg)、1 m 分辨率、C 波段商业 SAR 遥感卫星	海洋动力环境参数的遥感反演、海洋灾害监测、洪水监测和地表形变分析

1.5　微波遥感优缺点

1.5.1　微波遥感的优点

(1) 微波能穿透云、雾、雨、雪,具有全天候工作能力。

光学遥感影像受云、雾、雨、雪的影响很大,但是微波能穿透云、雾、雨、雪,具有全天候工作能力。据统计,地球上有 40%～60% 的地区经常被云层覆盖,尤其是在占地球表面 3/5 的海洋上,气候变化很大,常被云层遮蔽。在这种情况下,与可见光、红外遥感相比,微波遥感具有可穿透云、雨能力以及不依赖太阳作为照明源的优势,可以广泛应用于海洋遥感观测。

从图 1-19 的结果可以看出微波的云层透射率随着波长变化的情况,冰云对任何波长的微波都几乎没有什么影响。这对于经常 40%～60% 的地球表面被云层覆盖的情况来说具有重要的意义,因为可见光和红外传感器对云层覆盖是无能为力的。

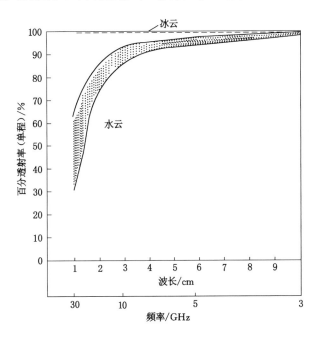

图 1-19　云层对无线电波从空间到地面之间传输的影响

图 1-20 表明雨对微波影响情况。当波长为 3 cm,大雨倾盆的地区对微波的影响已经很小,这就是说,任何恶劣的天气条件都无碍于微波传播。

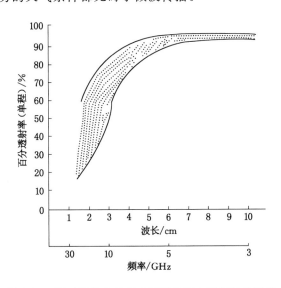

图 1-20　雨对无线电波从空间到地面之间传输的影响

微波遥感分为主动式和被动式。其被动式与可见光和红外遥感一样,由某种传感器(如微波扫描辐射计)接收地面地物的微波辐射。然而,微波常采用主动式,即由传感器发射微波波束,再接收地物反射回来的信号,因而其不依赖太阳辐射,不论白天黑夜都可以工作,故称全天时。另外,红外线虽然也可以在夜间工作,如热红外扫描仪接收夜间地物的热辐射,但它受大气分子和气溶胶的散射衰减的影响很大,遇到云雨影响更大。微波则不受影响,可实现真正意义上的全天时全天候观测。

(2)微波对地物有一定的穿透能力。

微波对地物有一定的穿透能力,能穿透一定厚度的植被、土壤、冰雪等。一般来说,微波对各种地物的穿透深度因波长和物质不同而有很大差异,波长越长,穿透能力越强。图 1-21 表示了不同波长的微波对不同土壤的穿透能力,同一种土壤湿度越小,穿透越深。微波对干沙可穿透几十米,对冰层能穿透 100 m 左右,但对潮湿的土壤只能穿透几厘米到几米。微波的穿透能力可以提供部分地表以下的信息,实现对有遮掩的军事目标、地下军事设施和矿藏等的勘测。

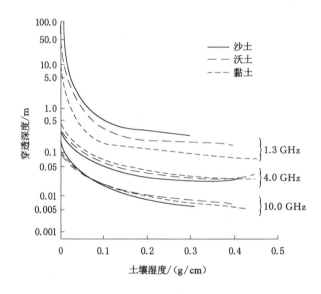

图 1-21　穿透深度与土壤湿度、频率、土壤类型的关系曲线

(3)微波能提供不同于可见光和红外遥感所能提供的某些信息。

被测目标表面的辐射特性和散射特性与目标参数和系统参数有关,使得微波遥感能提供其他波段遥感所不能提供的某些信息,从而更好地识别目标。例如,微波高度计和合成孔径雷达具有测量距离的能力,可用于测定大地水准面。由于海洋表面对微波的散射作用,可利用微波探测海面风力场,有利于提取海面的动态信息。如图 1-22 为中法海洋卫星散射计海面风场全球分布图。

(4)微波遥感的探测精度高。

雷达遥感不仅可以记录电磁波振幅信号,还可以记录电磁波相位信息,由数次同侧观测得到的数据可以计算出针对地面上每一点的相位差,进而计算出这一点的高程,其精度可以达到几米,这就是干涉测量。利用差分干涉测量技术,可以对地形形变(如地震、地壳运动)

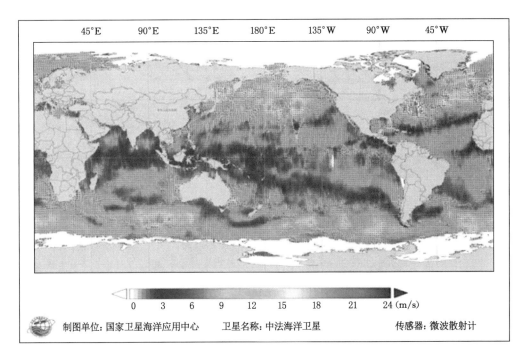

图 1-22 中法海洋卫星散射计海面风场全球分布图

进行监测。目前雷达干涉测量已经得到广泛应用。

（5）可获取地物的极化散射信息。

雷达遥感能够记录目标地物的极化散射信息，可以揭示地物目标丰富的物理、几何以及结构信息。极化微波成像雷达通过多通道发射和接收不同极化方式的电磁波，组成完备的极化基，获得极化散射矩阵，全面实现目标散射信息的获取。极化散射矩阵含有更加丰富的信息，使人们可以对目标的物理特性（方向、形状、表面粗糙度、介电常数等）进行深入分析、提取，促进对参数反演的研究。极化微波成像雷达得到目标完整的散射信息，提取极化特征参数，为大面积地物分类、目标检测和识别提供了更充分的信息。

1.5.2 微波遥感的缺点

（1）除合成孔径雷达图像外，微波传感器的空间分辨率比可见光和红外传感器低，如图 1-23 和图 1-24 所示。

（2）SAR 一般是侧视成像，侧视 SAR 图像具有阴影、迎坡缩短、顶底倒置等几何失真，相干斑严重，使得数据处理和解译相对困难，如图 1-25 所示。另外，光学成像通常是对星下点区域进行成像，SAR 影像数据与可见光和红外传感器数据不能在空间位置上一致，如图 1-26 和图 1-27 所示。

（3）主动微波遥感传感器，尤其是合成孔径雷达，常常是地球观测卫星中最重、最大、最耗能量、数据量最大的仪器。

图 1-23　光学图像

图 1-24　SAR 图像

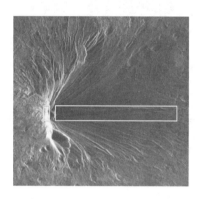

图 1-25　SAR 图像

图 1-26　光学图像

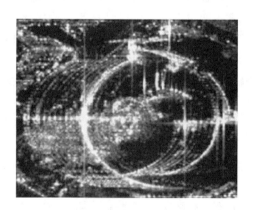

图 1-27　SAR 图像

1.5.3　微波遥感和光学遥感的对比

光学遥感与微波遥感特点对比图,如图 1-28 所示。

类型	光学遥感				微波遥感	
工作原理	接受地物反射的电磁波来记录地物信息				主动发射电磁波并接受地物反射回来的电磁波对地物进行探测	
优缺点　优点	成像直观、清晰、易于判读					
优缺点　缺点	只能白天工作，受云雨、雾等气象条件影响很大				侧视成像容易几何失真，图像解译困难	
传感器类型	紫外遥感	可见光遥感	红外遥感	多光谱遥感	合成孔径雷达	干涉合成孔径雷达
工作波段	$0.05\sim0.38\ \mu m$	$0.38\sim0.76\ \mu m$	$0.76\sim1\,000\ \mu m$	$0.05\sim1\,000\ \mu m$	$1\ mm\sim10\ m$	
分类　图像示例			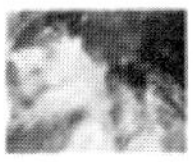	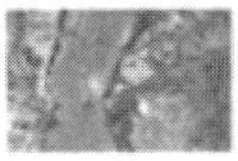		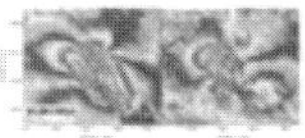
分类　典型卫星						
分类　技术特点	对大气密度、大气臭氧及其他微量气体的密度和垂直分布敏感	工作于肉眼可见波段，可获得高分辨率、易于判读的黑白全色或彩色影像	探测地物所反射或辐射红外特性，以确定地面物体性质和变化规律	蕴含近似连续的地物光谱信息，具备强大的地表覆盖物识别能力	工作无光照要求，不受天气条件影响，并具有一定的地表穿透能力	具备SAR的优点，也能通过回波间的相位差获取高精度、高分辨率的地面高程信息
分类　应用领域	气象、环保、空间科学	农业、林业、气象、水利、环保、自然资源、特种领域	自然资源、水利、林业、测绘、环保、气象、特种领域	地质调查、植被生态、大气、地质、海洋、农业等	农业、林业、减灾、环保、海洋、测绘、交通、特种领域	测绘、国土、减灾、地震、农业、林业、交通、海洋、环保、气象

图 1-28　光学遥感和微波遥感对比图

1.6　常用 SAR 遥感数据处理软件

常用的 SAR 卫星遥感基础软件，主要有航天宏图信息技术股份有限公司研发的 PIE-SAR 软件、瑞士 Sarmap 公司研发的 ENVI SARscape 软件、瑞士 Gamma 公司研发的 Gamma 软件等。

1.6.1　PIE-SAR

PIE-SAR 雷达影像数据处理软件是由航天宏图自主研发的，是一款针对国内外主流星载 SAR 传感器的数据处理分析软件，提供图形化操作界面。该软件支持国内外主流星载 SAR 传感器的数据处理与分析，包括基础处理、区域网平差处理、InSAR 地形测绘、DInSAR 形变监测和极化 SAR 分割分类等功能，并针对不同行业用户，开发了水体提取、海岸线提取、舰船检测、土地覆盖变化检测等应用模块。PIE-SAR 软件对国产高分三号卫星数据全面支持，已广泛应用于海洋、应急减灾、水利等行业或领域。

PIE-SAR 支持基于距离多普勒方程（R-D 模型）的 SAR 数据高精度无控定位；基于 SAR 影像模拟、SAR 影像匹配、SAR 轨道改正等技术提供地形复杂区域的高精度定位；采用严格的 R-D 成像模型，不需建立详细的地面控制信息，仅利用该影像覆盖地区的最小高程、最大高程，建立地面点的立体空间格网和 SAR 影像面之间的对应关系，实现对 RPC 参数求解；提供先进的多模态配准技术，实现光学与 SAR 影像异源、异时相、异分辨率的高效、高精度自动匹配，平原地区匹配精度为 $0\sim2$ 个像素，山区匹配精度为 $2\sim4$ 个像素；支持大区域 SAR 数据基于 RPC/R-D 模型的区域网平差解算、智能镶嵌和无缝拼接；提供流程化的 InSAR/DInSAR 处理,可生成干涉图、相干图、DEM、地表形变图等;开发基于交叉散射模型的五成分分解功能,实现了对城区和自然地物的有效区分;研制了面向对象的超像素分割功能,实现复杂城区、不同场景的 PolSAR 图像的自适应分割,对高精度 SAR 影像分类具有重要意义;提供水体信息提取、土地覆盖变化检测、海岸线提取、舰船检测等专题应用功能。

PIE-SAR 产品的优势如下:

① 高保真度的深度学习滤波。

提供基于多尺度空洞残差网络模型(MDRN)的深度学习滤波算法,实现对 SAR 影像斑点噪声的消除,并且可以很好地保持图像细节。

② 自动化、高精度的 SAR 区域网平差。

以已有光学影像作为地理参考基准,通过多模态匹配技术对 SAR 数据进行控制点匹配,直接获取匹配点高精度地理坐标或投影坐标,并将获取到的匹配点作为区域网平差控制点、连接点,不需人工参与选点,实现从数据准备、数据处理到 DOM 生成的全自动化流程处理。

③ 五成分极化分解。

基于交叉散射模型的五成分极化目标分解算法,保留建筑物散射机理表达效果,增强非平行雷达方位向建筑物的交叉散射,明显降低了城区和自然地物的散射机理混淆程度。

④ InSAR 全流程处理。

支持对多景 SAR 影像(符合干涉条件)进行 InSAR 处理,获取高分辨率、高精度的 DEM,并且在 InSAR 处理基础上支持 DInSAR 形变监测。InSAR 影像处理成果如图 1-29 所示。

 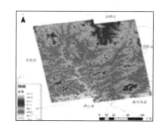 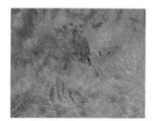

(a) 赤峰DEM成果(GM-3数据)　　(b) 承德DEM平差结果(ALOS-1数据)　　(c) 平朔矿区沉降(RS-2数据)

图 1-29　InSAR 处理成果

1.6.2　ENVI SARscape

ENVI SARscape 由 Sarmap 公司研发,是国际知名的雷达图像处理软件。该软件在专业的 ENVI 遥感图像处理软件基础上,提供图形化操作界面,具有专业雷达图像处理和分析功能。高级雷达图像处理工具 ENVI SARscape 能够对原始 SAR 数据进行处理和分析,输出 SAR 图像产品、数字高程模型(DEM)和地表形变图等信息,并可以将提取的信息与光学遥感数据、地理信息集成到一起,全面提升 SAR 数据的应用价值。ENVI SARscape 由核心模块和 5 个扩展模块组成,用户可根据自己的应用要求、资金情况合理地选择不同功能模块及其不同组合,对系统进行剪裁,充分利用软硬件资源,并最大限度地满足专业应用要求。

SARsacpe 是设计用于对各种雷达数据进行处理的专业化软件工具,提供了专业级雷达数据处理和分析功能,支持多种雷达数据产品和原始数据,包括一系列机载和星载雷达系统的数据,如 ERS-1/2、JERS-1、RADARSAT-1、RADARSAT-2、ENVISAT ASAR、ALOS PALSAR、TerraSAR-X-1、COSMO-SkyMed、OrbiSAR-1(X,P-band)、E-SAR、RISAT-1、STANAG 7023、RAMSES、TELAER、GLAS/IceSat DEM。

SARsacpe 提供 SAR 数据的导入、多视、几何校正、辐射校正、去噪、特征提取等基本功能。利用多时相数据进行斑噪滤波,有效去除斑点噪声。提供基于多普勒距离方程的严格 SAR 数据几何校正,在 DEM 支持下能够实现对 SAR 数据的辐射校正和正射纠正功能,消除地形对 SAR 数据的影响。对于提供卫星轨道信息的 SAR 数据(如 ERS 和 ASAR 等),不需控制点即可进行高精度的正射纠正;使用交叉相关技术实现多时相 SAR 数据的配准,不需手工选择控制点;提供基于相位保真的 SAR 原始数据调焦处理,能够获取高精度的 SLC 数据;提供基于 Gamma/Gaussian 分布式模型的滤波核,能够最大限度地去除斑点噪声,同时保留雷达图像的纹理属性和空间分辨率;可用于 InSAR 和多个通道 DInSAR 图像,生成干涉图像、相干图像、地面断层图、DEM 等。支持中分辨率(如 ASAR 宽模式)和高分辨率的 InSAR 和 DInSAR 数据;支持极化 SAR 和极化干涉 SAR 数据的处理,可以确定特征地物在地面上产生的毫米级的位移;专业化软件,功能强大;图形化界面,操作简易;流程化处理,高效简便;批处理能力:繁杂的处理步骤只通过一个批处理命令来完成,简化操作;支持功能扩展。

ENVI SARscape 主要应用于高精度地形数据(DEM)提取,地表沉降监测(如地震、火山前后地表形变,城市地面沉降,铁路、地铁沿线地表沉降,采矿区塌陷,地裂缝等),滑坡、冰川移动监测,目标识别与跟踪,原油泄漏跟踪,作物生长跟踪与产量评估,洪水、火灾和地震的灾害评估,土地覆盖与土地利用变化等。

1.6.3　Gamma

Gamma 公司(GAMMA Remote Sensing Research and Consulting AG)是 1995 年成立的专门进行雷达信号处理与服务的公司。Gamma 软件包括了整个雷达处理过程的全功能模型,从 SAR 原始信号处理到 SLC 成像、单视/多视处理、基于雷达信号滤波、正射纠正/配准、DEM 提取(干涉)、形变分析(差分干涉、点目标干涉)、土地利用等,可以处理各类地面、航空及航天数据。

Gamma 软件能够完成将 SAR 原始数据处理成数字高程模型、地表形变图、土地利用分类图等数字产品的整个过程。该软件可以分成如下几个部分:组件式的 SAR 处理器(MSP)、干涉 SAR 处理器(ISP)、差分干涉和地理编码(DIFF&GEO)、土地利用工具(LAT)和干涉点目标分析(IPTA)。

除此之外,GEO 软件包中还提供了图像的配准和地理编码功能。对于那些在不太稳定的机载遥感平台上获取的雷达数据,运动补偿软件包中专门提供了一些高级的处理方法。每个软件包都是组件式的,因此用户可以按自己喜欢的方式来使用。

2 电磁波与雷达系统

2.1 电磁波基础

2.1.1 电磁波

空间任何一处只要存在着变化的电场,就会在其周围空间激发磁场,同样变化的磁场也能够在其周围空间激发电场,这样以波动的形式在空间传播并传递电磁能量的交变电磁场称为电磁波。电磁波具有能量,但没有质量,是一种电场和磁场相互垂直的横波,如图 2-1 所示。

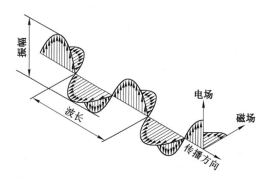

图 2-1　电磁波

空间相位相同的点构成的曲面为等相位面,平面波是等相位面为无限大平面的电磁波,平面波波形如图 2-2 所示。等相位面上电场和磁场的大小、方向、相位和振幅都保持不变的平面波为均匀平面波,波形图如图 2-3 所示。均匀平面波是电磁波的一种理想情况。

2.1.2 电磁波谱

无线电波、红外线、可见光、紫外线、X 射线、γ 射线都是电磁波。光波的频率比无线电波的频率要高很多,光波的波长比无线电波的波长短很多,而 X 射线和 γ 射线的频率则更高,波长则更短。将电磁波在真空中的波长或频率按递增或递减依次排列制成的谱图就是电磁波谱,如图 2-4 所示。

遥感中常用的电磁波段有紫外线波段、可见光波段、红外线波段和微波波段。

紫外线波段,波长范围为 0.01～0.38 μm。当太阳辐射通过大气层时,辐射中的波长小

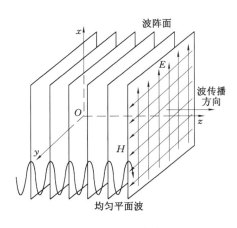

远离天线时所形成的球面波
前可以被视为平面，称为平面波

发射天线

偏振方向

波及波阵面传播的波描述
称为物理光学模型，涉及
波的场表示

波阵面

传播方向用"射线"标示，通
常用"射线"来描述波，波的
这种表现形式被称为几何光学

沿传播方向的任何切片都是正弦信号

有时被用来描述行波

图 2-2　平面波波形

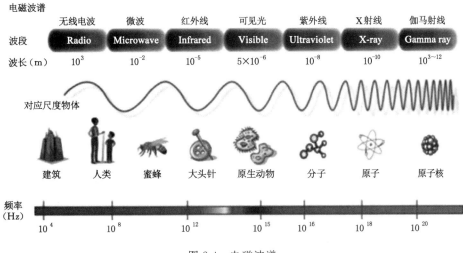

波阵面

均匀平面波

图 2-3　均匀平面波波形图

电磁波谱

波段	无线电波 Radio	微波 Microwave	红外线 Infrared	可见光 Visible	紫外线 Ultraviolet	X射线 X-ray	伽马射线 Gamma ray
波长（m）	10^3	10^{-2}	10^{-5}	5×10^{-6}	10^{-8}	10^{-10}	$10^{3 \sim 12}$

对应尺度物体

建筑　人类　蜜蜂　大头针　原生动物　分子　原子　原子核

频率（Hz） 10^4 10^8 10^{12} 10^{15} 10^{16} 10^{18} 10^{20}

图 2-4　电磁波谱

于 0.3 μm 的紫外线几乎都被吸收,到达地面的只有波长在 0.3~0.38 μm 范围内的紫外线。可见光,波长范围为 0.38~0.76 μm,由红、橙、黄、绿、青、蓝、紫组成,是鉴别物质特征的主要波段,也是最常用的波段。红外线的波长范围为 0.76~1 000 μm,分为近红外、中红外、远红外和超远红外。近红外主要是由于地表面反射太阳的红外辐射,因此称为反射红外。

微波是电磁波的一种形式,波段频率范围为 300 MHz~30 GHz(表 2-1),微波波长范围为 0.1~100 cm。

表 2-1　微波频段频率表

标准雷达命名术语			ITU 雷达命名术语	
波段	频段范围		波段	频段范围
HF	3~30 MHz	十米波(HF)	7	3~30 MHz
VHF	30~300 MHz	米波(VHF)	8	30~300 MHz
P(UHF)	0.3~1 GHz	十厘米波(UHF)	9	0.3~1 GHz
L	1~2 GHz	—	—	—
S	2~4 GHz	—	—	—
C	4~8 GHz	厘米波	10	3~30 GHz
X	8~12 GHz	—	—	—
Ku	12~18 GHz	—	—	—
Ka	18~27 GHz	毫米波	11	30~300 GHz
V	27~40 GHz	—	—	—
W	75~110 GHz	—	—	—
Mm	110~300 GHz	—	—	—

图 2-5 为电磁波谱与微波波段各种无线电波的波长波段图。

2.1.3　电磁波特征

电磁波具有波粒二象性。波粒二象性即所有的粒子或量子可以一部分从粒子的方面解释,也可以一部分从波的方面解释。电磁波同时具有粒子的性质,即粒子性,也具有波的性质,即波动性。电磁波的波粒二象性如图 2-6 所示。

电磁波具有相干性和非相干性。电磁波的相干性来自它们彼此之间的相关程度,也就是它们彼此之间的相似程度。

当两个或两个以上频率、振动方向相同,相位相同或相位差恒定的电磁波在空间叠加时,合成的波的振幅为各个独立波的振幅的矢量和。因此会出现交叠区某些地方振动加强,某些地方振动减弱或完全抵消的现象,这种现象为干涉现象。产生干涉现象的电磁波称为相干波。两列波产生干涉现象的相干条件是:频率相同、振动方向相同、相位相同或相位差恒定,满足上述三个条件的两个波源即相干波源。

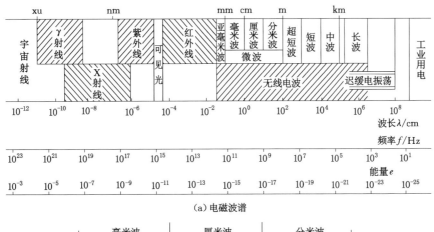

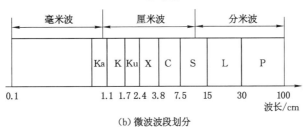

图 2-5 电磁波谱与微波波段各种无线电波的波长波段图

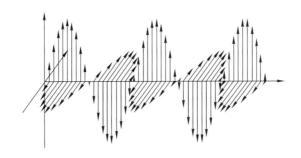

图 2-6 电磁波的波粒二象性

如果两个波是非相干的,则叠加后的合成波振幅是各个波的振幅的代数和,交叠区不会出现振动强弱交替的现象。

当电磁波在空间中相遇叠加时,同时存在由两个或两个以上的波源所产生的波,每个波并不改变它的传播规律,仍保持原有的频率或波长以及振动方向,按照自己的传播方向继续前进,不会因其他波的存在而受到影响,如图 2-7 所示。

电磁波还具有衍射特性。当电磁波投射在一个它不能透过的有限大小的障碍物上时,会有一部分波从障碍物的边界外通过。这部分波在超越障碍物时,会改变方向绕过障碍物边缘到达障碍物后面,这种使辐射量发生方向改变的现象称为电磁波的衍射,如图 2-8 所示。

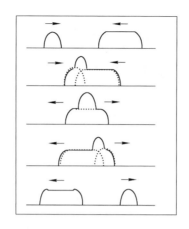

图 2-7   两个不同形状电磁波相遇叠加

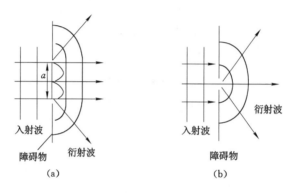

图 2-8   电磁波的衍射

2.1.4   电磁辐射

电磁能以波的形式由物体向外发射的过程称为电磁辐射,发射电磁辐射的物体称为电磁辐射源。在日常生活中电磁辐射广泛存在于人们周围,例如闪电、太阳黑子活动,会产生自然界的电磁辐射,电脑手机以及各类电磁产品都会产生人为的电磁辐射,如图 2-9 所示。

热能的本质是物质微粒的无规则运动的动能。这种能量可以引起微粒间的碰撞,使得电子轨道运动、原子或分子的振动和转动发生变化,使微粒进入高能运动状态。在其重新转变为低能运动状态的过程中,就发射出宽谱段的辐射,被称为热辐射(电磁辐射的一种,如图 2-10 所示),所以任何具有物理温度的物体都将发射电磁辐射。

1860 年,基尔霍夫得出了好的吸收体也是好的辐射体这一定律。它说明了凡是吸收热辐射能力强的物体,其热发射能力也强。凡是吸收热辐射能力弱的物体,其热发射能力也弱。

黑体是一种理想的吸收体和发射体,能吸收全部外来的电磁辐射,而在一切温度下发射出最大电磁辐射。如果一个物体对于任何波长的电磁辐射都全部吸收,则这个物体是绝对黑体。黑色烟煤的吸收系数接近 99%,因而被认为是最接近绝对黑体的自然物体。恒星和太阳的辐射也被看作接近黑体辐射的辐射源。

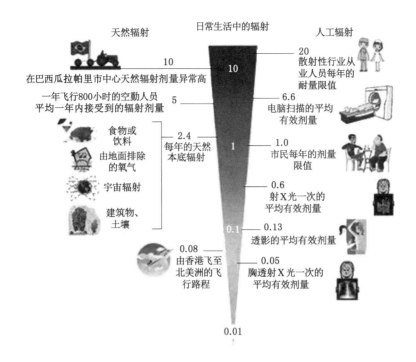

图 2-9 日常生活中的辐射

图 2-10 生活中的热辐射

1900 年,普朗克用量子理论概念推导出黑体辐射通量密度 W_λ 和其温度的关系以及按波长 λ 分布的辐射定律:

$$W_\lambda = \frac{2\pi hc^2}{\lambda^5} \cdot \frac{1}{e^{ch/(\lambda kT)} - 1}$$ (2-1)

式中, W_λ 为分谱辐射通量密度,W/(cm² · μm); λ 为波长,μm; h 为普朗克常数, $h = 6.625\ 6 \times 10^{-34}$ J · s; c 为光速, $c = 3 \times 10^{10}$ cm/s; k 为玻耳兹曼常数, $k = 1.38 \times 10^{-23}$ J/K; T 为绝对温度。

斯特潘-玻尔兹曼定律,又称为斯特潘定律,是热力学中的一个著名定律,其内容为:一个黑体单位面积表面在单位时间内辐射出的总能量(称为物体的辐射度或能量通量密度) j^* 与黑体自身的热力学温度 T(又称为绝对温度)的 4 次方成正比。

斯特潘-玻尔兹曼辐射定律：

$$M = \int_0^\infty M_\lambda \mathrm{d}\lambda = \sigma T^4 \qquad (2\text{-}2)$$

式中，$\sigma = 5.670\ 373 \times 10^{-8}\ \mathrm{W/(m^{-2} \cdot K^4)}$。

2.1.5 电磁波极化

波的极化表征在空间给定点上电场强度矢量的取向随时间变化的特征，是指在电磁波传播空间给定点处电场强度矢量的端点随时间变化的轨迹。

对于电磁辐射来说，通常将电场矢量的极化方向取为电磁波的极化方向，如图 2-11 所示。极化是描述波所具有的方向特性的参量，仅对横波有意义。

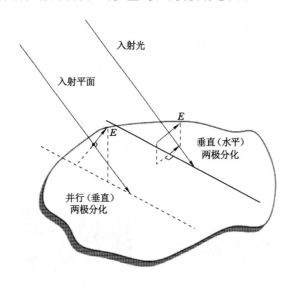

图 2-11　电磁波极化方向

2.2　微波相互作用

2.2.1　微波与大气

在微波遥感中，地球大气层起着重要作用，微波对大气的相互作用主要包括大气散射、大气吸收和大气衰减。

大气散射方面，由于大气微粒可分为三大类，即水滴（包括云雾、霾和降水）、冰粒和尘埃，它们的散射因微粒大小和电磁波长的相对关系不同而异。对微波的散射包括瑞利散射和米氏散射。瑞利散射是大气中粒子的直径远小于波长时发生的散射。波长越短，散射越强。米氏散射是大气中粒子的直径大于波长时发生的散射。其方向性明显，潮湿天气对米氏散射影响较大。

大气衰减作用主要表现在两个方面：吸收（水分子、氧分子）和散射（大气微粒）。一般衰减作用很小，主要是毫米波，而波长越短，大气衰减越显著。微波在非降水云层时衰减主要由水粒的吸收引起。由水粒组成的云粒子直径很小,不超过 $100~\mu m$,比微波波长小一两个量级的为非降水云层,对微波的散射满足瑞利散射条件,但此时散射比吸收小得多,一般可忽略。

其衰减系数 K_c 为:

$$K_c = 4.35M \times 10[0.012\,22 \times (291 - T) - 1]/\lambda 2 \text{ (dB/km)} \tag{2-3}$$

式中,M 为云层含水量,云的吸收在一定温度和一定微波波长下,与云层含水量呈线性关系。

微波在降水云层衰减时,降水云层中粒子主要为雨滴、冰粒、雪花和干湿冰雹等,直径均大于 $100~\mu m$,有的可达到毫米、厘米级,因此对微波的散射必须按照米氏散射来分析。微波频率小于 10.69 GHz(2.81 cm),散射小于吸收;微波频率为 4.805 GHz(6.3 cm),散射为吸收的 $1/10$;云层本身也会发射出微波辐射而呈现亮度温度。这种亮度作为随机干扰噪声叠加在目标亮温上,对目标的微波辐射亮度测量产生影响。频率越高,噪声越严重。在 1 G～300 GHz 频带内,随着波长越来越短,大气对微波能量传输的衰减作用由很弱到很强,云层微粒和雨微粒对微波的吸收和散射作用从极轻微到十分显著。

2.2.2　微波与地物

微波与地物的作用包括反射、透射或绕射、吸收、辐射。

微波与地物的反射包括镜面反射或漫反射。一般来说,若地物表面是光滑的,入射电磁波将产生反射。当地物表面是粗糙面时,入射电磁波就会产生散射,即向各个方向漫反射。顺着入射方向的散射分量称为前向散射,逆入射方向的散射分量称为后向散射。不同地物表面的反射情况如图 2-12 所示。

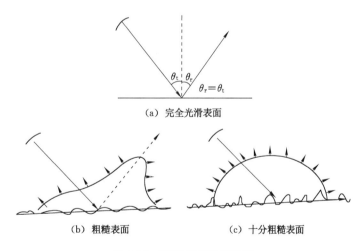

（a）完全光滑表面

（b）粗糙表面　　　　　　　　（c）十分粗糙表面

图 2-12　不同表面反射情况

对于光滑表面,反射电磁波服从斯涅耳定律(折射定律),即入射角等于反射角,反射波的极化方式与入射波相同。对于粗糙表面,漫反射电磁波的散射服从朗伯余弦定律,一部分散射波的极化方式与入射波相同,另一部分则是正交极化状态。

当电磁波以功率密度 S_0（W/m²）从 (θ_0, φ_0) 方向上入射到表面面积为 A 的某地物上,在 (θ_S, φ_S) 方向上与地物相距 R 处的散射波功率密度为 S_s,皮克定义这个表面的微分散射系数为:

$$\gamma(\theta_0\ \varphi_0\theta_s\ \varphi_s) = \frac{4\pi R^2 S_s}{S_0 A\cos\theta_0} \tag{2-4}$$

式中,γ 为单位投影面积上的散射系数。

$$\sigma^0(o,s) = \frac{4\pi R^2 S_s}{S_0 A} \tag{2-5}$$

式中,σ^0 为单位实际面积的散射;o 代表入射场方向;s 代表散射场方向。

γ 与 σ^0 的几何关系如图 2-13 所示。

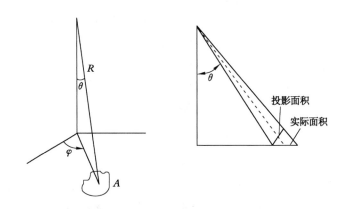

图 2-13   单位投影面积的散射系数与单位实际面积的散射系数几何关系

除了反射和散射现象以外,还有部分电磁波能渗入地物内部,产生透射。

电磁波对介质的穿透深度定义为:

$$d = 1/\alpha = 1/(\omega\mu\sigma) \tag{2-6}$$

式中,α 为介质的衰减常数,dB/m;ω 为电磁波的角频率;μ 为介质的磁导率,H/m;σ 为介质的电导率,s/m。

穿透深度的物理意义:当入射电磁波在有耗介质中传播的距离为 d 时,其场强将减小到它在介质表面时的数值的 $1/e(e\approx2.7)$,即 37%,而功率将降低到介质表面入射功率的 $1/e^2$,也就是 13.5%。一般可以认为金属和其他良导体对微波来说都是不透明的。

电磁波的极化方式主要有两种:一种是线极化方式,另一种是圆极化方式。其中,线极化方式又分为水平极化方式和垂直极化方式。线极化波包括垂直极化波(transverse electric field,TE)和水平极化波(transverse magnetic field,TM)。TE 波是指电磁波的电场矢量与入射面垂直。TM 波是指电磁波的电场矢量与入射面平行。两极化波在纸面的反射和折射示意图,如图 2-14 所示。

如果令 k_1、k_2 分别为电磁波在两类介质中的传播矢量,由于在界面上的切向分量连续,相位相等,可以得到斯涅耳折射定律:

$$k_2\sin\theta_2 = k_1\sin\theta_1 \tag{2-7}$$

如果当电磁波由介质 1 入射到介质 2 时,$k_1>k_2$,由斯涅耳折射定律可得:

$$(k_1/k_2)\sin\theta_1 > 1 \tag{2-8}$$

这时不存在折射角,也就是说,入射波将不会进入介质 2 而在界面上产生全反射。对于 TM 波,当入射角为某一特定角度时,入射电磁波将全部透过两种均匀介质的界面进入第二种介质,毫无反射。这种全透射现象只有平行极化波 TM 波才会存在。

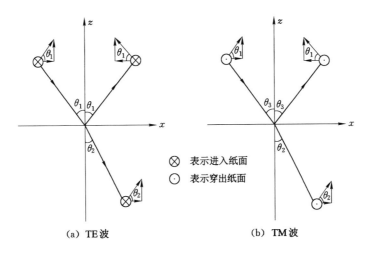

（a）TE 波   （b）TM 波

图 2-14   TE、TM 波的反射与折射示意图

2.3 电磁波的散射

2.3.1 雷达散射截面

雷达散射截面（radar cross section，RCS）是指基于目标散射具有各向同性的假设目标在雷达波照射下所产生回波强度的一种物理量。雷达散射截面，雷达散射截面积、雷达截面、RCS、雷达截面积均为雷达散射截面的名称，通常用 σ 表示。

雷达散射截面是一个假想面积，是基于平面波照射下目标各向同性散射时"捕捉"到的区域，其影响因素有目标的形状、结构、材料特性、频率、入射波极化、接收天线极化、目标相对雷达的姿态，满足式（2-9）。

$$\sigma = \lim_{R \to \infty} 4\pi R^2 \frac{|\boldsymbol{E}_s|^2}{|\boldsymbol{E}_i|^2} = \lim_{R \to \infty} 4\pi R^2 \frac{|\boldsymbol{H}_s|^2}{|\boldsymbol{H}_i|^2} \tag{2-9}$$

σ 的各种表示方法及对应单位通常有 $\sigma(\mathrm{m}^2)$、$\sigma_{\mathrm{dBsm}}(\mathrm{dBsm})$、$\sigma_{\mathrm{dB}}(\mathrm{dB})$、$\sqrt{\sigma}(\mathrm{m})$，其中 $\sigma_{\mathrm{dBsm}} = 10\lg \sigma$。

$\sqrt{\sigma}$ 主要用于 RCS 计算（预估）中，可以进行相位叠加，一般不用于表征目标的 RCS，满足式（2-10）。

$$\sqrt{\sigma} = S\mathrm{e}^{\mathrm{j}\varphi} = S\cos \varphi + \mathrm{j}S\sin \varphi\sigma = |\sqrt{\sigma}|^2 \tag{2-10}$$

多个散射体 RCS 叠加结果：

$$\sigma = \left| \sum_{n=1}^{N} \sqrt{\sigma_n}\, \mathrm{e}^{\mathrm{j}2kR_n} \right|^2 \tag{2-11}$$

式中，R_n 为第 n 个散射体到雷达的距离。

（1）简单形体的散射

雷达散射截面（radar cross section，RCS）是指基于目标散射具有各向同性的假设目标在雷达波照射下所产生回波强度的一种物理量。雷达散射截面、RCS、雷达散射截面积、雷达截面、雷达截面积均为雷达散射截面的名称,通常用 σ 表示。

（2）分布目标（连续散射体）RCS

物体的 RCS 与其几何形状、材质、入射波频率以及散射机理等因素密切相关。对于简单几何形状,如方向三面角反射器、平板、圆柱等,其 RCS 的散射特性可以通过一些基本公式近似表征。

连续散射体被分解为无穷多个无穷小的单元,单元有效面积为 ds。在 SAR 图像中每个像素包含许多这样的单元（图 2-15）。进一步假设,ds 的RCS 为 $d\sigma$。

散射系数（scattering coefficient）是指单位面积 RCS:$\sigma^0 = d\sigma/ds \ m^2 m^{-2}$。

天线接收到来自 ds 单元的散射功率 W。

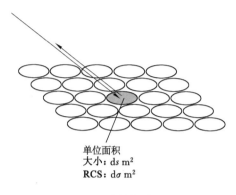

单位面积
大小: $ds \ m^2$
RCS: $d\sigma \ m^2$

图 2-15　散射体单元

$$dP_r = \frac{P_t G_t G_r \lambda^2 d\sigma}{(4\pi)^3 R^4} \tag{2-12}$$

$$W = \frac{P_t G_t G_r \lambda^2 \sigma^0 ds}{(4\pi)^3 R^4} \tag{2-13}$$

对应解析单元（像素）的功率为:

$$P_r = \iint\limits_{pixel} \frac{P_t G_t G_r \lambda^2 \sigma^0}{(4\pi)^3 R^4} ds \tag{2-14}$$

如果上述积分中的参数已知,则:

$$P_r = \frac{P_t G_t G_r \lambda^2 \sigma^0 r_a r_g}{(4\pi)^3 R^4} \tag{2-15}$$

式中,r_a,r_g 分别为方位和地距分辨率;σ^0 可以通过测量 P_r 得到。

式（2-15）即 SAR 遥感中常用的雷达方程。

2.3.2　散射系数矩阵

（1）极化散射系数

极化是微波遥感中非常重要的参数。对不同极化的入射波,不同地物目标有不同的散射特性。地物目标的散射极化可以不同于入射极化。定义极化散射系数为 σ^0_{PQ},其中 P 表示接收信号的极化,Q 表示发射或入射信号的极化。

4 个相关的极化散射系数表示为如下矩阵形式:

$$\begin{bmatrix} \sigma^0_{HH} & \sigma^0_{HV} \\ \sigma^0_{VH} & \sigma^0_{VV} \end{bmatrix}$$

其中,协相关极化分量 σ^0_{HV} 和 σ^0_{VH} 的差别不大,可以认为相等;相关极化分量为 σ^0_{HH} 和 σ^0_{VV}。相关极化率为:

$$p = \frac{\sigma^0_{HH}}{\sigma^0_{VV}} \tag{2-16}$$

（2）散射矩阵

极化合成（polarisation synthesis）中,需要建立极化间相互影响和作用的解析关系。散射矩阵描述散射体入射和散射电场关系。描述水平、垂直电场的坐标系关系如图 2-16 所示。

其中，R 为发射（入射）电场的传播方向。

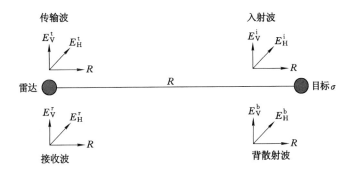

图 2-16　极化相互作用示意图

（3）发射电场与入射电场关系

电场传播 R 距离引起相位差和幅度下降：

$$p = \eta E_{\text{rms}}^2 \tag{2-17}$$

该式为功率密度 p 与电场强度的关系式，其中 η 为传播介质的特性阻抗，E_{rms} 是电场强度的均方根。

$$p = \frac{P_t}{4\pi R^2} \tag{2-18}$$

该式为在自由空间中功率密度 p 与距离的关系式，其中 P_t 为发射功率，R 为发射源到接收点的距离。

$$|E| = \sqrt{\frac{P_t}{4\pi\eta}} \cdot \frac{1}{R} \tag{2-19}$$

由此可知电场强度与距离 R 成正比。在给定条件下，发射功率 P_t 与阻抗已知，$\sqrt{\dfrac{P_t}{4\pi\eta}}$ 为一个常数，可知电场强度与距离 R 成反比。

（4）散射电场与接收电场关系

同上，电场传播 R 距离引起相位差和幅度下降，电场强度与距离 R 成反比。

（5）入射电场与散射电场关系满足：

$$\begin{bmatrix} E_{\text{H}}^b \\ E_{\text{V}}^b \end{bmatrix} = \begin{bmatrix} S_{\text{HH}} & S_{\text{HV}} \\ S_{\text{VH}} & S_{\text{VV}} \end{bmatrix} \begin{bmatrix} E_{\text{H}}^t \\ E_{\text{V}}^t \end{bmatrix} \tag{2-20}$$

$$E^b = SE^t \tag{2-21}$$

由上式可得散射矩阵（scattering matrix or sinclair matrix）：

$$S = \begin{bmatrix} S_{\text{HH}} & S_{\text{HV}} \\ S_{\text{VH}} & S_{\text{VV}} \end{bmatrix} \tag{2-22}$$

刻画地物目标的散射特性与入射波的频率、波长、入射角度有关。

（6）接收电场与入射电场关系

$$\begin{bmatrix} E_{\text{H}}^r \\ E_{\text{V}}^r \end{bmatrix} = \frac{e^{j\beta R}}{R} \begin{bmatrix} S_{\text{HH}} & S_{\text{HV}} \\ S_{\text{VH}} & S_{\text{VV}} \end{bmatrix} \begin{bmatrix} E_{\text{H}}^i \\ E_{\text{V}}^i \end{bmatrix} \tag{2-23}$$

$$E^r = \frac{e^{j\beta R}}{R} S E^i \tag{2-24}$$

（7）散射矩阵与 RCS 关系

以 HH 极化方式为例，当 R 足够大时，满足远场条件：

$$\sigma_{HH} = 4\pi R^2 \frac{\left| E_H^r \right|^2}{\left| E_H^i \right|^2} \tag{2-25}$$

$$\left| E_H^r \right| = \frac{e^{j\beta R}}{R} \left| E_H^b \right| \tag{2-26}$$

$$\sigma_{HH} = 4\pi \frac{\left| E_H^b \right|^2}{\left| E_H^i \right|^2} \tag{2-27}$$

$$\sigma_{HH} = 4\pi \left| S_{HH} \right|^2 \tag{2-28}$$

一般情况下，$\sigma_{PQ} = 4\pi \left| S_{PQ} \right|^2$。假设在图像的每一个像素位置上，目标对雷达波的散射特性是均匀的，即每个像素内的反向散射系数是相等的。顾及像素单元的尺寸大小，则有：

$$\sigma_{PQ}^0 = \frac{4\pi \left| S_{PQ} \right|^2}{r_a r_g} \tag{2-29}$$

互易性条件：$S_{HV} = S_{VH}$。

散射矩阵的测定是微波遥感的目标之一，测定散射矩阵（scattering matrix）需要满足：

$$\left| E \right| = \sqrt{\frac{P_t}{4\pi\eta}} \frac{1}{R} = \frac{常数}{s} \tag{2-30}$$

$$\begin{bmatrix} E_H^r \\ E_V^r \end{bmatrix} = \frac{e^{j\beta R}}{R} \begin{bmatrix} S_{HH} & S_{HV} \\ S_{VH} & S_{VV} \end{bmatrix} \begin{bmatrix} E_H^i \\ E_V^i \end{bmatrix} \tag{2-31}$$

$$\begin{bmatrix} E_H^r \\ E_V^r \end{bmatrix} = \frac{e^{j\beta R}}{R} \begin{bmatrix} S_{HH} & S_{HV} \\ S_{VH} & S_{VV} \end{bmatrix} \begin{bmatrix} E_H^i \\ E_V^i \end{bmatrix} \tag{2-32}$$

$$\begin{bmatrix} E_H^r \\ E_V^r \end{bmatrix} = \frac{e^{j\beta R}}{R} \begin{bmatrix} S_{HH} & S_{HV} \\ S_{VH} & S_{VV} \end{bmatrix} \begin{bmatrix} E_H^i \\ E_V^i \end{bmatrix} \tag{2-33}$$

2.3.3 微波遥感中的散射机制

电磁波和表面的相互作用（图 2-17）一般涉及散射、面散射或者体散射。面散射被定义为两个不同界面处的散射，如大气和地球表面。而体散射是由非均匀介质中的微粒引起的。

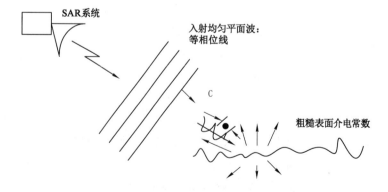

图 2-17 平面波和粗糙表面相互作用图

2.3.3.1　面散射微波

面散射与光学成像中的散射机制相似(图 2-18),入射电磁波通过地球表面或地物目标的良好的散射界面进行散射,如果地球表面干燥,入射微波能量可能在浅层表面发生透射、折射和散射。

表面散射发生在具有显著差别的介电常数的介质间界面处,如空气和水体、空气和土壤等。散射强度与表面粗糙度和介质的介电常数有关。

(1) 对于光滑表面,假设一束微波能量 E^i 从空气垂直入射到某表面,该表面为均匀且无穷大的表面。入射微波能量的一部分在该表面发生反射微波能量 E^r,另一部分微波能量 E^t 继续传播,如图 2-19 所示。

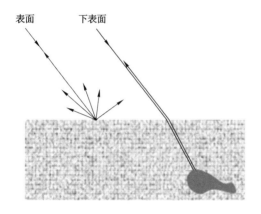

图 2-18　微波面散射机制

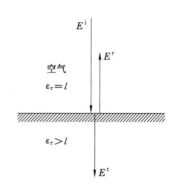

图 2-19　光滑表面散射

反射功率密度与入射功率密度之比定义为功率反射系数 R。

$$R = \left| \rho^2 \right| \tag{2-34}$$

式中,ρ 为菲涅尔反射系数(Fresnel reflection coefficient),反映被反射的入射能量,为反射电场强度与入射电场强度之比:

$$\rho = \frac{E^r}{E^i} \tag{2-35}$$

当为空气到介质的正入射时,菲涅尔反射系数为:

$$\rho_{normal} = \frac{1 - \sqrt{\varepsilon_r}}{1 + \sqrt{\varepsilon_r}} \tag{2-36}$$

由于 $\varepsilon_r \geqslant 1$,$\rho_{normal} \leqslant 0$,所以负号代表反射方向与入射方向相反。

(2) 对入射角为 θ 的斜入射微波能量,面反射与其极化特性有关。

极化反射系数:

$$\begin{cases} \rho_H = \dfrac{\cos\theta - \sqrt{\varepsilon_r - \sin^2\theta}}{\cos\theta + \sqrt{\varepsilon_r - \sin^2\theta}} \\[3mm] \rho_V = \dfrac{-\varepsilon_r\cos\theta + \sqrt{\varepsilon_r - \sin^2\theta}}{\varepsilon_r\cos\theta + \sqrt{\varepsilon_r - \sin^2\theta}} \end{cases} \tag{2-37}$$

在相同的入射角的情况下,后向散射系数从大到小顺序为:VV、HH、HV,如图 2-20 所示。

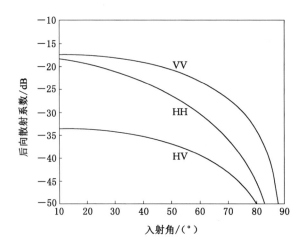

图 2-20 同反射角后向散射系数对比图

（3）对于粗糙表面,随着表面粗糙度的增大,镜像反射逐渐减少,反向散射增加,如图 2-21 所示。极度光滑的表面无反向散射,极度粗糙的表面各向同性反射。

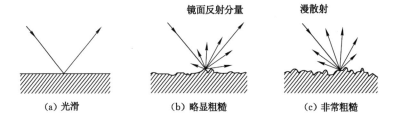

图 2-21 不同粗糙程度的反射图

（4）地球表面干燥,入射微波能量可能在浅层表面发生透射。透射系数与极化相关,与垂直极化和折射角有关。透射原理如图 2-22 所示,透射系数为:

$$\begin{cases} \tau_H = 1 + \rho_H \\ \tau_V = (1 + \rho_V)\,\dfrac{\cos\theta}{\cos\theta_t} \end{cases} \tag{2-38}$$

式中,θ_t 为折射角。

2.3.3.2 体散射

体散射是指大量的散射单元对入射微波的综合效应,而不是单一或 n 个散射体,如树冠、雪地对微波的散射。体散射特点:在一定体积内存在许多散射元,每个散射元有其固有的散射特性,但作为一个整体很难区分各个散射元的作用,如树冠、雪、海冰等。

体散射建模为由各个散射元组成的随机集合。散射元均匀分布。散射元相互独立。总体来看,散射体的散射行为独立于入射角,并且无镜像散射现象。如图 2-23 所示。

（1）体反向散射系数

在单位体积雷达截面内,如果散射体内单位体积内散射元数为 N,散射元是同一的和独立的,并且雷达截面（RCS）为 σ_b,则:

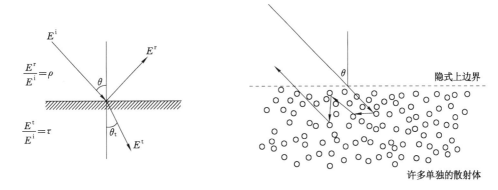

图 2-22　透射示意图　　　　　　　　　图 2-23　体散射模型图

$$\sigma_{\rm v} = N\sigma_{\rm b} \tag{2-39}$$

单位长度衰减系数为：

$$k_{\rm e} = NO_{\rm e} \tag{2-40}$$

（2）反向散射系数

在无穷小体元体上反向散射时，如图 2-24 所示。反向散射系数为 $\sigma_{\rm v}A\cos\theta{\rm d}r$；无穷小体元体各向同性反向散射功率为 $p\sigma_{\rm v}A\cos\theta{\rm d}r$；返回功率密度为 $\exp(-2k_{\rm e}r)p\sigma_{\rm v}A\cos\theta{\rm d}r$。解析元体的反向散射功率为：

$$\begin{aligned}
P_b &= \int_0^{h\sec\theta} \exp(-2k_{\rm e}r)p\sigma_{\rm v}A\cos\theta{\rm d}r = p\sigma_{\rm v}A\cos\theta\int_0^{h\sec\theta}\exp(-2k_{\rm e}r){\rm d}r \\
&= \frac{p\sigma_{\rm v}A\cos\theta}{2k_{\rm e}}\big[1 - \exp(-2k_{\rm e}h\sec\theta)\big]
\end{aligned} \tag{2-41}$$

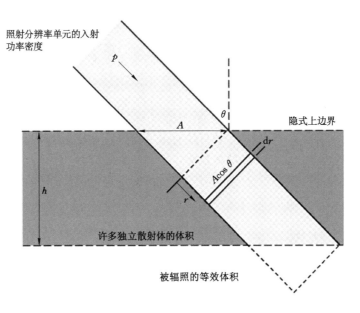

图 2-24　无穷小体元体散射原理图

（3）体散射的去极化

体散射去极化为体散射诱导的异向极化。散射引起输入辐射的极化矢量的某种程度上的旋转。假设圆柱足够细（如果圆柱足够粗，无论入射电场方向如何都会产生去极化现象），当电磁波照射导电圆柱时，如果电场极化方向与细圆柱垂直，该电场不会在导电圆柱内感应电流，圆柱不会对电场产生影响，如图 2-25 所示。

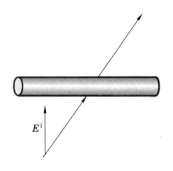

图 2-25　垂直圆柱极化方向电场电磁波照射圆柱示意图

如果入射电场的极化方向与细圆柱平行。电场之间产生感应电流，生成辐射电场会使原电场加强但不会产生异向极化。如果入射电场的极化方向与圆柱成任意角度，产生的辐射电场与原电场叠加，从而产生异向极化。

2.3.3.3　独立目标散射

分布目标是指大面积的目标，如农田、森林、土壤等。独立目标是指离散的或点状的目标，如建筑、树木等。

（1）小面积散射

小面积散射适用于正对入射雷达波的平面的平面反射，如屋顶等。

对于面积为 $a \times b$ m² 长方形导电平面，其长、宽远大于入射雷达波的波长，设入射角为 θ，则雷达截面为：

$$\sigma = \frac{4\pi}{\lambda^2}(ab)^2\cos^2\theta \tag{2-42}$$

（2）双面角反射器

双面角反射器适用于一大类具有垂直面和水平面的地面目标的理想模型，如建筑的墙面、粗大的树干、水面上的船舶等。

如果反射器的垂直面和水平面的尺寸相同，回波面积随入射角 θ 而变化，如图 2-26 所示。

$$\sigma \approx \frac{8a^2b^2\sin^2(\theta + \pi/4)}{\lambda^2} \tag{2-43}$$

如果仅对水平面或垂直面反射，此时回波面积随入射角的变化为：

$$\sigma \approx \frac{16\pi a^2b^2\sin^2\theta}{\lambda^2} \tag{2-44}$$

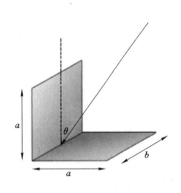

图 2-26　反射器的垂直面和水平面的尺寸相同情况

2.4　微波传感器系统

微波传感器是指利用微波特性来检测一些物理量（如辐射强度、极化和相位等辐射特性）的器件，可用来感应物体的存在和测得运动速度、距离、角度等。

大多数微波系统由天线和接收机组成。天线用于获取主要来自很窄视角范围内的辐射；接收机则负责检测和放大所接收的特定频率范围内的电磁辐射。而对特定的测量技术而言,还有第三个必要的组成部分——数据处理系统。数据处理系统实现数字化、格式规定、定标和其他诸如仪器的方位或指向等的辅助数据的记录。对于简易系统而言,该组成部分负责数据处理;但对诸如成像雷达等具有庞大数据传输速率的复杂传感器而言,巨大的处理模块只能通过地面部分的独立系统完成。

主动模式工作的雷达系统还需要一个组成模块来实现脉冲的生成和发射。虽然发射机也能使用一个不同的天线来控制微波,但通常一种更有效的做法是使用同一个天线实现对窄波束的发射和对回波信号的接收。

一个简单的雷达由天线、同步器、调制器、发射机、发射/接收转换开关、振荡器、接收机、检测器、记录器及显示器组成,如图 2-27 所示。在单站雷达中,天线作为发射器,也作为接收器,由收-发转换开关调节。天线收-发转换开关的作用是:在发射脉冲进行发射期间,使接收机与天线断开;而在接收回波期间又把发射机断开。由天线把脉冲能量向雷达照射的地域发射,也把能量集中或聚集起来。同步器是一个计时装置,按一定的重复频率产生同步定时脉冲链,使发射和记录系统同步,将此脉冲链称为脉冲重复频率。当天线为接收器时,发射/接收开关把经反射或后向散射的能量分路送入振荡器,返回信号只是发射信号中的很小一部分,因此,振荡器把信号转换成低频信号,使得放大器更为有效。接收机放大来自天线的目标回波信号。

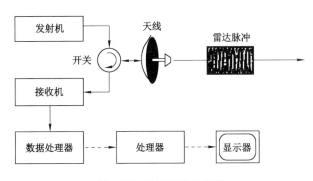

图 2-27　雷达系统示意图

2.4.1　天线系统

雷达天线是专门用来定向辐射或接收电磁波的装置。天线具有能量转换和定向的作用。雷达天线的主要作用:发射时聚集辐射发射机产生的电磁信号能量;接收时聚拢目标回波信号能量,滤除外部干扰。

雷达天线主要包括抛物面天线和阵列天线两种。

（1）抛物面天线

抛物面天线是一种反射装置,将来自特定方向的入射能量聚焦到检波器上(或是将信号传输到检波器的波导中),其工作原理与反射望远镜或光学扫描仪的主镜系统很相似。抛物面天线由抛物面反射面、馈源、支架、馈线组成,可以形成高增益针状波束,最大辐射方向在抛物面中心线上,具有高增益、低副瓣、方向图尖锐等特点。反射器是一个弧形的面,由对特定频段的波具有高反射率的材料制成。波长短时,可使用金属块天线;波长较长时,可使用金属丝网(只要孔隙比波长小得多)天线。这是一个非常实际的选择,因为网不仅更轻,还有更小的空气阻力。

图 2-28 展示了一些反射天线的工作原理。图 2-28(a)说明了抛物面反射天线的基本结构和它将入射的平面波聚焦到焦点的过程。注意:互易性表明高度定向的波束也能通过将波源置于抛物面焦点来实现发射(这是主动工作模式的传感器需要考虑的重要因素)。虽然也能将探测器置于焦点位置,但是这样会对回波产生阻挡。另一种方法是将焦点偏置,如图 2-28(b)所示。这样的好处是避免了置于焦点的探测器对发射/接收波的遮挡,这是卫星电视"锅盖"天线常用的处理方法。卡塞格伦式的组合结构使用一个较小的副反射器来代替放置在回波传输路径中主焦点上的探测器,并使用该反射器将回波聚焦到主天线后方。这样能在对回波没有太多干扰的情况下在聚焦处放置大的探测器,如图 2-28(c)所示。图 2-28(d)为牛顿式结构。其和图 2-28(c)相似,但是该方法中副反射器是将波聚焦到天线一侧的位置。牛顿式组合方法的主要优点是:当天线需要通过机械旋转来实现扫描时,能将副反射器置于旋转轴上。这样在天线运动时也能将探测器固定安置。

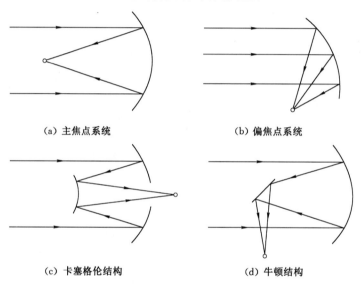

(a) 主焦点系统　　　　　(b) 偏焦点系统

(c) 卡塞格伦结构　　　　(d) 牛顿结构

图 2-28　微波遥感系统的主要反射天线结构类型

当需要改变天线的灵敏感知方向时,并非一定需要将整个天线进行机械转动,因为仅转动小得多的副反射器也能获取一些有限范围的扫描效果。

(2)阵列天线

阵列天线是由多个简单辐射单元组成的阵列。阵列天线的类型主要包括单元阵列天线、波导缝隙阵列天线和相控阵雷达天线。

阵列天线的辐射电磁场是组成该天线阵各单元辐射场的总和(矢量和)。各单元的位置及馈电电流的振幅和相位均可以独立调整,这就使阵列天线具有各种不同功能,这些功能是单个天线无法实现的。

(3)天线指标

天线方向图是指在离天线一定距离处辐射场的相对场强(归一化模值)随方向变化的图形,通常采用通过天线最大辐射方向上的两个相互垂直的平面方向图来表示。天线方向图是衡量天线性能的重要图形,可以从天线方向图中观察到天线的各项参数。天线方向图是用来表示天线的方向性的图。天线方向性是指在远区相同距离 R 的条件下,天线辐射场的相对值与空间方向的关系。

因为天线方向图一般呈花瓣状,故又称为波瓣图,最大辐射方向两侧第一个零辐射方向线以内的波束称为主瓣,与主瓣方向相反的波束称为背瓣,其余零辐射方向间的波束称为副瓣或旁瓣。

为了方便对各种天线的方向图特性进行比较,需要规定一些特性参数,主要包括波束宽度、天线增益、旁瓣电平等。

① 波束宽度,又称为半功率波束宽度,是指波束辐射方向的功率降到最大值一半时辐射方向之间角度。波束宽度有两种:a. 水平波束宽度是指在水平方向上在最大辐射方向两侧,辐射功率下降 3 dB 的两个方向的夹角。b. 垂直波束宽度是指在垂直方向上在最大辐射方向两侧辐射功率下降 3 dB 的两个方向的夹角。

② 天线增益是指在输入功率相等的条件下,定向天线最大辐射功率与各向均匀辐射天线辐射功率之比。它定量地描述了一个天线将输入功率集中辐射的程度。增益显然与天线方向图有密切的关系,方向图主瓣越窄,旁瓣越小,增益越高。

③ 旁瓣电平是指离主瓣最近且电平最高的第一旁瓣的电平,一般以分贝表示。

2.4.2 接收机

利用接收机一般情况下无法直接分析来自天线的信号,为了得到更高的测量精度和更好的抗干扰性能,雷达信号的频率一般都是比较高的,可以达到几十吉赫,这需要用极快处理速度的处理器和极快传输速度的数据线来处理。为此在实际雷达信号处理中,往往通过一个接收机来对信号进行下变频至 2 GHz 以内,再用于后续处理。

微波接收机所面临的历史性难题是微波频段的信号很难直接处理,而用于更低频信号低噪声放大器和有效滤波器的构建要容易得多。因此,许多微波检波器都使用超外差接收机系统。使用这种系统时,接收到的信号(无线电频段或 RF 信号)并非直接被放大或用于探测,而是先被转换为一种不同的通常更低频率(中频或 IF)的信号,然后对这个信号进行放大、滤波和探测,这样做是为了使人们能更有效地处理下变频到 IF 频段信号。

信号进行下变频、放大和滤波后,能被某种电子组件(如二极管)探测到。这种电子组件是以将微波能量转换为电信号为目的设计的。最常见的检波器是平方律检波器,使用它能得到与波的功率成正比的电压输出。

2.4.3 发射机

发射机产生雷达信号并经功率放大后送至天线。这部分最关键的功能是雷达波形设计。在使用雷达时通常希望雷达能够更精确地定位目标且不会受到干扰,这就需要设计复杂的雷达信号。举个简单的例子,比如我方雷达工作频率为 4 GHz,敌方就很容易探测到我方雷达的工作频率,然后就可以对我方实施电子干扰,我方雷达就不能正常工作了。为了避免这种情况的发生,往往需要更不易被干扰的雷达信号。这个部分的研究主要涉及雷达波形的设计。

2.5 星载合成孔径雷达系统

星载合成孔径雷达(SAR)是一种以卫星为载体平台的对地观测技术,用来获得地物的高分辨率雷达图像。

2.5.1 系统组成

星载 SAR 系统可以分成两大部分:一部分是天线,安装在星外,由于发射时运载火箭整流罩的容积限制,星载 SAR 的天线常常要求可以折叠起来;另一部分是中央电子设备,安装在卫星舱内,如图 2-29 所示。

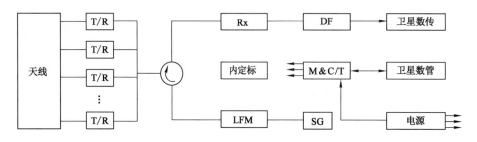

图 2-29 星载 SAR 构成框图

图 2-29 中,SG:产生相干信号的综合频率源,产生所有频率高于 f_p 的相干频率;LFM:产生星载 SAR 的发射信号,线性调频信号,并将信号送至功分网络,分配到每一个 T/R 组件,经其发射链路,放大后推动整个天线;Rx:接收天线来的 SAR 回波信号放大到设计的电平后送至数据形成(DF)单元;DF:将 SAR 回波模拟信号经 A/D 变换量化成数字信号,再与来自卫星数管的星历表数据组成 SAR 原始数据送至卫星数传;M&C/T:监察和控制星载 SAR 所有分机的工作,供给所有分机的定时,控制信号,将监察信号传送至卫星测控系统,产生 SAR 工作模式的波束控制信号;内定标:监察 SAR 的接收系统的增益和发射系统功率的变化。

2.5.2 工作模式

星载 SAR 通常采用正侧视条带工作模式,这是星载 SAR 的标准工作模式。随着 SAR 天线技术方面的快速发展,特别是有源相控阵天线技术的进步,SAR 系统对天线波束指向的控制已从机械控制方式转变为电控制方式,波束指向越来越灵活,实现了多种不同的工作模式。其中较常见的有早期的条带(stripmap)模式、聚束(spotlight)模式、扫描(scan)模式以及后续的滑动聚束模式(sliding spotlight)和循序扫描地形观测模式(terrain observation by progressive scans SAR,TOPS SAR)。

2.5.2.1 条带工作模式

条带 SAR 可以对地面的一个条带区域进行成像,条带长度取决于雷达移动距离,方位向分辨率由天线方位孔径长度决定。此种模式的雷达天线指向不变,成像对象是与雷达传感器搭载平台移动方向相平行的地面条带(图 2-30),成像带宽不定,从几千米到数百千米皆可。成像时有斜视与正侧视两种方式,雷达天线的指向与平台移动方向不垂直时称为斜视,若二者垂直,则称为正侧视。

条带模式适用于大范围不间断成像,但是由于天线增益等系列问题,方位向分辨率不能根据天线长度的降低而随意增大,最高不超过天线长度的一半。

2.5.2.2 聚束工作模式

聚束工作模式:即定点成像,利用对方位向天线波束指向的调节,使波束始终集中照射在一个地面目标范围内(图 2-31)。由于沿移动路线 SAR 不断地向同一目标范围发射信号,方位向的相干时间变长,从而使合成孔径长度变大,天线波束宽度(antenna beamwidth)不再约束方位向分辨率。但是,采用聚束式进行成像,其影像覆盖面积通常较小,最大范围为天线的波束宽度。

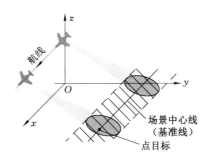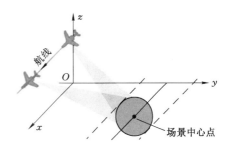

图 2-30　条带工作模式　　　　　　　　　图 2-31　聚束工作模式

聚束工作模式可以对地面某一固定感兴趣区域进行长时间观测,增加了合成孔径时间,从而突破方位分辨率受天线孔径尺寸约束的限制,实现对场景的高分辨率成像,但是其成像场景较小。因为对地面某一区域的图像来说,它的多普勒频宽大幅度增加了,很自然会想到增加星载 SAR 的工作带宽,以获取与方位向分辨率匹配的距离向分辨率。随之产生的问题是极高的瞬时数据率、海量数据存储和快速数据传输。因为星载 SAR 聚束工作模式在地面上图像的获取是不连续的,所以,只要星上数据形成分机中有足够大的缓存,对数传通道的数据率的压力实际上并不高。

聚束模式与条带模式的主要区别:

① 在使用相同物理天线时,聚束模式能够提供更高的方位分辨率;

② 在可能成像的一个区域内,聚束模式在单通道上能够提供更多的视角;

③ 聚束模式可以更有效地获取多个小区域。

滑动聚束模式(sliding spotlight):是当前较新颖的一种 SAR 工作模式(Rott,2009;Rodgers and Ingalls,1969),如图 2-32 所示。

类似于聚束模式,滑动聚束 SAR 的天线波束也随平台运动而反向转动,但是其波束射线并不指向场景中心的固定点,而是指向场景远处的某一点,使波束较慢地扫过所需的成像区域,从而在增加对单点目标观测时间的同时增大了观测场景的宽度。滑动聚束 SAR 的方位向分辨率要高于相同尺寸天线的条带 SAR 的分辨率,而观测场景又比聚束式 SAR 大,这种模式是条带 SAR 和聚束 SAR 之间的折中。

3.5.2.3 扫描工作模式

扫描工作模式通过控制天线波束在距离向的周期性扫描,如图 2-33 所示,可对大测绘带场景成像,成像幅宽较大,但是宽测绘带的获取是以牺牲方位向分辨率为代价的。对于不同波束位置(简称波位)或称为子观测带,扫描 SAR 工作模式是依次分别成像的。因此,要求有相控阵天线,能将波束快速切换。最初天线的波束指向宽观测带的近端并在那里驻留足够长的时间以合成一幅单波束照射区的雷达图像,然后天线波束再指向下一个位置以合成那里的雷达图像,依次类推。当卫星飞到最近段覆盖区的边缘时,天线波束指向宽观测带的最远端并合成那里的雷达图像,这时天线波束将指向最近端,紧靠原来覆盖区的位置,并开始第二次重复前面的过程。就是以这种方式,扫描 SAR 模式产生了一个加宽了的雷达镶嵌图。

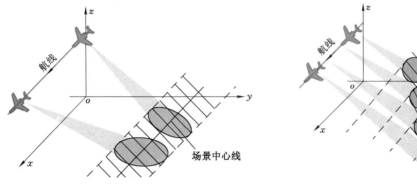

图 2-32　滑动聚束工作模式　　　　　图 2-33　扫描工作模式

为了使整个系统能完成扫描 SAR 模式工作,除了天线能进行距离向的扫描外,还必须能控制在每一波束位置的驻留时间,在每一波位还要选择相应的脉冲重复频率。在每一波位获取的信息需要加上标记和计数。因此,扫描 SAR 需要星载 SAR 系统能够完成以上控制功能。以上这些功能要求,实际上由星载 SAR 监控、定时、数据形成各个分机完成的。

这种模式多用于星载 SAR 中,SAR 传感器工作在扫描 SAR 模式下时,可以对多个子条带进行成像。SAR 的每一个子带的数据都是在 Burst 模式下采集的,Burst 之间的时间间隙就是传感器对剩余子带成像的时间。通过把每个子测绘带的原始数据处理为 Burst 模式的图像,最后融合拼接成一幅完整的扫描 SAR 影像。

TOPS SAR 可以说是扫描 SAR 的改进模式,在数据录取过程中,通过天线波束主动地从后往前扫描,使地面上的每一个点目标均被完整的天线方向图照射,如图 2-34 所示。因此,TOPS SAR 在保持扫描 SAR 宽测绘带成像能力的同时,有效缓解了扫描 SAR 模式下图像的扇贝效应以及方位模糊比和输出信噪比不一致的问题。

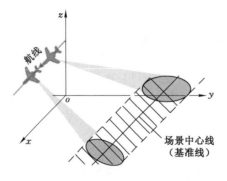

图 2-34　TOPS SAR 模式

2.5.2.4　新体制工作模式

上述模式都已发展成为较成熟的成像模式,近年来为了满足高分宽幅需求,几种新体制成像模式被提出:① 多通道 SAR 模式(图 2-35)包括距离向多波束(multiple elevation beam,MEB)和方位向多波束(multiple azimuth beam,MAB);② 马赛克(Mosaic)SAR,其实质是一种扫描模式的聚束方式,结合了 scan SAR 模式和聚束模式的优点,可实现高分宽幅的目的(图 2-36);③ 可变 PRF SAR,利用数字波束形成(digital beam forming,DBF)技术在距离向增加接收通道的方法增大观测范围,利用变 PRF 的方法来消除成像区域内的盲区,达到高分宽幅目的(图 2-37);④ 多发多收合成孔径雷达(MIMO-SAR)是近些年来提出的一种新体制 SAR,通过更多的收发阵元获得更为丰富的系统自由度,并以此突破传统SAR 体制限制,实现高分辨率宽幅成像跨越发展和多模式协同(图 2-38)。

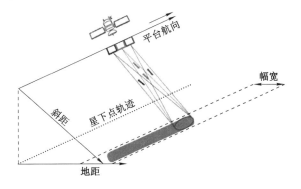

图 2-35　多通道 SAR 模式

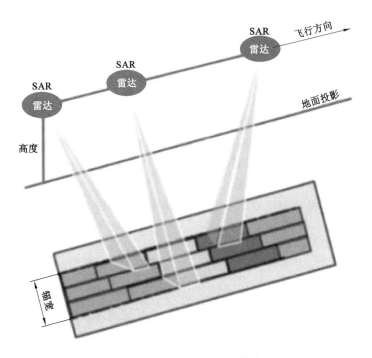

图 2-36　马赛克 SAR 模式

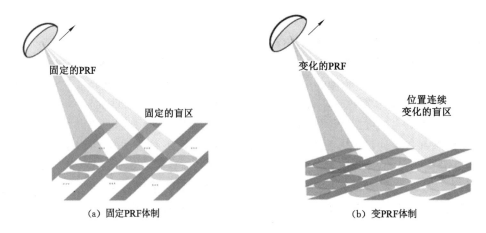

（a）固定PRF体制　　　　　　　　　（b）变PRF体制

图 2-37　可变 PRF SAR 模式

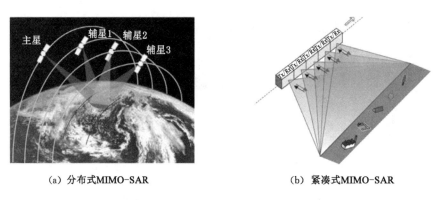

（a）分布式MIMO-SAR　　　　　　　（b）紧凑式MIMO-SAR

图 2-38　多发多收合成孔径雷达模式

近十几年来，星载合成孔径雷达在系统体制、成像理论、系统性能、应用领域等方面均取得了巨大发展，SAR 图像的几何分辨率从初期的百米提升至亚米级。从早期单一的工作模式，到现在的多模式 SAR；从固定波束扫描角（条带模式）到波束扫描（聚束模式，滑动聚束模式），再发展到二维波束扫描模式（Sentinel 的 TOPS 模式，Tec SAR 的马赛克模式等）；从传统单通道接收到新体制下多通道接收，同时实现高分辨率与宽测绘带；从单一频段、单一极化方式发展到多频多极化；从单星观测发展到多星编队或多星组网协同观测，实现多基地成像与快速重访。目前，新体制星载 SAR 技术的研究与应用已成为我国对地观测领域的重要发展方向。

2.5.3　主要性能指标

2.5.3.1　频率和极化

频率（波长）是 SAR 卫星设计的一个关键参数，不但制约着星载 SAR 的参数设计，还涉及卫星各系统的参数设计。频率的选择主要考虑大气传输窗口、频率与极化对提取信息的影响（如频率对海冰观察、陆地勘查和土地湿度测量的影响）以及图像质量、设备复杂性等因素。

（1）大气传输窗口

雷达信号穿透电离层和对流层时要产生相位失真、极化旋转和损耗等，从而使图像出现误差，甚至不能成像。电磁能量的传播损失主要使大气中氧和水汽分子、云雾和雨雹等吸收电磁能量。氧分子在 60 GHz 频率上有一个尖锐的吸收峰值，水分子在 21 GHz 频率上有一个吸收峰值，二氧化碳在 300 GHz 以上有强烈的吸收，电离层中的自由电子对 1 GHz 频率以下的电磁波有明显的吸收衰减，并存在明显的极化旋转效应，因此，星载 SAR 的大气传输窗口下限频率取 1 GHz 左右，上限取 15 GHz 左右。但是，更高频率处存在着大气衰减和假回波，其影响程度随着频率增大而增大。由于技术上的局限性和电源功率方面的限制，X 波段成为目前星载 SAR 采用的最高频段。对于高分辨率和大入射角范围的全天候观测而言，星载 SAR 的工作波段适宜在 P 至 Ku 波段之间，国外已经采用了 L、S、C、X 四种波段。

（2）频率与信息

SAR 卫星是利用星载 SAR 观测地球，所涉及的基本参数是被观测区域的后向散射系数，取决于所照射地域的物质常数（导电率、介电常数）、表面粗糙度以及所选取的电磁波频率、极化和入射角。在 1～10 GHz 频率范围内，介电常数和导电率对频率的依赖关系变化明显，是星载 SAR 发现和识别各类不同目标性质的合适波段。

根据瑞利准则，平面粗糙度小于 $\lambda/8\sin\theta$ 时，该表面可以看作为水平面。这里 λ 是电磁波波长，θ 是入射角。也就是说，同样入射角观测地物时，X 波段比 C 波段和 L 波段更能够精确地描述目标的细微形状。大量资料指出：星载 SAR 所观测的后向散射波不只是来自目标的表面，也有来自内部，即电磁波穿透得到的回波。波长越长，穿透力越强，这种作用在观察比较稠密的作物或树木生长情况时特别明显。从原理上说，作物的叶、茎、地面本身均产生反射，而且也都会产生多路径反射，这种多路径反射使电磁波产生迂回，从而形成了极化旋转。

X 波段特别适合于对冰的观察和分类，也特别适合对海面污染层的观察。对于海洋咸水，波长小于 X 波段的电磁波的穿透深度几乎为 0，而对于淡水和穿透地下目标的观察来说，L 波段特别适用。对旱涝灾害监视采用 L 波段或 C 波段来观察土壤湿度是一种有效的空间遥感手段。对海洋目标的观察，从信号相干性和灵敏度而言，C 波段是最佳选择。

（3）极化与信息

极化是指电磁波在一个振荡周期内电场矢量在空间的方向。水平极化波（H，H）和垂直极化波（V，V）在地物或海洋上的后向反射系数 σ^0 和相位特性均不相同。在微波遥感领域，极化又是一种目标特征的载体，所以，空间遥感的信息含量不仅可以使用多波段来增加，也可以利用不同的极化来增强，信息量增加，提高了识别目标的准确度。

经验表明：对于海洋应用，L 波段的 HH 极化比较敏感，而 C 波段是 VV 极化比较好。被雷达电磁波照射的地表面是千变万化的，不能用某一特定的地貌来概括，很难断言某种极化最佳。对于粗糙度小于辐射波长的地物目标，σ^0 与垂直极化波的入射角无明显关系，而对于水平极化波，σ^0 为入射角的强函数。但是，对于低散射率的草地和道路，水平极化使地物 σ^0 之间有较大的差异，所以，地形测绘用的星载 SAR 都使用水平极化。对粗糙度大于波长的陆地，HH 或 VV 对 σ^0 无明显变化。经验表明：不同极化下，同一地物的回波强弱不同，图像的色调也不一样，甚至 HH 与 VV 图像相比，在一些主要方面是各不相同的，从而增加了识别地物目标的信息。

相同极化和交叉极化的信息比较可以显著增加雷达图像信息,而且植被和其他不同地物的极化回波之间的信息差异比不同波段之间的差别更敏感。所以,多极化工作是SAR卫星发展的方向之一。

(4) 系统特征与图像质量

不同波段将影响系统研制的复杂程度和图像的质量。星载SAR图像应该是层次分明、清晰,邻近目标的区分能力好,保留原地域的特征。反映在技术指标上就是分辨率(空间分辨率和辐射分辨率)、信噪比、模糊度(ASR)、积分旁瓣比(ISLR)、峰值旁瓣比(PSLR)和图像的灰度等。选择较高频率的波段容易使距离分辨率高,雷达天线面积较小,相干积累时间较短,距离弯曲较小,聚焦深度较深,允许的航速误差更大。但是波长较长的星载SAR虽然天线较大,达到同样方位分辨率的天线表面误差可以允许大一些,相应的卫星姿态控制精度要求较低。

2.5.3.2 分辨率与观测带宽

星载SAR是一种成像雷达,与真实孔径雷达相比,相同之处是使用脉冲压缩的测距技术实现垂直于卫星轨迹方向(即距离向)的空间分辨率,但不测距;不同之处是采用合成孔径技术,依靠不太长的星载天线,利用多普勒效应,星载SAR获得每个发射脉冲位置上相应的相位历程,经地面成像的相干处理实现方位向的高空间分辨率。

SAR卫星观测目标的重要性能指标是分辨率(空间分辨率和辐射分辨率)和观测带宽度。而且,空间分辨率和观测带宽度与星载SAR系统的脉冲重复频率、数据率以及模糊度等参数之间存在复杂的制约关系。

(1) 空间分辨率

空间分辨率是指星载SAR可以分辨出两个相邻地物目标之间距离的能力。通常,对方位向和距离向分辨率提出相同大小的要求。为了使SAR卫星实现所要求的空间分辨率,星载SAR和地面成像必须具备距离和方位信息的获取和处理能力。方位向采用合成孔径技术及其相干成像处理技术,距离向是利用星地斜距的双程传播时延的鉴别能力。

(2) 观测带宽度

SAR卫星在轨道运行中,星载SAR天线距离向波束所照射的满足图像质量要求的照射地域宽度定义为观测带宽度。在天线波束指向固定的卫星运行模式下,其地域回波信号将被相应的数据录取窗口(即回波选取波门)提取,一般为30~100 km。为了尽量扩大观测带宽度,适应大面积观测的要求,可以利用星载SAR天线的距离向扫描,使星载SAR的距离向天线波束跳变,实现宽观测带观测。点扫描星载SAR是利用视角的扫描变化改变入射角,扩大可观测的地域范围。观测带宽度内的图像模糊度以及下传的数据速率是影响观测带宽度的主要因素。

一般情况下,星载SAR的成像质量取决于热噪声、模糊信号和设备相关的误差(包括几何误差)的总和,其中模糊信号相关的模糊度ASR(方位向模糊度AASR和距离向模糊度RASR)是成像质量的主要指标。

SAR卫星的信号模糊是指欲要观测的有用信号之外,存在着非人为干扰的杂散回波信号(即模糊信号)与有用回波信号的混叠,从而造成回波信号畸变,甚至不能成像的一种现象。产生这种模糊的原因:较强电平的星下点回波的混叠、有用回波信号与发射脉冲信号位置的相遇、回波最高多普勒频率与回波中心频率的混叠、有用回波信号之间的混叠、方位向旁瓣的邻近目标频谱混叠、观测目标频谱的混叠和观测带外回波的多路径信号混叠。星下点模糊信号回波以及发射脉冲相遇时刻的模糊信号都是较强的非人为干扰信号,将淹没有用的图像信号,可变视角的 SAR 卫星总体设计中必须把发射脉冲相遇的时刻给予避开,星下点回波引起的 RASA 要约束到 -20 dB 以下。为此,合理地选择脉冲重复频率,使星下点回波约束在发射脉冲与有用回波信号录取窗口之间。

图像的模糊程度必须在 SAR 卫星设计中认真考虑,它与空间覆盖要求有严格的约束关系。SAR 卫星设计应该通过脉冲重复频率、天线尺寸、天线口面照射特性、观测带宽、卫星方位向波束指向精度以及满足可视观测带内各观测带位置(简称波位,各相邻波位还必须满足一定的重叠率要求)的选择,使得各观测带内总的模糊信号分布相对于地面有用信号之比(即模糊度)很小,不影响被观测目标的发现、辨别和确认。一般情况下,面目标的 ASR 要求优于 $-18\sim10$ dB,点目标的 ASR 要求优于 $-25\sim-30$ dB。

在天线长度 L_a 确定后,只有增高天线高度 L_r 才能扩大观测范围。实际上,由于星载 SAR 方位向邻近旁瓣的目标频谱混叠和观测带外回波的多路径混叠是无法避免的。工程设计中,只能通过合理选取图像处理带宽、最小脉冲重复频率、天线孔径的照射分布和 SAR 卫星方位向波束指向精度的设计来获得优于 $-18\sim-20$ dB 的 AASR。必要时,距离向的波束方向图给予赋形(MASK)或减小观测带宽度来获得优于 $-18\sim-20$ dB 的 RASR。

2.5.3.3　重复观测周期

重复观测周期是指再次观测同一目标地区的时间间隔。重复周期越短,越能及时获得信息。SAR 卫星的重复观测必须依靠轨道的合理设计,轨道机动和星载 SAR 利用可变视角扩大可视观测带。轨道设计受到观测范围、观测带宽度、轨道类型、供电能力、轨道允许的漂移量、卫星寿命和运载火箭等因素的约束。扩大可视观测带是缩短重复观测周期的有效措施,但受到模糊度和空间分辨率等的限制。一般情况下,在 $600\sim700$ km 轨道高度下,$500\sim600$ km 的可视观测带,能够具有特定地区重复观测周期 5 天的能力。

SAR 卫星具有潜在的高分辨率,但是在许多应用领域,例如减灾抗洪,每天的大范围观测监视比高分辨率更重要,因此可以利用低分辨率宽观测带的工作模式增加观测带宽度。使用 3 子观测带以上的扫描(scan SAR)工作模式是扩大观测带宽度缩短重复观测周期的有效方法,利用相控技术实现低分辨率宽观测带模式是 SAR 卫星发展的重要方向之一。

2.5.3.4　辐射精度

利用星载 SAR 定量研究地表(或近地表)与微波辐射的相互作用是 SAR 卫星的目的之一。星载 SAR 就是产生有地域目标(包括植被下面)特征的数据流,传至地面成像的一种新型微波遥感器,其数据流表征地物特征(目标后向散射系数 σ^0)的准确程度是雷达卫星设计的另一重要内容。SAR 图像的识别,或者说,SAR 图像的可懂度不仅取决于空间分辨率,还受到雷达回波信号衰弱的严重影响,设计中无法克服的系统缺陷(卫星和星载 SAR 等等的系统缺陷),以及信息处理中的不理想情况,将使数据流特征与目标真实 σ^0 之间产生不可允许的偏差。因此,SAR 卫星还必须考虑:

① 根据不同大小的 σ^0 来分辨地物目标的能力,即辐射分辨率。

② 为了根据后向散射系数 σ^0 测量值定量地分析和提取应用中所需要的地物物理参量,σ^0 的测量精度,或者说,辐射定标精度,必须达到提取地物参量的要求。

③ 在雷达卫星一次通过的观测段内,各图像画面之间的辐射定标精度的变化,即辐射稳定度。

(1) 辐射分辨率

辐射分辨率是指 SAR 卫星成像范围内区分不同目标后向散射系数的能力,是衡量图像质量等级的一种度量,直接影响星载 SAR 图像的判读和解释能力。

与其他雷达一样,只有雷达接收机的输出信噪比足够高,才能识别出目标。因此,星载 SAR 辐射分辨率与图像的输入信噪比(或相应的接收机输出信噪比)有关,其涉及系统灵敏度、发射功率、卫星姿态和供电能力。由于图像处理之前还有 A/D 量化及其随机噪声影响信噪比,因此利用星载 SAR 接收机输出的视频信噪比 S/N 来计算辐射分辨率是比较复杂的。此外,星载 SAR 还存在复杂的模糊问题,也会影响实际的信噪比 S/N。

(2) 辐射精度

雷达图像的应用必须从不同地域(或海表面)的星载 SAR 图像中定量地提取信息 σ^0(或雷达目标截面积 RCS),从而建立 σ^0 与待观测目标特性或地球物理参量之间的关系。因此,一幅星载 SAR 图像或不同幅星载 SAR 图像之间的校准(定标)及其精度成为 SAR 卫星研制中不可缺少的要求。

定标的实质是对雷达能量关系中(雷达方程)各参数的监测来实现星载 SAR 图像的校准,最后在图像数据中测出功率强度来推算出 σ^0 或 RCS。因此,σ^0 定标也是辐射定标,σ^0 的定标精度也是辐射精度。

在 SAR 卫星上天前和在轨运行测出的定标参量值,送入 SAR 成像处理器进行系统增益补偿(后处理)是完成内定标的全过程。内定标是依靠 SAR 系统自身提供足够的信息来校准 SAR 图像数据流,但是,内定标很难补偿接收机之外的所有损失和增益变化(主要是天线)。因此,对 σ^0 的完整定标,还必须采用已知 σ^0 特性的外定标来实现。

限制内定标测量精度的原因是:① 信噪比;② 滤除其他链路泄露电平的能力;③ 内定标网络自身的失真;④ 邻近辐射单元之间耦合引入的虚假信号。噪声包括热噪声和数字噪声(量化噪声和 A/D 变换器的随机噪声),可以把它降到较低;链路泄露是指发射机链路对接收机链路的空间和电源耦合泄露,其泄露电平必须滤除到接收机灵敏度以下,否则泄露信号将成为杂散的虚假信号,信噪比也急剧降低。内定标网络是指定标波束形成网络工作在收发状态时,为了满足系统的可靠性和稳定性,应采用与信号波束形成网络一样的无源网络,从而达到无失真的目的,至于辐射单元之间的耦合,只要定标定向耦合器的耦合系数为 −40 dB 左右,其互相干扰就可以忽略。

辐射精度与工作实际和寿命有密切关系,除了一景图像画面之外,由于工作时间内有几千公里长的目标回波数据,这么多的回波信息又难以全部进行外定标,从而引起各画面之间的定标误差。因此,SAR 卫星开机工作的时间内,不同画面之间应有辐射精度允许变化的要求,即辐射稳定度,一般约为 0.5 dB。甚至还要考虑一圈轨道内和设计寿命期内的不同辐射精度要求。

2.5.3.5 定位精度

实际的 SAR 卫星图像应用中,卫星的地面目标图像必须有精确的像素位置,在图像的后处理中,为了保证几何校准精度也必须对图像像素进行精确定位。光学遥感卫星可以利用角度信息对目标进行定位,SAR 卫星是通过信号成像处理后才实现方位向波束的锐化性能,无法像光学那样直接利用真实天线的方位向信息来定位。SAR卫星图像的早期定位方法是在星载SAR观测带内找出一些位置已知的人工或自然的参考点,再根据像素与参考点的位置的相对关系来确定目标的位置。但是,在大多数应用场合下,特别是海洋应用,很难找到可靠的参考点。20世纪80年代提出的一种新的定位算法,利用卫星星历数据、回波信号的距离-多普勒参数和地球椭球模型来准确确定地物目标位置。

系统级几何定位是指在无地面控制点情况下,利用卫星测量数据、雷达参数以及成像处理参数,基于斜距多普勒方程组联立求解获得图像的地理经纬度。根据斜距多普勒模型,影响系统级几何定位的因素主要有天线相位中心位置速度误差、SAR系统时间误差、大气传播延迟误差、成像处理引入误差以及地面相对高程误差。

近年来,国际上星载SAR发展迅速,其图像产品的质量持续提升,如2006年发射升空的日本ALOS PALSAR,2007年和2008年发射的意大利COSMO-SkyMed系列SAR,加拿大的RADARSAT-2系统以及德国的TerraSAR-X系统。目前,国外这些星载SAR系统的系统级几何定位精度可以达到10 m以内,尤其是德国的TerraSAR-X标准产品,经过精细化的系统标定和处理,其定位精度甚至可以达到分米量级。我国2016年发射的高分三号SAR卫星,经误差标校和精细化处理后,系统级几何定位精度可以达到3 m以内。

2.5.3.6 寿命与可靠性

卫星的设计寿命是指可靠性指标达到一定值的卫星在轨运行时间。一般可靠性指标取0.6。可靠性指标的表征,其定义为:产品在规定条件下和规定时间内完成规定功能的概率。由于卫星上天后是不可以维修的产品,其可靠性设计显得十分重要,是卫星性能的重要指标。SAR卫星在寿命与可靠性方面的特点主要是星载SAR的可靠性和大电流供电及开关方式的可靠性。早期国外星载SAR的可靠性指标较低,如欧洲太空局1991年发射的ERS-1卫星,其设计寿命为2年,可靠性仅为0.81,但实际运行达5年以上。1995年加拿大发射的RADARSAT-1卫星的设计寿命为5年,实际运行已超过5年。对于民用航天,现在普遍要求高轨卫星寿命达到15年、中低轨卫星寿命达到8年。

3　合成孔径雷达成像技术

3.1　基本概念

太阳和地球的微波辐射极其微弱,实际使用的雷达遥感图像多数为主动遥感。微波的发射与接收:由发射器(transmitter)与接收器(receiver)完成,二者统称为天线。

单基雷达发射与接收共用一个天线;双基雷达发射与接收由不同天线完成信号图,如图 3-1 所示。

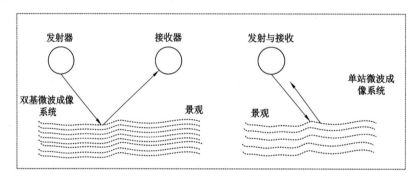

图 3-1　雷达发射-接收信号图

(1) 在飞行器飞行过程中天线将微波能量侧向(side-look)辐射,如图 3-2 所示。

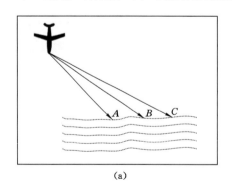

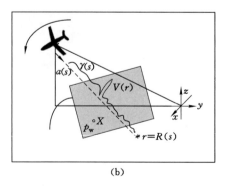

图 3-2　天线能量辐射

(2) 微波以脉冲束(pulse-beam)向地球表面辐射,如图 3-3 所示。

发射微波经地物散射(scattering)后被接收天线接收,接收信号经模-数(AD)转换,最终以图像格式记录过程,如图 3-4 所示。

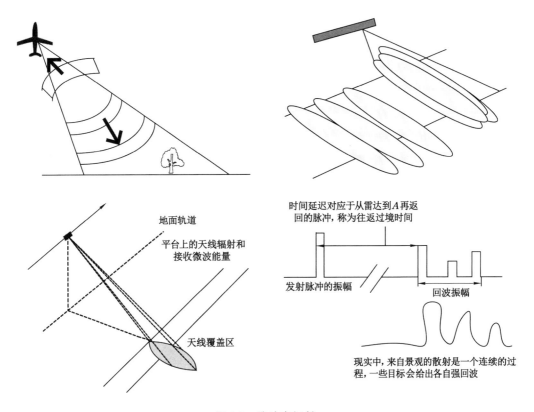

图 3-3 脉冲束辐射

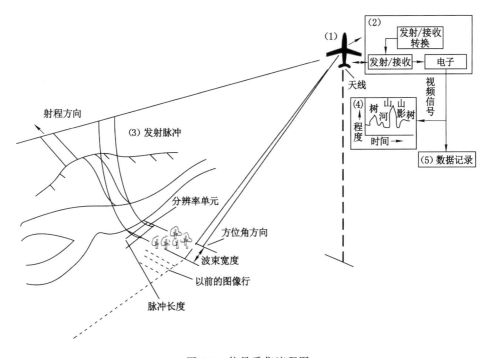

图 3-4 信号采集流程图

（3）距离向分辨率和方位向分辨率

① 距离向分辨率。在雷达图像中，当两个目标位于同一方位角时，但是与雷达的距离不同时，二者被雷达区分出来的最小距离称为距离分辨率（图 3-5），用 r_g 表示，见式（3-1）。

$$r_g = \frac{c\tau}{2\sin\theta} \tag{3-1}$$

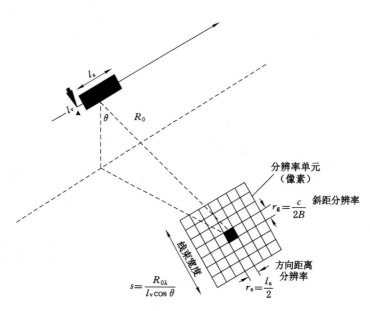

图 3-5　距离向分辨率

距离向分辨率是指雷达系统分辨两个相邻的地面点的能力。如果说地面点 A、B 是可分辨的，它们的返回脉冲是可分辨的，即返回脉冲在时间上没有重叠。当较近目标回波脉冲的后沿与较远目标回波脉冲前沿刚好重合时，这两个目标之间的距离即雷达的距离向分辨率。

距离向分辨率 ΔR 等于电磁波在雷达脉冲宽度 τ 的时间内传播距离的一半，见式（3-2）。

$$\Delta R = \frac{c\tau}{2} = \frac{c}{2B} \quad (\tau = 1\mu s, \Delta R \approx 150 \text{ m}) \tag{3-2}$$

雷达脉冲宽度 r 越小，雷达距离分辨率越高，但是雷达信号的能量就越小。

斜距分辨率：

$$r_r = \frac{c\tau}{2} = \frac{c}{2B} \tag{3-3}$$

地距分辨率：

$$r_g = \frac{c\tau}{2\sin\theta} = \frac{c}{2B\sin\theta} \tag{3-4}$$

当 $\theta = 0$ 时，地距分辨率 r_g 无穷大。采用侧视（side-looking）雷达的原因：地距和斜距分辨率均与搭载平台的飞行高度 H 无关，地距分辨率与入射角有关，近地距处的分辨率低于远地距处的分辨率，距离分辨率与辐射脉冲宽度成正比。

② 方位向分辨率。在雷达系统系统中，当两个目标位于同一距离而方位角不同时，可以被雷达区分出来的最小间隔为方位向分辨率。

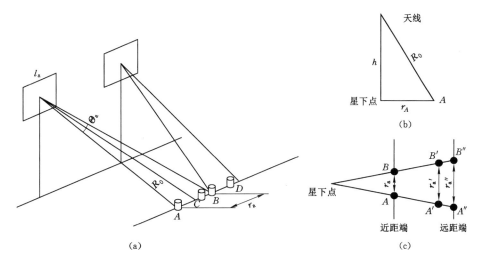

图 3-6　方位向分辨率示意图

合成孔径雷达的方位向分辨率与真实孔径雷达的方位向分辨率有着根本不同。对点目标可获得最大的方位向分辨率的公式见式(3-5)。

$$A_s(方位向分辨率) = \frac{D}{2} \tag{3-5}$$

式中　D——天线长度。

从式(3-5)可以看出：合成孔径雷达的方位向分辨率与传感器的高度和波长无关,但实际工程实现中,星载 SAR 工作距离与分辨率仍有一定的联系：

① 相同分辨率,工作距离大,合成孔径长度大,需要存储和处理的合成孔径内的数据量成比例增加；

② 相同分辨率,工作距离大,需要的发射功率随距离成比例增大；

③ 相同分辨率,工作距离大,对运动补偿精度要求成比例提高；

④ 相同分辨率,工作距离大,对系统性能要求提高(如频率稳定度、定时精度、处理速度和精度等)；

⑤ 星载 SAR 轨道高度越高,工作距离就越远,但最大视角受到地球圆形的限制。

（4）多普勒(Doppler)频率

如果发射信号是 $\cos(\omega_0 t)$,雷达与目标之间没有相对运动,则延迟时间 Δt 是一个常数,接收信号 $\cos(\omega_0 t - \omega_0 \Delta t)$,接收到的信号与发射信号频率相同。如果目标相对于雷达的运动速度为 v,那么该目标与雷达的距离将是时间 t 的函数 $r(t)$,且满足式(3-6)。

$$v = \frac{\mathrm{d}r(t)}{\mathrm{d}t} \tag{3-6}$$

这时的接收信号为 $\cos\left[\omega_0 t - \omega_0 \dfrac{2r(t)}{c}\right]$。

接收信号的频率为：

$$\omega' = \omega_0 - \omega_0 \frac{2v}{c} = \omega_0 + \Delta\omega_0 \tag{3-7}$$

这个频率的改变量为：

$$\Delta \omega_0 = - \omega_0 \frac{2v}{c} = - 2\pi \frac{2v}{\lambda} \tag{3-8}$$

$$f_d = - \frac{2v}{\lambda} \tag{3-9}$$

雷达成像的几何关系在斜距平面上的投影如图 3-7 所示,并定义天线位置和时间坐标系统。

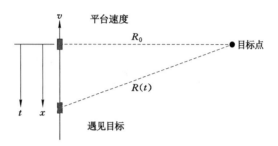

图 3-7 天线位置与时间坐标系统示意图

$$R(t) = \sqrt{R_0{}^2 + x^2} = R_0 \left[1 + \left(\frac{vt}{R_0} \right)^2 \right]^{1/2} \tag{3-10}$$

$$\frac{vt}{R_0} \ll 1 \tag{3-11}$$

$$R(t) = R_0 + \frac{(vt)^2}{2R_0} \tag{3-12}$$

假设雷达信号为正弦 $\cos(\omega_0 t)$,而非实际的线性调频信号,不影响 SAR 原理的理论分析。经地物目标反射,时间 t_D 后雷达返回信号为 $\cos[\omega_0(t+t_D)]$,其中,

$$t_D = \frac{2R(t)}{c} = \frac{2}{c} \left[R_0 + \frac{(vt)^2}{2R_0} \right] \tag{3-13}$$

$$\frac{\omega_0}{c} = \frac{2\pi f_0}{c} = \frac{2\pi}{\lambda} \tag{3-14}$$

$$\cos\left(\omega_0 t + \frac{4\pi R_0}{\lambda} + 2\pi \frac{v^2 t^2}{\lambda R_0} \right) = \cos\left[\omega_0 t + \phi_R(t) \right] = \cos[\phi_T(t)] \tag{3-15}$$

式中,$\phi_R(t)$ 为相位延迟(由信号从搭载平台到目标的往返造成);$\phi_T(t)$ 为接收信号的相位。

相位延迟:

$$\varphi_R(t) = 2\pi \frac{2R(t)}{\lambda} = \frac{4\pi R_0}{\lambda} + \frac{2\pi(vt)^2}{\lambda R_0} \tag{3-16}$$

瞬时频率:

$$\omega = \frac{\mathrm{d}\,\varphi_T(t)}{\mathrm{d}t} = \omega_0 + \frac{\mathrm{d}\varphi_R(t)}{\mathrm{d}t} \tag{3-17}$$

$$\omega = \omega_0 + \frac{4\pi v^2}{\lambda R_0}t = \omega_0 + bt \tag{3-18}$$

天线的移动引起的频率变化,即多普勒调频率(Doppler rate),可表示为:

$$b = \frac{4\pi v^2}{\lambda R_0} \tag{3-19}$$

(5)脉冲重复频率(pulse repetition frequency)

雷达脉冲在地球表面投射覆盖区。当微波发射器运动时,形成一系列平行覆盖区。为了能够连续观测地球表面,要求两个相邻的覆盖区在空间上无间断。

在方位方向覆盖区宽度等于方位分辨率 r_a。设搭载平台的移动速度为 v,发射脉冲周期为 T,频率为 f。如两个相邻脉冲无间距,则要求在一个脉冲周期内,搭载平台的移动距离不超过 r_a,即 Tr_a/v。频率下限见式(3-21)。

$$\text{pr } f_{\min} = \frac{v}{r_a} = \frac{2v}{l_a} \tag{3-20}$$

$$r_a = \frac{l_a}{2} \tag{3-21}$$

为了能够辨识两个实际上相邻的返回脉冲,要求前一个发射脉冲在远地距端的返回不应迟于后一个发射脉冲在近地距端的返回。脉冲频率上限:

$$\text{pr } f_{\max} = \frac{c}{2S\sin\theta} = \frac{c}{2S_\perp \tan\theta} = \frac{c}{2\theta_v R_0 \tan\theta} = \frac{l_v c}{2R_0\lambda\tan\theta} \tag{3-22}$$

$$\theta_v = \lambda/l_v \tag{3-23}$$

3.1.1 系统的基本概念与基本性质

系统可以按照输入与输出的数量分为单输入单输出系统、多输入多输出系统,如图 3-8 所示。

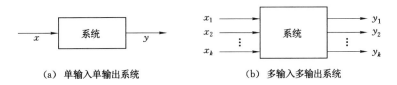

(a) 单输入单输出系统　　　　　(b) 多输入多输出系统

图 3-8　输入输出系统图

系统还可以分为线性系统和非线性系统。线性系统是指输入和输出满足一定的线性关系,可以通过特定的函数方程式表达出来。非线性系统是指输入和输出不满足比例关系,无法用确定的函数来表达其中的关系。

线性系统的基本性质有叠加性、齐次性、微分性、积分性、系统的时不变性、因果性、稳定性。

当输入和输出为 $x_1(t) \rightarrow y_1(t)$、$x_2(t) \rightarrow y_2(t)$,根据叠加性有:
$$x_1(t) + x_2(t) = y_1(t) + y_2(t) \tag{3-24}$$

当输入和输出为 $x_1(t) \rightarrow y_1(t)$,根据齐次性有:
$$\sum_{i=1}^{N} a_i x_i(t) \rightarrow \sum_{i=1}^{N} a_i y_i(t) \tag{3-25}$$

当输入和输出为 $x_1(t) \rightarrow y_1(t)$,根据微分性有:
$$\frac{\mathrm{d}}{\mathrm{d}t}x(t) \rightarrow \frac{\mathrm{d}}{\mathrm{d}t}y(t) \tag{3-26}$$

当输入和输出为 $x_1(t) \rightarrow y_1(t)$,根据积分性有:
$$\int_0^i x(\tau)\mathrm{d}\tau \rightarrow \int_0^i y(\tau)\mathrm{d}\tau \tag{3-27}$$

线性系统的时不变性：当输入函数的时间发生延迟或超前，相应的输出也会产生相应的延迟或偏差。

$$x(t-t_0) \rightarrow y(t-t_0) \tag{3-28}$$

线性系统的因果性：如果输入 $t<t_0$ 且 $x(t)=0$，那么输出 $y(t)=0$。

线性系统的稳定性：若输入 $x(t)<\infty$，则输出的 $y(t)<0$。

3.1.2　连续时间信号

连续时间信号是指自变量在整个连续时间范围内都有定义的信号，数学中很多常用的信号都是连续时间信号，例如正弦波信号、单位阶跃信号和单位冲击信号等。

（1）正弦信号

$$f(t) = A\cos(2\pi f t + \varphi_0) \tag{3-29}$$

（2）复指数函数

$$\sin(\varphi) = \frac{y}{\sqrt{x^2 + y^2}} \tag{3-30}$$

$$\sqrt{x^2 + y^2} = 1 \tag{3-31}$$

$$\sin\varphi = y \tag{3-32}$$

$$\cos\varphi = x \tag{3-33}$$

$$e^{j\omega t} = e^{j\varphi} = \cos\varphi + j\sin\varphi = x + jy \tag{3-34}$$

（3）抽样函数（图 3-9）

$$Sa(t) = \frac{\sin t}{t} \tag{3-35}$$

式中，$Sa(t)$ 是偶函数。当 $t=k\pi (k \in Z$ 且 $k \neq 0)$ 时，$Sa(t)=0$；当 $t \neq 0$ 时，波形过 0 区间的宽度为 π。

$$\int_{-\infty}^{0} Sa(t)dt = \int_{0}^{+\infty} Sa(t)dt = \pi \tag{3-36}$$

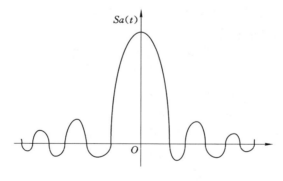

图 3-9　抽样函数波形图

（4）单位阶跃信号（图 3-10）

$$u(t) = \begin{cases} 1 & (t \geqslant 0) \\ 0 & (t < 0) \end{cases} \tag{3-37}$$

（5）单位冲激信号（图 3-11）

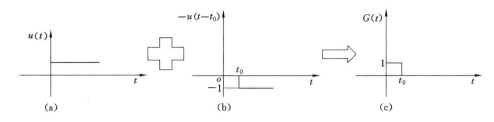

图 3-10　单位阶跃信号

$$\begin{cases} \int_{-\infty}^{+\infty} \delta(t)\,\mathrm{d}t = 1 \\ \delta(t) = 0 \quad (t \neq 0) \end{cases} \tag{3-38}$$

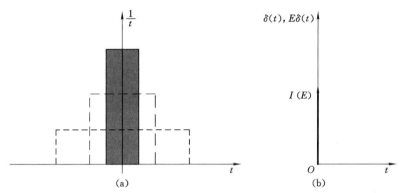

图 3-11　单位冲激信号

$$\delta(t) = \lim_{\tau \to 0} \frac{1}{\tau}\left[u\left(t + \frac{\tau}{2}\right) - u\left(t - \frac{\tau}{2}\right)\right] \tag{3-39}$$

（6）连续时间信号的单位冲激函数

$$f(t) = \delta(t) * f(t) \tag{3-40}$$

结论：任意连续时间信号 $f(t)$ 可以用无穷多个单位脉冲函数移位、加权、卷积来表达。

（7）连续时间线性系统的响应

如果说当系统的输入函数为 $\delta(t)$ 时，相对应的输出函数为 $h(t)$，那么当此系统输入函数变为 $x(t)$ 时与之相对应的输出函数见式(3-41)。

$$y(t) = \delta(t) * x(t) = \int_{-\infty}^{+\infty} x(\tau)h(t-\tau)\mathrm{d}\tau \tag{3-41}$$

（8）卷积运算

$$h(t) * x(t) = \int_{-\infty}^{+\infty} x(\tau)h(t-\tau)\mathrm{d}\tau \tag{3-42}$$

卷积运算的特性：① 换轴：以 τ 为自变量，得到 $x(\tau)$ 和 $h(\tau)$；② 反褶：将 $h(\tau)$ 相对于 $\tau = 0$ 反褶，得到 $h(-\tau)$；③ 平移：将 $h(-\tau)$ 平移 t，达到 $h(t-\tau)$；④ 相乘：将 $x(\tau)$ 与 $h(t-\tau)$ 相乘，得到 $x(\tau)h(t-\tau)$；⑤ 积分：将式(3-43)积分相乘。

（9）信号的相关

衡量两个信号的相似程度一般用相关函数描述。

$$R_{xy}(\tau) = \int_{-\infty}^{+\infty} x(t)y(t-\tau)\mathrm{d}t \tag{3-43}$$

$$R_{xy}(\tau) = \frac{\int_{-\infty}^{+\infty} x(t)y(t-\tau)\mathrm{d}t}{\sqrt{\int_{-\infty}^{+\infty} x^2(t)\mathrm{d}t \int_{-\infty}^{+\infty} y^2(t)\mathrm{d}t}} \tag{3-44}$$

如果说 $x(t)=y(t)$，那么互相关函数演变为自相关函数 $R(\tau)$，且 $R(\tau)=R(-\tau)$。此时，若 $R(0)=E$，则 $R(\tau)$ 的极大值即能量信号。

3.1.3 离散时间信号

如果 t 是定义在时间轴上的连续变量，那么 $x(t)$ 称为连续时间信号，又称为模拟信号。

如果 t 是定义在时间轴的离散点上，比如 $t=nT$，那么 $x(t)$ 称为离散时间信号，这时 $x(t)$ 改记为 $x(nt)$，其中 T 是相邻两点之间的时间间隔，称为采样周期，其倒数 $f=1/T$ 称为采样频率，n 为整数。通常采样周期 T 被归一化，这样 $x(nT)$ 简记为 $x(n)$。

（1）单位脉冲信号

$$\delta(n) = \begin{cases} 1 & (n=0) \\ 0 & (n \neq 0) \end{cases} \tag{3-45}$$

（2）延迟的单位脉冲信号

$$\delta(n-k) = \begin{cases} 1 & (n=0) \\ 0 & (n \neq 0) \end{cases} \tag{3-46}$$

（3）脉冲序列

$$p(n) = \sum_{k=-\infty}^{\infty} \delta(n-k) \tag{3-47}$$

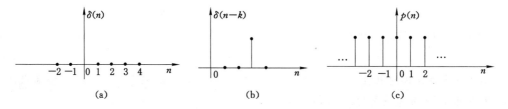

图 3-12　离散时间信号

将单位脉冲信号 $\delta(t)$ 在离散时间点上的位移可构造冲击串序列 $p(t)$，即

$$p(t) = \sum_{n=-\infty}^{\infty} \delta(t-nT) \tag{3-48}$$

连续信号采样过程为：

$$x(t)p(t) = x(t)\sum_{n=-\infty}^{\infty} \delta(t-nT) \tag{3-49}$$

式中　T——采样周期；

　　　f——采样频率，$f=\dfrac{1}{T}$。

（4）正弦序列

$$x(n) = \sin(\omega n + \varphi) \tag{3-50}$$

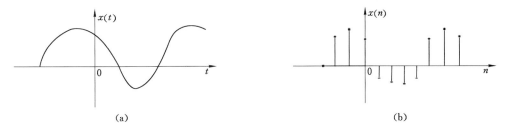

图 3-13　正弦序列图

（5）复正弦序列

$$x(n) = e^{j(\omega n + \varphi)} \quad y(n) = T[x(n)] \tag{3-51}$$

离散时间系统是对输入序列 $x(n)$ 进行加工，使之变换为另一个输出序列 $y(n)$ 的装置，在数学上可以用一种变换或映射 $T(n)$ 来描述，即

$$y(n) = T[x(n)] \tag{3-52}$$

（6）单位冲激响应

系统在单位冲激信号作用下产生的零状态响应称为冲激响应。当输入信号为单位冲激序列 $\delta(n)$ 时，系统的输出记为 $h(n)$，称为系统的单位冲激响应，是系统的固有特征，即

$$\delta(n) * H(n) = h(n) \tag{3-53}$$

一个线性时不变系统的输出是输入序列与系统的单位冲激响应的线性卷积，即

$$y(n) = \sum_{k=-\infty}^{\infty} x(k) * h(n-k) \tag{3-54}$$

因为该输入序列可以看成单位冲激移位序列的线性组合，系统的输出应是单位冲激移位序列的 $\delta(n-k)$ 输出，即单位冲激移位序列的响应 $h(n-k)$ 的线性组合，且线性系数不变，即

$$x(n) = \sum_{k=-\infty}^{\infty} x(k)\delta(n-k) \tag{3-55}$$

（7）函数的相关性

相关函数描述了两个信号之间的相似性，其相关性强弱用相关系数衡量。

相关系数序列的相关性：

$$x(n) = \sum_{k=-\infty}^{\infty} x(k)\delta(n-k) \tag{3-56}$$

$$\rho_{xy} = \frac{\sum_{n=0}^{\infty} x(n)y(n)}{\sqrt{\sum_{n=0}^{\infty} x(n)^2} \cdot \sqrt{\sum_{n=0}^{\infty} y(n)^2}} \tag{3-57}$$

相关函数的定义式为：

$$\gamma_{xy}(k) = \sum_{n=-\infty}^{\infty} x(n)y^*(n+k) \tag{3-58}$$

3.2　成像处理技术

信号是连载和传递信息的载体,可以是光信号、声音信号、电信号或其他物理量。信号处理是指对信号进行分析、综合、加工或运算,如滤波、变换、增强、压缩、估计、识别等。系统是指一个对输入信号进行处理以实现规定功能和目标,并将处理后的信号输出的装置。

3.2.1　信号的分类与特性

（1）确定性信号和非确定性信号（随机信号）

确定性信号可以用确定的数学函数表示随时间的变化规律,包括周期信号和非周期信号。非确定性信号是指不能用明确的数学函数来描述,在任意时刻的取值都不确定,但是具有某种统计特征（均值、方差、概率等）的信号。

周期信号:每隔一定的时间精确重复其波形,是无始无终的信号。

非周期信号:将确定性信号中那些不具有周期重复性的信号。非周期信号包括准周期信号和瞬变非周期信号两种。准周期信号是由两种以上的周期信号合成的,但是其组成分量间无法找到公共周期,因而无法按某一时间间隔周而复始重复出现。准周期信号之外的其他非周期信号,是一些或在一定时间区间内存在,或随着时间的增长而衰减至 0 的信号,并称为瞬变非周期信号。

（2）连续信号和离散信号

若信号数学表示式中的独立变量取值是连续的,则称为连续信号。若独立变量取离散值,则称为离散信号,如图 3-14(b)所示。

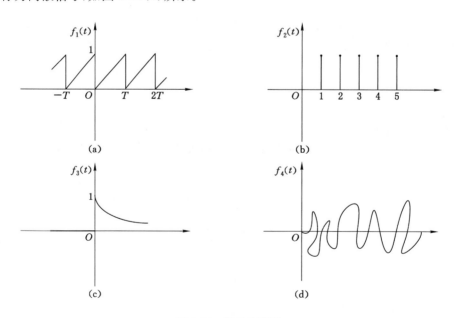

图 3-14　信号波形图

（3）能量信号和功率信号

在非电量测量中,常把被测信号转换为电压或电流信号。电压信号 $x(t)$ 加到电阻 R 上,其瞬时功率 $P(t)=\dfrac{x(t)^2}{R}$,当 $R=1$ 时,$P(t)=x(t)^2$。瞬时功率对时间积分就是信号在该积分时间内的能量。人们不考虑信号的实际量纲,而把信号及其对时间的积分分别称为信号的瞬时功率和能量。当 $x(t)$ 满足平均功率为 0 时,则认为信号的能量是有限的,并称之为能量有限信号,简称能量信号,如矩形脉冲信号、衰减指数函数等。

若信号在区间 $(-\infty,\infty)$ 内的能量是有限的,则:

$$\int_{-\infty}^{+\infty} x^2(t)\,\mathrm{d}t < \infty \tag{3-59}$$

若信号在区间 $(-\infty,\infty)$ 内的能量是无限的,则:

$$\int_{-\infty}^{+\infty} x^2(t)\,\mathrm{d}t \to \infty \tag{3-60}$$

但是它在有限区间 (t_1,t_2) 内的平均功率是有限的,即

$$\frac{1}{t_2-t_1}\int_{t_1}^{t_2} x^2(t)\,\mathrm{d}t < \infty \tag{3-61}$$

则这种信号称为功率有限信号或功率信号。

如图 3-15 所示振动系统,其位移信号 $x(t)$ 是能量无限的正弦信号,但是在一定时间区间内其功率却是有限的。如果该系统加上阻尼装置,其振动能量随时间衰减,这时的位移信号就变成能量有限信号了。

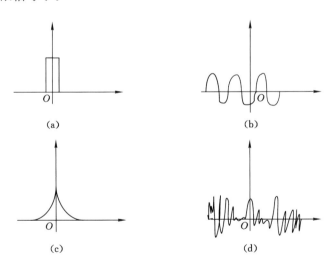

图 3-15 能量信号图

3.2.2 线性调频信号

(1) 改善地距分辨率

理论上,增大入射角(incidence angle)θ 能够提高地距分辨率。入射角由搭载平台的空间位置和景物地形地貌决定。实际上很难通过改变入射角来改善地距分辨率[式(3-62)]。

$$r_{\mathrm{g}} = \frac{c\tau}{2\sin\theta} m \tag{3-62}$$

降低脉冲宽度(τ)可以显著改善地距分辨率。由此带来的问题:τ 降低,辐射能量提高,雷达系统灵敏度下降;保持以相当的辐射能 A 上升(相当于功率提高),电子系统难以实现。

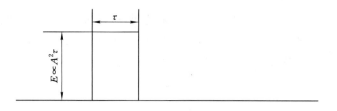

图 3-16　脉冲宽度示意图

(2) 脉冲压缩

发射调频宽脉冲,其频率随时间线性变化,如图 3-17 所示,称为线性调频脉冲(chirp)。返回的线性调频脉冲与发射线性调频脉冲的副本(replica)经相关器(correlator)压缩成窄脉冲。压缩窄脉冲宽度远小于发射脉冲的宽度。脉冲压缩解决了发射功率与提高地距分辨率的矛盾。

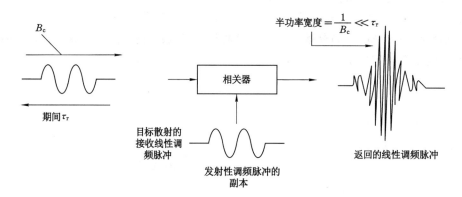

图 3-17　脉冲流程图

脉冲压缩:将一个有一定宽度的方波脉冲通过相关运算输出一个窄脉冲的过程。

匹配滤波:将信号频谱与具有与其共轭相位的频域滤波器相乘[式(3-63)]。

$$\begin{cases} s_{\text{out}}(t) = s_{\text{r}}(t) * h(t) \\ h(t) = g^*(-t) \end{cases} \tag{3-63}$$

发射信号与匹配滤波器的冲激响应见式(3-64)。

$$\begin{cases} s(t) = \text{rect}\left(\dfrac{t}{T}\right) e^{j\pi k t^2} \\ h(t) = s^*(-t) = \text{rect}\left(\dfrac{t}{T}\right) e^{-j\pi k t^2} \end{cases} \tag{3-64}$$

采用匹配滤波器(matched filter),压缩接收到的线性调频信号。如果输入信号为 $c(t)$,傅立叶变换为 $C(f)$。对于匹配滤波器,特征函数为:

$$h(t) = c^*(-t) \tag{3-65}$$

傅立叶变换为 $H(f) = C^*(f)$。设匹配滤波器的输出为 $z(t)$,其傅立叶变换为:

$$F(f) = C(f)H(f) = |C(f)|^2 \tag{3-66}$$

那么有：

$$z(t) = F^{-1}\big[\,|\,C(f)\,|^2\,\big] = c(t) * h(t) = \int c(\tau)h(t-\tau)\mathrm{d}\tau = \int c(\tau) * c(t+\tau)\mathrm{d}\tau$$

(3-67)

3.2.3 合成孔径雷达成像

(1)合成孔径雷达成像原理

为了解决远距离高分辨率成像问题,合成孔径雷达应运而生。合成孔径雷达等效于有很大天线的真实孔径侧视雷达,方位分辨率明显提高,而且与距离无关。合成孔径雷达采用一种"合成天线"技术——雷达接收到的回波并不像真实孔径侧视雷达那样立即显示成像,而是把目标回波的多普勒相位历史储存起来,然后再进行合成,形成图像。在完成这样的处理过程中,等效于形成了一个比实际天线大得多的合成天线(图 3-18),从而大幅度提高分辨能力。

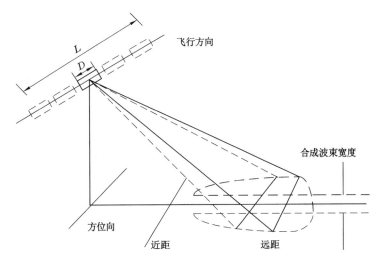

图 3-18   合成天线与实际天线示意图

雷达波束宽度 θ 与天线长度 D 有关,关系式为：

$$\theta = \frac{\lambda}{D}$$

(3-68)

式中,λ 为波长。

该波束照射到地面上的范围面积为：

$$\int_{-\infty}^{+\infty} x^2(t)\mathrm{d}t < \infty$$

(3-69)

因此,长度为 D 的天线在 R 处的照射范围为 W,为了使 $2R$ 处的照射范围仍为 W,则天线长度必须为 $2D$。为了在所有的距离上得到相同的波束照射范围(即真实孔径雷达的方位分辨率),则必须随着距离的增大而增加天线的有效长度,合成天线的雷达正是做到了这一点。一般雷达总是瞬时将接收到的目标回波记录成像,但合成天线雷达则不同,当飞行器沿航线飞行时,从目标返回的雷达回波能量先被储存起来,然后再用储存起来的信息生成图像,其结果如同形成一个空间的长天线。合成天线的长度是由飞行器储存回波数据时飞行器与物体之间的距离所决定的。

只有当目标 X 在波束内时,天线才能接收到来自目标的回波,这段时间即波束扫过该目标的时间,在这一段时间内飞行器将从 a 飞至 b。因此,合成天线的长度就是 a 到 b 的距离。

图中目标 Y 的距离是目标 X 的 2 倍,在波束内停留的时间也是 X 的 2 倍,因此飞行器从 c 至 d 的距离也是 a 至 b 的 2 倍,这意味着目标 Y 的合成天线的长度是目标 X 的 2 倍。这正好满足上面提到的在 2 倍距离上要想获得同样分辨率天线就要 2 倍长的要求。这种合成天线长度随着目标距离增大而增大的性能使得在所有距离上的分辨率恒定。

理论上,合成孔径侧视雷达的方位分辨率只与实际天线的孔径 D 有关,如式(3-70)所示。

$$\rho = \frac{D}{2} \tag{3-70}$$

(2) 合成孔径雷达成像处理过程

由上面的介绍可知:合成孔径雷达通过对回波信号的处理来获得图像的高分辨率。从信号处理的角度出发,合成孔径雷达对目标的观测过程等效为一个两维卷积过程。

$$s(x,r) = \sigma(x,r) \otimes h(x,r) \tag{3-71}$$

式中,$s(x,r)$ 为雷达的回波信号;$\sigma(x,r)$ 为目标的散射系数;$h(x,r)$ 为点目标的响应信号。坐标 x 表示沿雷达移动的方向,即方位向;r 表示垂直于雷达运动的方向,即距离向。合成孔径雷达的成像处理过程可以等效为一个重建地面目标散射系数的两维反卷积过程。

$$\sigma(x,r) = s(x,r) \otimes h^{-1}(x,r) = \sigma(x,r) \otimes h(x,r) \otimes h^{-1}(x,r) \tag{3-72}$$

式中,$o(x,r)$ 为对地面目标的反演图像。

完成合成孔径雷达的成像处理可以采用不同的方法。最直接的方法是利用傅立叶变换来完成式(3-72)的反卷积运算。但是由于要进行二维的傅立叶变换运算,计算量较大,所以通常尽可能采用简化的成像处理方法。分析式(3-72)可知:如果点目标信号能够在距离向和方位向可分,则表示为:

$$h(x,r) = h_x(x)h_r(r) \tag{3-73}$$

则式(3-72)的反卷积运算可以表示为:

$$\sigma(x,r) = \sigma(x,r) \otimes h_x(x) \otimes h_r(r) \otimes h^{-1}(x) \otimes h^{-1}(r) \tag{3-74}$$

即成像处理的二维反卷积运算简化为两个一维反卷积运算,这对于成像处理过程来说运算量可以大幅度减少。合成孔径雷达是一种按脉冲方式工作的系统,其信号在沿距离向和沿方位向的变化程度是不同的,沿距离向是快速变化,沿方位向是慢速变化。这些特点为简化合成孔径雷达的成像处理过程提供了依据。实际上,各种成像算法也是完成上述二维反卷积运算的具体实现。

3.3 合成孔径雷达成像算法

3.3.1 时域处理算法

时域处理算法主要以后向投影算法(back projection,BP)为代表。BP 算法源于计算机层析成像技术,由 McCorkle 首先引用到冲激体制 SAR 成像中。BP 成像算法是一种基于时域处理的成像算法,是一个点对点的图像重建过程,其基本思想是计算各方位时刻雷达平台的位置与成像区域内每个像素点的双程延时,再找出不同方位时刻对应的回波信号进行相干累加,最后恢复得出每个像素的目标函数。实际中,雷达发射的是球面波,那么散射点回波信号在距离压缩后的徙动轨迹是弯曲的,且不同距离散射点轨迹的弯曲程度不一样,因而不同散射点需要进行不同的聚焦处理。而 BP 逐点成像的特性恰好能满足这个要求,可以通过计算成像网格中每个像素点到每个天线位置的距离,然后沿每个散射点的轨迹对其进行时域相干叠加以实现高分辨率成像。

BP 算法原理:BP 成像算法是比较经典的时域雷达成像算法,该算法在原理上不存在任何近似,能够实现高分辨率成像。如图 3-19 所示为对成像网格区域进行 BP 成像示意图,图中成像网格大小为 $M \times N$,M 为网格方位向点数,N 为网格距离向点数,v 为飞机在飞行方向上的速度。

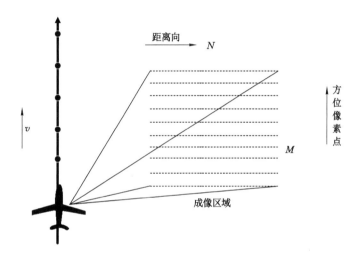

图 3-19　BP 成像示意图

对于成像网格中的像素点,首先计算每个像素点到当前方位时刻雷达天线相位中心的瞬时斜距,以此计算出雷达回波的双程时延,再通过插值由脉冲压缩后的数据求出各像素点对应的回波值,并将此值沿着方位时刻进行相干叠加,最后得出像素点回波总能量值,即得出该点的图像。后向投影成像算法的具体实现步骤如下:

步骤 1:读入 SAR 回波数据;

步骤 2:距离向脉冲压缩;

步骤 3:计算网格点与雷达天线的斜距,并进行插值操作得到子图像;

步骤 4:相位补偿;

步骤 5:重复步骤 3 和步骤 4,子图像数据沿方位时刻相干叠加;

步骤 6:保存叠加数据,即成像结果。

3.3.2　距离频域方位时域处理算法

距离频域方位时域处理算法主要以频谱分析算法(SPECAN)为代表。SPECAN 算法起源于线性调频信号处理中的拉伸步进变换,并在 1979 年为了满足 SAR 多视处理要求而由欧洲空间技术中心（European Space Researchand Technology Centre,ESTEC）和加拿大MDA（Mac Donald Dettwilerand Associates Ltd）联合提出的一种 SAR 实时成像算法。SPECAN 算法又称为去斜坡法,是目前国内外最常用的块视成像算法,在 RADARSAR,SIR-C,ENVISAT,ALOS 以及 COSMO-SkyMed 的扫描模式数据处理中均用到 SPECAN算法。

之所以将 SPECAN 算法归结到距离频域方位时域的算法,是因为 SPECAN 算法距离压缩方式和 RD 算法相同,可在频域采用匹配滤波的方法完成距离信号的聚焦处理。而方位向则是通过时域去斜处理将调频信号变为单频信号后通过 FFT 变换完成压缩。这样处理的优势是当方位向数据量比较大时可提高方位向的压缩效率。但是 SPECAN 算法在距离校正时仅考虑距离游走,且忽略距离徙动的空变性,因此 SPECAN 算法最初主要应用于分辨率比较低的扫描模式数据的成像处理。为解决 SPECAN 距离徙动矫正问题,Lannri在 1998 年提出了一种改进的 SPECAN 算法,该算法将 SPECAN 算法中的标准傅立叶变换替代为变标傅立叶变换,其变换核含有能对方位像素间隔进行等距离调整的距离变标因子,通过 Chirp-Z 变换可以有效实现变标傅立叶变换。

3.3.3　距离多普勒域算法

距离多普勒域算法,即 RD 算法,其处理核心思想是利用方位向信号的时不变特性,在方位频域,即多普勒域内对距离位置相同而方位位置不同的一组目标一次完成距离徙动校正,在距离多普勒域内高效实现距离徙动校正（range cell migration correct,RCMC）。RD算法的另一个特点是能沿距离向调整参数,补偿 RCMC 的距离空变特性。RCMC 是方位和距离耦合的表现形式之一。距离徙动校正在距离多普勒域内完成是 RD 算法区别于其他算法的最显著特征,也是称其为距离多普勒算法的原因。RD 算法是最容易理解的一种算法,其处理过程可视为回波接收的逆过程。

RD 算法包括三个主要步骤:① 距离向压缩;② 距离向迁移校正;③ 方位向压缩,生成图像。

RD 算法流程图如图 3-20 所示。其中,RCMC 既可以在 Range-Doppler 域完成,也可以在 Frequency-Azimuth Range 域完成。

为了提高运算效率,可以在 Frequency-Azimuth Range 域通过乘以一个相位项,反变换回到二维时域来校正距离向发生走动的信号,这个属于改进的 RD 算法,如图 3-21 所示。

3.3.4　多变换频域处理算法

多变换频域处理算法主要以线性变标算法（chirp scaling,CS）和频率尺度变换算法（frequency scaling,FS）为代表,下面分别予以介绍。

（1）CS 算法

RD 算法易于理解和实现,但是其最大的缺陷是距离徙动校正时的插值操作会消耗大量的计算资源,因此在高分辨率、大斜视角条件下,RD 算法在处理效率上并无优势。基于上述原因,出现了距离多普勒域外的其他成像算法,其中最具代表性的是 CS 算法。

CS 算法由 Mac Donald Dettwiler 的 Ian Cumming 和 Frank Wong 以及德宇航的Richard Bamler 团队于 1993 年共同提出,并很快被应用于德宇航 SAR 地面处理器中。CS

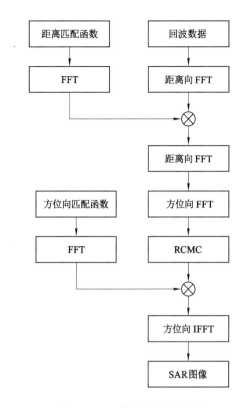

图 3-20 RD 算法流程示意图

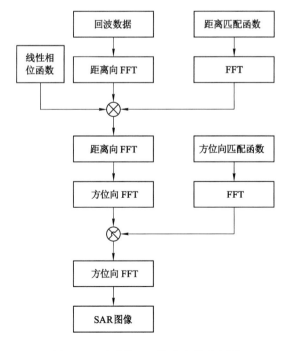

图 3-21 改进的 RD 算法流程示意图

算法的重要贡献是避免了 RCMC 中的插值操作,该算法的本质是基于 Papoulis 提出的 Scaling 原理,通过对 Chirp 信号进行频率调制,实现信号的尺度变化和平移,从而利用复数相乘和快速傅立叶变换即可完成回波信号的处理,因此处理效率大幅度提高。由于频率变标或平移不能过大,否则引起信号中心频率和带宽的改变,因此 CS 算法对距离徙动的校正是通过两步完成的。首先在距离多普勒域补偿距离徙动的空变特性,将不同距离向位置目标的距离徙动曲线校正到相同的形状,进而在 2 维时域内完成残余距离徙动的精确校正,因此 CS 法是一种多变换频域算法。其次,CS 算法中考虑了 SRC 对方位频率的依赖问题,因此其二次压缩效果同 RD 算法中 SRC 第 2 种方式的效果相当,但是在处理效率却远高于 RD 算法。

CS 算法是一种更为高效、精确的处理算法,其处理过程无须插值,仅需 FFT 操作和复数相乘即可完成,适用于对目前在轨 SAR 卫星条带模式回波信号的处理。同时,以 CS 算法为内核衍生出许多扩展算法,包括适用于扫描模式的 ECS 算法、适用于聚束模式的 DCS 算法和两步算法、适用于 TOPS 模式的 BAS 算法、适用于滑动聚束模式、TOPS 模式以及逆 TOPS 模式的三步成像算法等。

（2）FS 算法

频率尺度变换（FS）算法是 CS 算法的变形,由 Josef Mittermayer 提出并用于聚束模式数据的处理。FS 算法要求所处理的数据为距离向解线性调频（dechirp）之后的数据。该算法通过使用新的频率 Scaling 函数,在不进行插值的情况下对距离徙动进行精确矫正。

与标准 CS 算法一样,FS 算法没有考虑二次距离压缩随着目标距离的变化。对于大斜视角数据,由于二次距离压缩误差的影响,偏离参考距离的散射点无法精确聚焦,因此 FS 算法不适合处理大斜视角数据。

3.3.5　2 维频域算法

2 维频域算法主要以 ωk 算法和 Chirp-Z-Transform（CZT）算法为代表,下面分别予以介绍。

（1）ωk 算法

CS 算法在二次距离压缩时忽略了其随距离的变化,且在 2 维频域采用近似的表达形式,因此无法适用于超高分辨率、超大斜视角的回波信号处理。RD 最精确的处理算法虽然能满足处理精度的要求,但是在高分辨率、大斜视角条件下,其 2 维插值核函数长度急剧增大,消耗的计算资源难以接受。因此上述两种处理算法在处理高分辨率、大斜视角的数据时均具有局限性。为克服上述缺陷,ωk 算法在 2 维频域通过 stolt 操作校正方位/距离的耦合,且在推导过程中采用了精确的表达形式,因此 k 算法具备处理高分辨率、大斜视角回波数据的能力。

ωk 算法最早源自对地震信号的处理。1987 年,Hellsten 和 Anderson 首次在 SAR 领域使用了 Stolt 映射,并对 Carabas 数据进行处理。Bamler 通过数字信号处理的方式完成了对 ωk 算法的推导。与 CS 算法推导过程不同,在 2 维频域的表达上,ωk 算法采用的是完全精确的表达形式,因此 ωk 算法十分适合用于处理大孔径、高分辨率数据。从推导过程中不难发现 ωk 算法在处理高分辨率回波信号方面的优势,但是其仍然存在 3 个方面的缺陷:第一是推导过程中假设等效速度不随距离发生变化,这将限制其对宽测绘带 SAR 数据的处理能力;第二是处理过程需要插值,因此处理效率不如 CS 算法;第三是现有的 wk 算法均假设卫星飞行轨迹为直线,在高分辨率条件下上述假设存在误差,因此现有的 wk 算法难以对超高分辨率 SAR 信号进行处理。

(2) Chirp-Z-Transform 算法

Chirp-Z-Transform 算法是一种基于 Chirp Z 变换的成像算法,该算法是在 2 维频域通过 Chirp Z 变换对距离徙动进行补偿,是一种精确的成像算法。CZT 算法应用于对意大利高分辨率星载 SAR 系统 COSMOS-Skymed 的数据处理。

CZT 算法的优点是无需对回波信号进行距离压缩、处理过程计算量较小、图像保真度高。同时由于该算法在 RCM 校正过程中不依赖线性调频信号的线性调频特性,因此可以应用于对非线性调频合成孔径雷达回波信号进行 RCMC。

CZT 算法同样没有考虑二次距离压缩随目标距离的变化,当在大斜视角或者距离向宽幅成像时,远离参考点处存在较大的二次距离压缩误差,影响成像精度。

3.3.6 极坐标域算法

极坐标域算法以极坐标格式(polar format,PF)算法为代表。极坐标格式算法是一种典型的聚束 SAR 成像算法。该算法对回波信号进行 Dechirp 接收,在时域将参考点回波信号作为参考解调信号对回波信号进行解调,解调后的信号经 2 维插值,再进行 2 维 FFT,即可得到图像。

3.4 仿真成像

3.4.1 信号仿真

图像原理示意图如图 3-22 所示。

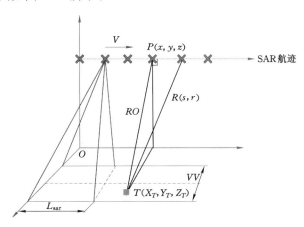

图 3-22 图像原理示意图

目标与 SAR 平台的斜距关系:

$$|\overrightarrow{PT}| = \sqrt{(x-x_T)^2 + (y-y_T)^2 (z-z_T)^2} \tag{3-75}$$

由图 3-22 可知：$y=0,z=h,Z_T=0$。令 $x=v \cdot s$，其中 v 为平台速度，s 为慢时间变量，假设 $x_T=vs$，s 表示 SAR 平台的 x 坐标为 x_T 的时刻。再令 $r=\sqrt{H^2+y_r^2}$，表示目标与 SAR 的垂直斜距，重写公式(3-75)为：

$$|\overrightarrow{PT}| = R(s,r) - \sqrt{r^2 + v^2h\ (s-s_0)^2} \tag{3-76}$$

$R(s,r)$ 表示任意时刻 s 时目标与雷达的斜距。一般情况下，$v|s-s_0| \ll r$，于是式(3-75)可近似写成：

$$R(s,r) = \sqrt{r^2 + v^2h\ (s-s_0)^2} \approx r + \frac{v^2}{2r}\ (s-s_0)^2 \tag{3-77}$$

可见，斜距是 s 和 r 的函数，不同的目标 r 不一样，但是当目标距 SAR 较远时，在观测带内可近似认为 r 不变，即 $r=R_0$。

（1）距离向回波模型

距离向变量 s 远大于方位向变量 t，于是一般可假设 SAR 满足"停-走-停"模式，即 SAR 在发射和接收一个脉冲信号中间载机未运动。为了方便理论分析，称 s 为慢时间变量，称 t 为快时间变量，于是一维回波信号可以写成二维形式，正交解调去除载波后，单点目标的回波可以写成：

$$s_r(s,t,r) = \sigma \cdot \text{rect}\left[\frac{t-2R(s,r)/C}{T_r}\right] \exp\left[j\pi K_r\ (t-2R(s,r)/C)^2\right] \cdot \text{rect}\left(\frac{s}{T_{\text{sar}}}\right) \exp\left[-j\ \frac{4\pi}{\lambda}R(s,r)\right]$$
$$\tag{3-78}$$

（2）方位向回波信号模型

方位向是散射的，$s=n \cdot \text{PRT}+x_0/v$，其中 v 是 SAR 的速度，x_0 是 0 时刻目标在参考系中的 x 轴坐标。为了进行数字信号处理，在距离向也要采样，假设采样周期为 T_r，则 $t=m \cdot T_r$，如图 3-23 所示，方位向发射 N 个脉冲，距离向采样得到 M 个样值点，则 SAR 回波为 $N \times M$ 矩阵，k 个理想点目标的回波经采样后的表达式为：

$$s_r(n,m) = \sum_{k=1}^{K} \sigma \cdot \exp\left\{j\pi\left[t(m)-\frac{2R(n,k)}{C}\right]\right\} \cdot \exp\left[-j\ \frac{4\pi}{\lambda}R(n,k)\right] \tag{3-79}$$

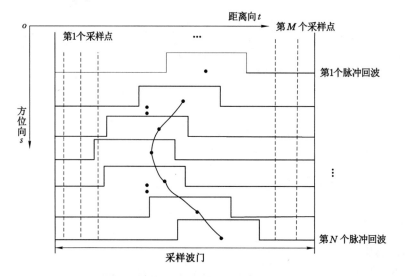

图 3-23　采样模型示意图

SAR 成像处理的过程就是从回波数据中提取目标区散射系统的二维分布,本质上是一个二维相关,因此最直接的处理方法是对回波数据进行二维匹配滤波。通常把二维匹配滤波过程分解为距离向和方位向两个一维匹配滤波过程。

3.4.2 图像仿真

雷达图像的模拟是根据地面实际情况或其他资料(如地图或其他遥感资料),按照雷达图像的成像机理,用计算机产生一幅雷达图像,或根据已有雷达图像产生不同频率、不同极化的另外一种雷达图像,以供多种应用的技术。

模拟雷达图像时,即根据分辨单元的大小将地面划分为格网,其中每一格就是雷达图像的一个像素所对应的地面单元。按照"点散射"模型模拟雷达图像时,把地面上每一网格中的地物,根据地物的散射特性和成像原理,按照雷达方程和灰度方程,计算每一块地面单元的散射回波强度,再转换成图像灰度值,形成雷达图像(图 3-24)。

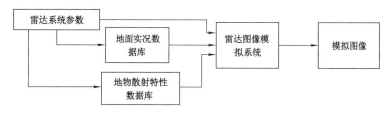

图 3-24　雷达图像流程示意图

雷达图像模拟具有多方面的应用价值:

① 雷达图像模拟是雷达系统最优化方案的依据。图像模拟有利于掌握复杂情况下由各种参数(如入射角、波长、极化方式等)产生的图像特征差别,这种预见性为选择系统最佳参数提供了帮助。

② 雷达图像模拟可用于对图像进行几何校正。因为只要找到真实图像与模拟图像之间的关系,就可以对真实图像进行几何校正。

(1) 分辨单元和本地入射角的计算

$$\Delta A = \rho_a \rho_r / [\cos \theta_A \sec(\theta - \theta_C)] \tag{3-80}$$

式中,ρ_a,ρ_r 为雷达图像空间分辨率;θ 为雷达入射角;θ_A,θ_C 为分辨单元在方位向和距离向的坡度角。

地面平坦,$\theta_A = \theta_C = 0$,则:

$$\Delta A = \rho_a \rho_r / \sec \theta \tag{3-81}$$

若地面上方位向具有一定的坡度 θ_A,距离向仍处于水平,即 $\theta_C = 0$,于是在方位向分辨单元的宽度为 $\rho_a / \cos \theta_A$,则有:

$$\Delta A = \rho_a \rho_r / [\cos \theta_A \sec \theta] \tag{3-82}$$

若在距离向地面有一定的坡度 θ_C,方位向是水平的,即 $\theta_A = 0$,雷达波束入射角为 $\theta - \theta_C$,则:

$$\Delta A = \rho_a \rho_r \sec(\theta - \theta_C) \tag{3-83}$$

当 $\theta_C = \pi/2$,即遇到高大建筑物的侧面时:

$$\Delta A = \rho_a \rho_r / (\cos \theta_A \csc \theta) \tag{3-84}$$

$\theta=\theta_C$ 是很少出现的情况,相当于垂直入射或掠射两种情况。掠射或擦地入射时,回波功率极小,垂直入射则回波极强,这两种情况都必须进行特殊处理。θ 与 θ_C 互余,即 $\theta+\theta_C=90°$ 时也是一种掠射情况。计算本地入射角的公式是:

$$\theta_l = \text{arc}\left[\frac{\cos\theta + \tan\theta \cdot C \cdot \sin\theta}{(1+\tan^2\theta_C+\tan^2\theta_A)^{1/2}}\right] \qquad (3\text{-}85)$$

同样,当地面处于水平时,$\theta_A=\theta_C=0$,于是 $\theta_l=\theta$。当只有距离向的地面坡度 θ_C 时,$\theta_A=0$,可以算出:

$$\theta_l = \theta - \theta_C \qquad (3\text{-}86)$$

(2)图像灰度计算

在分辨单元计算出来后,即可以根据各类地物的散射系数计算回波功率 P_r,然后根据灰度方程赋予灰度。

点目标:

$$P_r = \frac{P_t G^2(\theta)\lambda^2}{(4\pi)3R^4}\sigma$$

分布式目标:

$$P_r = \frac{P_t G^2(\theta)\lambda^2}{(4\pi)3R^4}\sigma^0 \Delta A \qquad (\Delta A \text{ 为分辨单元})$$

(3)雷达图像几何特征的模拟

雷达图像一般是斜距图像,当以地面的格网模拟雷达图像时,要考虑地距与斜距的关系,即

$$G = R/\sin\theta \qquad (3\text{-}87)$$

式中,R 为斜距;G 为地距;θ 为雷达波束入射角。

阴影特征示意图如图 3-25 所示。几何特征示意图如图 3-26 所示。

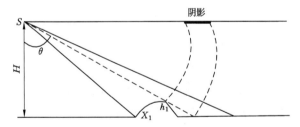

图 3-25 阴影特征示意图

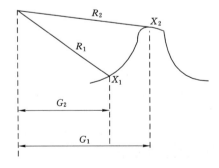

图 3-26 几何特征示意图

（4）图像模拟数据库

地理信息数据库：数字高程模型、土地利用信息数据。

地物目标特性数据库：各种地物在不同雷达参数（波长、极化、入射角等）下的散射特性数据，即 σ 和 σ^0。

3.5　质量评估

3.5.1　点目标

空间分辨率定义为点目标冲激响应半功率点处的宽度。它是衡量星载 SAR 系统分辨两个相邻地物目标最小距离的尺度。距离分辨率和方位分辨率分别指距离向和方位向点目标冲激响应半功率点处的宽度。空间分辨率是表征星载 SAR 图像的重要技术指标。点目标冲激响应主要性能指标示意图如图 3-27 所示。

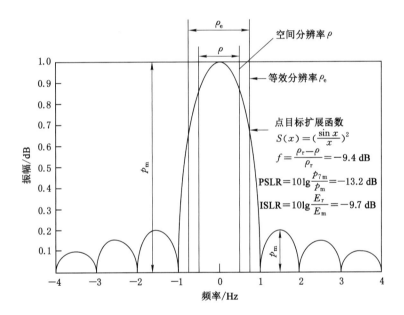

图 3-27　点目标冲激响应以及图像质量指标示意图

实际的空间分辨率是涉及星载 SAR 系统各组成部分的误差因素后得到的真实分辨率指标。工程中，方位向与距离向空间分辨率的近似估算公式为：

$$\rho_r = K_r \cdot \frac{c}{2B_r \sin \theta_i} \tag{3-88}$$

$$\rho_a = K_a \cdot \frac{L_a}{2} \tag{3-89}$$

式中，ρ_r 为距离向地面分辨率；ρ_a 为方位向分辨率；c 为光速；B_r 为线性调频信号的带宽；θ_i 为雷达波束入射角；L_a 为方位向天线长度；K_r 为成像处理中距离向展宽系数；K_a 为成像处理中方位向展宽系数。

$$K_r = K_r' \cdot K_1 \tag{3-90}$$

$$K_a = \frac{K'_a \cdot K_2 \cdot K_3}{K_4} \tag{3-91}$$

式中，K'_r 为成像处理中距离向加权展宽系数；K_1 为 SAR 系统幅频与相频特性非理想因素引起的 ρ_r 展宽系数；K'_a 为成像处理中方位向加权展宽系数；K_2 为理想天线特性（Sinc 函数）对信号多普勒频谱的等效加权作用所引入的方位向分辨率展宽系数；K_3 为地速对方位向空间分辨率的改善系数；K_4 为方位向向天线波束主瓣展宽系数。

在实际星载 SAR 图像质量评估中，通常选择含有强点目标（如角反射器）的区域测定点目标的空间分辨率。

空间分辨率是衡量点目标冲激响应主瓣性能的重要指标之一，同时也是图像质量评估的重要指标，主要包括距离空间分辨率和方位空间分辨率两种。

距离空间分辨率主要由星载 SAR 系统的信号带宽、雷达天线视角和地面处理加权系数决定。信号的脉内相位误差是影响距离分辨率的主要因素之一。

方位向空间分辨率主要由 SAR 大线方位向尺寸、加权因子、天线特性、处理器带宽以及地速的改善等因素决定。影响方位向分辨率的因素有很多，主要有成像处理器的精度、天线展开误差、方位向处理加权因子、理想天线特性以及信号的脉间相位误差等。成像处理时，在兼顾积分旁瓣比等其他图像质量指标的同时，要尽可能减小成像处理的加权系数以获得较好的分辨率指标。

等效分辨率是另一个衡量星载 SAR 系统分辨目标能力的指标。等效分辨率用点目标冲激响应总能量与主瓣峰值之比来表示，即把总能量等效为以主瓣峰值为高度，以等效分辨率为宽度的矩形区域的能量。扩展系数是等效分辨率与空间分辨率之差在等效分辨率中所占的比例。

对应于点目标距离向冲激响应函数 $h_r(\tau)$ 和方位向冲激响应函数 $h_a(t)$，有等效距离分辨率 ρ_{er}、距离向扩展系数 f_{er}、等效方位分辨率 ρ_{ea}、方位向扩展系数 f_{ea}。若距离向和方位向峰值点分别在 $\tau = \tau_0$ 和 $t = t_0$ 处，则有：

$$\rho_{er} = \frac{\int_{-\infty}^{\infty} |h_r(\tau)|^2 \, d\tau}{|h_r(\tau_0)|^2} \tag{3-92}$$

$$f_{er} = \frac{\rho_{er} - \rho_r}{\rho_{er}} \times 100\% \tag{3-93}$$

$$\rho_{ea} = \frac{\int_{-\infty}^{\infty} |h_a(t)|^2 \, dt}{|h_a(t_0)|^2} \tag{3-94}$$

$$f_{ea} = \frac{\rho_{ea} - \rho_a}{\rho_{ea}} \times 100\% \tag{3-95}$$

由扩展系数和等效分辨率的定义可以看出：它们主要由点目标冲激响应的主瓣特性决定，反映的是点目标冲激响应与理想情况的偏离程度。影响等效分辨率和扩展系数的因素有很多，主要包括地面成像处理的加权处理、多普勒参数误差、SAR 系统的相位误差和天线方向性图及指向稳定度。其中 SAR 相位误差的影响比较明显。

等效分辨率和扩展系数反映了 SAR 系统的性能及非理想因素的影响。这些非理想因素中有些是由不希望的系统畸变引起的，特别是非线性相位误差的影响。有些因素是在处理过程中引入的，为了获得好的其他指标而人为引入的一些因素，如成像处理中的加权处理。另外一些是系统固有误差造成的，如信号的高次相位误差和随机相位误差。

峰值旁瓣比定义为点目标冲激响应的最高旁瓣峰值 P_{ym} 与主瓣峰值 p_m 的比值，即 $\mathrm{PSLR} = 10\lg \dfrac{p_{ym}}{p_m}$，一般用分贝数表示。峰值旁瓣比决定了强目标"掩盖"弱目标的能力，通常要求星载 SAR 图像的峰值旁瓣比小于 -20 dB。为了减小峰值旁瓣比，通常在成像处理中采用 Taylor 加权或 Ham-ming 加权。

距离向峰值旁瓣比 $\mathrm{PSLR_r}$ 为：

$$\mathrm{PSLR_r} = 10\lg \frac{p_{sr}}{p_{mr}} \tag{3-96}$$

式中，p_{mr}，p_{sr} 为距离向点目标冲激响应的主瓣峰值和最高旁瓣峰值。

方位向峰值旁瓣比 $\mathrm{PSLR_a}$ 为：

$$\mathrm{PSLR_a} = 10\lg \frac{p_{sa}}{p_{ma}} \tag{3-97}$$

式中，p_{ma}，p_{sa} 分别为方位向点目标冲激响应的主瓣峰值和最高旁瓣峰值。

天线指向的不稳定会引起成对回波，如果成对回波落入旁瓣峰值位置或其强度高于旁瓣峰值时就会抬高点目标的峰值旁瓣比。地面应用系统中成像处理时多普勒调频率估计误差会通过二次相位误差影响峰值旁瓣比。尤为严重的是，三次相位误差将严重影响峰值旁瓣比。另外，随机相位误差也会影响峰值旁瓣比。

在地面处理系统中选取不同的加权因子使峰值旁瓣比有不同的改善。积分旁瓣比定义为旁瓣能量与主瓣能量的比值，一般用分贝数表示，是表征图像质量的非常重要的指标之一。它是局部图像对比度的衡量指标，定量描述了一个局部较暗的区域被来自周围的明亮区域的能量泄漏所"淹没"的程度。积分旁瓣比也是通过测量点目标特性而获得的。积分旁瓣比越小，图像质量越高。为了保证图像质量，通常要求距离向和方位向的积分旁瓣比低于 -12 dB。积分旁瓣的大小同许多因素有关，如星载 SAR 天线的尺寸与加权特性、脉冲重复频率、成像处理算法的精度、运动补偿算法的精度和雷达系统误差等。

（1）一维积分旁瓣比

对应于点目标距离向和方位向冲激响应，可以定义距离向积分旁瓣比 $\mathrm{ISLR_r}$ 和方位向积分旁瓣比 $\mathrm{ISLR_a}$。距离向积分旁瓣比为：

$$\mathrm{ISLR_r} = 10\lg \frac{E_{sr}}{E_{mr}} \tag{3-98}$$

式中，E_{mr}，E_{sr} 为距离向冲激响应主瓣能量和旁瓣能量。

$$E_{mr} = \int_a^b |h_r(\tau)|^2 \mathrm{d}\tau \tag{3-99}$$

$$E_{sr} = \int_{-\infty}^a |h_r(\tau)|^2 \mathrm{d}\tau + \int_b^\infty |h_r(\tau)|^2 \mathrm{d}\tau \tag{3-100}$$

式中，a、b 为距离向主瓣与旁瓣的交界，(a,b) 内为主瓣，$(-\infty,a)$ 和 (b,∞) 内为旁瓣。

与距离向类似，方位向积分旁瓣比 $\mathrm{ISLR_a}$ 为：

$$\mathrm{ISLR_a} = 10\lg \frac{E_{sa}}{E_{ma}} \tag{3-101}$$

$$E_{ma} = \int_c^d |h_a(t)|^2 \mathrm{d}t \tag{3-102}$$

$$E_{sa} = \int_{-\infty}^{c} |h_a(t)|^2 dt + \int_{d}^{\infty} |h_a(t)|^2 dt \qquad (3\text{-}103)$$

式中,c,d 为方位向主瓣与旁瓣的交界,在(c,d)内为主瓣,在$(-\infty,c)$和(d,∞)内为旁瓣。

(2) 二维联合积分旁瓣比

二维联合积分旁瓣比 ISLR 也是一个衡量点目标特性的重要指标,可表示为:

$$ISLR = 10\lg \frac{\iint_{(\tau,t)\notin D} |h(\tau,t)|^2 d\tau dt}{\iint_{(\tau,t)\in D} |h(\tau,t)|^2 d\tau dt} \qquad (3\text{-}104)$$

式中,D 为二维主瓣区域;$h(\tau,t)$为点目标二维冲激响应。

由天线不稳定引起的点目标冲激响应中的成对同波落入主瓣内时,会引起积分旁瓣比减小,如果成对同波落入旁瓣内,则会增大积分旁瓣比。成像处理系统多普勒调频率的估计误差所引起的二次相位误差会使积分旁瓣比迅速减小,同时,其他相位误差,如随机相位误差,也将严重影响积分旁瓣比。成像处理系统中采用一定的加权处理则会改善积分旁瓣比指标。

积分旁瓣比、展宽因子、峰值旁瓣比和分辨率等指标相互制约,因此,在进行指标设计时应综合考虑相互制约关系。

3.5.2 面目标

图像均值是指整个图像的平均强度,反映了图像的平均灰度,即图像所包含目标的平均后向散射系数。图像方差代表了图像区域中所有点偏离均值的程度,反映了图像的不均匀性。若图像大小为 $N \times M$,其均值 μ_1 和方差 σ_1^2 分别为:

$$\mu_1 = \frac{1}{N \cdot M} \sum_{i=1}^{N} \sum_{j=l}^{M} I_{ij} \qquad (3\text{-}105)$$

$$\sigma_1^2 = \frac{1}{N \cdot M} \sum_{i=1}^{N} \sum_{j=l}^{M} (I_{ij} - \mu_1)^2 \qquad (3\text{-}106)$$

式中,I_{ij} 为星载 SAR 功率图像在(i,j)点的值。

图像的均值和方差是反映图像整体特征的指标,一般情况下,如果地形、植被不同,那么就会有不同的后向散射系数,反映到星载 SAR 图像中有不同的图像均值,图像区域中的地形差异大,人工目标多,图像的灰度值变化就越大,图像方差也就越大。

图像动态范围是指图像最大值 I_{max} 和最小值 I_{min} 之比,通常用分贝数表示,即

$$D = 10\lg \frac{I_{max}}{I_{min}} \qquad (3\text{-}107)$$

图像的动态范围反映了图像区域地面目标后向散射系数的差异。不同地面场景的图像具有不同的动态范围。例如,山区图像的动态范围较大,而海面图像的动态范围较小。

星载 SAR 图像的动态范围同许多因素有关。地面场景的地形、天线波束入射角、成像处理算法以及多普勒参数估计精度等对图像的动态范围都有较大的影响。

等效视数是衡量一幅图像斑点噪声相对强度的一种指称,其定义为:

$$M_{ENL} = \frac{\mu_1^2}{\sigma_1^2} \qquad (3\text{-}108)$$

式中,μ_1,σ_1^2 为一块均匀区域的星载 SAR 图像的均值和方差。

斑点噪声是星载 SAR 系统所固有的原理性缺点,严重干扰着星载 SAR 图像的解译和判读。在单视星载 SAR 图像中,空间分辨率达到最佳,但斑点噪声最严重,其等效视数为1,为了降低斑点噪声,必须抑制斑点噪声,从而使图像的等效视数得到提高,通常情况下要求图像的等效视数大于 4 视。

辐射分辨率是衡量星载 SAR 系统灰度级分辨能力的一种量度,更准确地说,它定量表示了星载 SAR 系统区分目标后向散射系数的能力。辐射分辨率的高低直接影响星载 SAR 图像的判读和定量化应用。辐射分辨率由消除斑点噪声的多少直接决定。

为了改善星载 SAR 图像的整体质量,通常采用斑点噪声抑制技术来获得图像辐射分辨率的提高。例如,单视图像的辐射分辨率不会高于 3 dB,而四视图像的辐射分辨率为 1.8 dB,即经过四视处理后,图像的辐射分辨率改善了 1.2 dB。辐射分辨率定义为:

$$\gamma = 10 \lg \left(\frac{1}{\sqrt{M_{ENL}}} + 1 \right) = 10 \lg \left(\frac{\sigma_1}{\mu_1} + 1 \right) \tag{3-109}$$

3.5.3 目标定位精度和辐射精度

目标定位精度分为相对定位精度和绝对定位定度。利用星历参数、地球模型、距离方程以及多普勒方程对成像区域的目标进行定位称为相对定位,其定位精度为相对定位精度。在相对定位精度的基础上,利用地面参考点对成像区域的目标进行定位称为绝对定位,其定位精度称为绝对定位精度。目标定位精度是衡量通过定位算法对 SAR 图像中的目标进行定位得到的目标位置的准确程度,也是星载 SAR 后处理中几何校正的基础,定位精度决定了几何校正的准确程度。

定位精度主要受卫星测控系统中的卫星平台位置、速度测量误差、系统延迟测量误差和地面高度误差的影响,影响距离向目标定位精度的主要因素有卫星距离向、径向位置测量误差,系统时间延迟误差和目标高度误差。影响方位向定位误差的主要因素有沿轨迹方向即方位向、径向平台位置测量误差和平台速度测量误差。因此,影响星载 SAR 目标定位精度的主要因素是测控系统中的平台位置测量误差、系统时间延迟测量误差和目标高度测量误差。

辐射精度一般分为绝对辐射精度和相对辐射精度。绝对辐射精度是衡量一组像素的归一化散射系数的估计精度。相对辐射精度又分为长期相对辐射精度和短期相对辐射精度。当测量时间相隔较长足以使影响两组像素辐射校正精度的错误因素不相关,这样的两组像素之间散射系数估计精度的比较就得到长期相对辐射精度。测量时间较短,使得影响两组像素辐射精度的某些共同因素可以忽略,这种情况下比较两组像素之间散射系数的估计精度即短期相对辐射精度。辐射精度是 SAR 图像质量评估的重要指标之一,其表征了 SAR 图像中目标的后向散射系数的精确程度,大部分 SAR 图像的应用均需要从图像中提取有关目标的后向散射系数,这就需要进行辐射校正,通常辐射校正过程包括内定标系统和外定标系统,衡量辐射校正准确度的指标就是辐射精度。

星载 SAR 辐射校正的精度主要受传感器、数传链路和地面处理器三个方面误差因素的影响。

(1)传感器子系统

在传感器子系统中主要考虑大气传播误差、雷达天线以及传感器电子器件误差的作用,其中星载 SAR 天线是校正误差的主要来源。为获得一定的信噪比,需要高的天线增益,因而需要大天线,具有大的孔径面积。考虑到航天器的环境、零重力卸载和温度较大的变化会造成天线增益减小、主瓣展宽和增加旁瓣电平。由于内定标设备不易测得天线特性,因此,当有源阵列移相器和 T/R 组件出现性能降低或失效时,难以鉴定每个部件的性能。传感器电子设备包括 RF 和数字部件,通常可由内定标设备很好地进行鉴定。

（2）平台和数传子系统

确定整个系统校正精度和图像质量的一个关键因素是雷达平台。为了产生校正数据产品,需要精确的姿态和轨道测量精度。平台姿态变化及其星历是确定回波数据多普勒参数的关键参数。为了使多普勒参数估计能很好地收敛于准确值,要求所测量的参数必须足够精确。另外,多普勒参数估计技术是依赖目标的,这样估计精度和系统性能依赖地面特性,所以要求能够测量方位向 1/10 波束宽度和视角内四分之一波束宽度的姿态精度。平台的控制精度是决定 SAR 图像产品质量的重要因子。

（3）信号处理子系统

信号处理子系统由 SAR 相关器、后处理器和地球物理处理器组成。SAR 相关器通过将原始数据与两维匹配滤波器参考函数卷积得到星载 SAR 图像,从而形成图像产品。参考函数的多普勒参数可由回波数据的多普勒特性精确给出。对于频域的快速卷积算法,在一个处理块内多普勒参数假定为常数。对于大斜视角和大的姿态变化率,这种近似是不充分的,会产生匹配滤波误差,将增大方位向模糊度、信噪比损失、分辨率下降和几何失真（图像扭斜）。当使用外定标计算传感器引起的误差时,要求四配滤波器精度足够高,以计算传感器带来的误差。

后处理器完成星载 SAR 图像数据的几何校正和辐射校正,其关键问题是精确地估计校正系数。校正系数需要辅助数据,如工程遥测数据,传感器、平台和处理参数以及外定标设备测量精度。这些数据和地面测试数据及校正点图像结合,可用来为分析雷达系统传输特性建立时间相关模型。假定传感器的不稳定性（如温度漂移）是确定性的且可以测量,该模型能依次提供任务期间任意时刻传感器误差的估计。这种模型的精度取决于内定标设备的性能,以及采用地面校正点的系统传输函数在空域（垂直轨迹）和时域（沿轨迹）采样频率。

3.5.4　质量评估方法

（1）点目标冲激响应指标评估

点目标冲激响应指标包括:空间分辨率、积分旁瓣比、峰位旁瓣比、等效分辨率和扩展系数等。在实际测量中通常选取包含强点目标（如角反射器）的图像区域进行测定。

（2）面目标特征指标评估

面目标特征指标包括:图像均值、方差、动态范围、等效视数和辐射分辨率等。测量等效视数、辐射分辨率等反映图像辐射性能的指标要选取均匀区域进行测量。测量的主要困难是完全均匀的区域较少。真实图像的等效视数,可以选取海面、草原等近似均匀的区域进行测量。图像区域太大则很难保证区域的均匀特征。图像太小又无法反映图像的统计特征。仿真图像则比较容易实现,可以用设置好的均匀区域进行测量。

4 SAR 图像的定位与定标

众所周知,目标定位是一件非常重要的事情,为了充分有效地利用雷达图像,往往需要对图像的像元进行精确定位。在光学遥感系统中,通常利用角度信息来实现目标定位,而在普通雷达中,不仅需要利用天线方向图的角度信息,还要利用目标的距离信息或速度信息来实现目标定位。在星载 SAR 中,对地面目标的定位,就是对其合成孔径图像的相应像元定位,也就是地面目标的地理经纬度与雷达图像中像元二维坐标的对应,即雷达图像的定位。

然而,目前 SAR 卫星几何定位精度受限,这将直接影响 SAR 卫星影像的后续应用。因此,国内外专家通过研究产生 SAR 卫星几何定位误差的影响因素(包括卫星轨道参数和成像参数的测量误差等),提出了 SAR 卫星的几何定标技术。几何定标技术是实现 SAR 影像高精度定位的关键,也是提升 SAR 系统在无控制点情况下的几何定位精度的主要途径之一。

4.1 误差源

4.1.1 几何误差

星载 SAR 的几何定位精度主要受传感器不稳定性、平台不稳定性、信号传播延迟、地形高度和处理器引起的误差的影响。传感器稳定性是控制 SAR 影像数据内部几何保真度的一个重要因素。影响传感器稳定性的主要因素有三个:本地振荡器漂移、传感器电子时延和航天器时钟漂移;平台星历误差包括平台位置和速度误差,可以分为沿轨向误差、垂直轨向误差和径向误差;信号传播延迟误差是由于雷达信号从 SAR 系统发射到接收,经过大气传播存在延迟影响,随着大气环境的改变而变化,从而影响斜距的测量精度。

4.1.1.1 传感器不稳定性

传感器稳定性是控制 SAR 影像数据内部几何保真度的一个重要因素。影响传感器稳定性的主要因素有三个:本地振荡器漂移和传感器电子时延和航天器时钟漂移。

(1)本地振荡器漂移

发送至脉冲发射源和模拟数字转换器(analog-to-digital converter,ADC)的定时信号精度限制了脉冲间或者采样间周期的一致性,而这些定时信号的变化主要取决于本地振荡器的稳定性。通常来说,从一幅影像的几何保真度来看,短周期本地振荡频率变化引起的时钟抖动是可以忽略的。但是,本地振荡器的长期漂移将会引起脉冲重复频率(pulse repetition frequency,PRF)的变化,进而影响沿轨向(也就是方位向)像素间隔的大小。

$$\delta x_{az} = LV_{SW}/f_p \tag{4-1}$$

式中,L 为方位向视数,f_p 为 PRF;v_{sw} 为扫描带速度。

$$v_{sw} = \left| \frac{R_t}{R_s} \right| v_s - v_t \qquad (4\text{-}2)$$

式中,R_s,R_t 为传感器和目标的位置;v_s,v_t 为传感器和目标的速度。

由此可知本地振荡器漂移引起的误差是一个沿轨方向的比例误差。

(2) 传感器电子时延

雷达信号经过发射机和接收机时,会产生信号的电子时延,直接影响 SAR 影像的几何保真度。在计算斜距时,应当从总的信号延时中减去这个传感器电子时延 τ_e,得到的才是真实的信号传播时间。

$$R = c(\tau - \tau_e)/2 \qquad (4\text{-}3)$$

式中,τ 为雷达信号从脉冲信号的产生到 ADC 采样所经历的总延时;c 为光速。

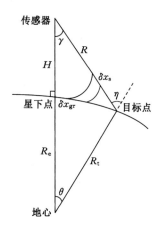

图 4-1 视角与入射角的相对关系

通过本地振荡频率对雷达计时单元的循环控制,可以准确获得这个总延时 τ。雷达信号传播时间的估计误差导致斜距存在误差,进而引起入射角估计值存在偏差。由图 4-1 可以得到:

$$\eta = \arcsin(R_s \sin \gamma / R_t) \qquad (4\text{-}4)$$

式中,η 为入射角;γ 为视角。

视角 γ 可以通过三角函数关系获得,即

$$\gamma = \arccos \left[(R^2 + R_s^2 - R_t^2)/(2RR_s) \right] \qquad (4\text{-}5)$$

式中,R 为传感器到目标点之间的斜距。

由式(4-4)和式(4-5)可知:斜距的估计误差将会导致入射角的估计值存在偏差。

在 SAR 影像中,地距像素间隔可以表示为:

$$\delta x_{gr} = c/(2f_s \sin \eta) \qquad (4\text{-}6)$$

式中,f_s 为采样频率。

由式(4-36)可以看出:视角 γ 的误差或者采样频率 f_s 的误差均会在垂直轨方向(距离向)上产生一个比例误差。

(3) 航天器时钟漂移

如果航天器时钟与记录星历数据的时钟之间存在偏差,那么将会导致目标定位误差。如果卫星星历是在惯性坐标系下的,那么实际获取的数据与惯性坐标系下的参考时间之间存在时间差值,将会导致地球产生一个自转量。因此,航天器时钟漂移将会导致一个目标经度的估计误差,即

$$\Delta \chi \approx \omega_e s_d \cos \zeta \qquad (4\text{-}7)$$

式中,ω_e 为地球自转速度;s_d 为时钟漂移;ζ 为目标纬度。

通常情况下,卫星轨道存在一定的轨道倾角,即卫星飞行方向与正北方向之间存在的夹角。由此说明航天器时钟漂移将会在沿轨方向和垂直轨方向上均会引起一个位置误差。

另外,时钟漂移也会导致沿轨方向上的位置误差,即 $s_d v_{sw}$。其中,v_{sw} 为扫描带速度。

4.1.1.2　目标定位误差

在一景影像内,像素(i,j)的位置可以由已知的传感器位置和速度得到。更精确计算时,需要天线相位中心在地球参考坐标系中的位置。同时联立 3 个方程,即距离方程、多普勒方程和地球模型方程,可以确定目标位置。

距离方程可以表示为:

$$\boldsymbol{R} = \left|\boldsymbol{R}_{\mathrm{s}} - \boldsymbol{R}_{\mathrm{t}}\right| \tag{4-8}$$

式中,$\boldsymbol{R}_{\mathrm{s}}$,$\boldsymbol{R}_{\mathrm{t}}$ 为传感器和目标的位置矢量。

结合式(4-3),针对斜距影像,斜距 R_j 与垂直轨向像素 j 之间的数学关系式为:

$$R_j = \frac{c}{2}(\tau - \tau_{\mathrm{e}}) + \frac{c}{2f_{\mathrm{s}}}(j + \Delta N) \tag{4-9}$$

式中,ΔN 为像素初始偏移量,即起始采样窗口。这个偏移量通常为 0,而在子扫描带处理应用中像素位置的计算需要这个偏移量。

多普勒方程的表达式为:

$$f_{\mathrm{dc}} = \frac{2}{\lambda R}(v_{\mathrm{s}} - v_{\mathrm{t}}) \cdot (R_{\mathrm{s}} - R_{\mathrm{t}}) \tag{4-10}$$

式中,f_{dc} 为多普勒中心频率;λ 为雷达波长。

目标的速度可以通过目标的位置确定,即

$$\boldsymbol{v}_{\mathrm{t}} = \boldsymbol{\omega}_{\mathrm{e}} \times \boldsymbol{R}_{\mathrm{t}} \tag{4-11}$$

式中,$\boldsymbol{\omega}_{\mathrm{e}}$ 为地球自转速度矢量。

方位向参考函数中的 f_{dc} 值与真实的 f_{dc} 值之间的偏差引起目标在方位向上产生位移 Δx_{az},即

$$\Delta x_{\mathrm{az}} = \frac{\Delta f_{\mathrm{dc}} v_{\mathrm{SW}}}{f_{\mathrm{R}}} \tag{4-12}$$

式中,Δf_{dc} 为方位向参考函数中的 Δf_{dc} 值与真实的 Δf_{dc} 值之间的差值;f_{R} 为参考函数中的多普勒调频率。

在利用式(4-11)进行目标定位时,采用与参考函数中的 Δf_{dc} 值一致的多普勒中心频率,就可以补偿在方位向上的位移。但是,如果在参考函数中使用一个模糊的 Δf_{dc} 值,这个规则也会存在例外情况。

如果真实的 Δf_{dc} 值与参考的 Δf_{dc} 值之间的差值超过 $\pm f_{\mathrm{p}}/2$,那么会产生一个像素位置误差,即

$$\Delta x_{\mathrm{az}} = m f_{\mathrm{p}} V_{\mathrm{st}} / f_{\mathrm{R}} \tag{4-13}$$

式中,m 为方位向模糊数。

地球模型方程,考虑了地球形状为扁椭圆球体,即

$$\frac{x_{\mathrm{t}}^2 + y_{\mathrm{t}}^2}{(R_{\mathrm{e}} + h)^2} + \frac{z_{\mathrm{t}}^2}{R_{\mathrm{P}}^2} = 1 \tag{4-14}$$

式中,R_{e} 为赤道处的地球半径;h 为当地目标高程;R_{P} 为极半径。

$$R_{\mathrm{P}} = (1 - f)(R_{\mathrm{e}} + h) \tag{4-15}$$

式中,f 为扁率。

假设在成像处理过程中不存在模糊的 Δf_{dc} 值,定位精度主要取决于传感器位置与速度

矢量的精度、脉冲延迟时间的测量精度以及相对于地球模型的已知目标高度。然而,定位是不需要传感器的姿态信息。垂直轨方向的目标位置由采样窗口决定,不取决于天线足迹位置,也就是说与滚动角无关。同理,平台的偏航和俯仰导致了方位向斜视角,而斜视角可以通过采用杂波锁定技术确定的回波多普勒中心频率确定。因此,由于传感器的姿态精度与影像定位误差无关,SAR 传感器的定位精度比光学传感器高。

4.1.1.3 平台不稳定性

平台星历误差包括平台位置和速度误差,可以分为沿轨向位置误差、垂直轨向位置误差和径向位置误差三类。

① 沿轨向位置误差 ΔR_x。该项误差将引起方位向目标定位误差,即

$$\Delta x_1 = \Delta R_x R_t / R_s \tag{4-16}$$

式中,ΔR_x 为沿轨向传感器位置误差。ΔR_x 引起的距离向定位误差可以忽略。

② 垂直轨向位置误差 ΔR_y。该项误差主要引起目标距离向定位误差,即

$$\Delta r_1 = \Delta R_y R_t / R_s \tag{4-17}$$

式中,ΔR_y 为传感器垂直轨向位置误差。

在这个新的目标垂直轨向位置,地球自转速度的变化将引起目标在方位向上的少量位移,然而这种影响非常小,并且对于大多数应用来说是可以忽略的。

③ 径向位置误差 ΔR_z。本质上,该项误差是传感器高度 H 的估计误差。由式(4-5)可知对于一个传感器径向位置的改变,视角的变化为:

$$\Delta \gamma = \arccos\left(\frac{R^2 + R_s^2 - R_t^2}{2R_s R}\right) - \arccos\left[\frac{R^2 + (R_s + \Delta R_z)^2 - R_t^2}{2(R_s + \Delta R_z)R}\right] \tag{4-18}$$

这将导致一个近似的目标距离向位置误差,即

$$\Delta r_2 \approx R\Delta\gamma / \sin\eta \tag{4-19}$$

视角的变化还会引起多普勒频移 Δf_{Dc},即

$$\Delta f_{Dc} = \frac{2v_e}{\lambda}(\cos\zeta_t \sin\alpha_i \cos\gamma)\Delta\gamma \tag{4-20}$$

式中,v_e 为赤道处的地球切向速度;ζ_t 为目标的地心纬度;α_i 为轨道倾角。

由式(4-12)和式(4-20)可知引起的目标方位向定位误差为:

$$\Delta x_2 \approx \frac{\Delta f_{dc}\lambda R v_{sw}}{2v_{st}^2} \tag{4-21}$$

式中,v_{st} 为传感器与目标之间的相对速度。

另外,由于视角偏差 $\Delta\gamma$ 近似等效于入射角误差 $\Delta\eta$,根据式(4-6)可知传感器的径向位置误差间接影响地距像素间隔。总之,传感器的径向位置误差会引起垂直轨向的比例误差。

传感器速度误差,即沿轨向速度误差 Δv_x、垂直轨向速度误差 Δv_y、径向速度误差 Δv_z。故传感器的速度误差可以分解为:

$$\Delta v = \Delta v_x \sin\theta_s + \Delta v_y \sin\gamma + \Delta v_z \cos\gamma \tag{4-22}$$

式中,θ_s 为斜视角。

由于:

$$\Delta f_{dc} \approx 2\Delta v / \lambda \tag{4-23}$$

结合式(4-21),可以得到方位向的定位误差,即

$$\Delta x_3 = (\Delta v_x \sin \theta_s + \Delta v_y \sin \gamma + \Delta v_z \cos \gamma) v_{sw} R / v_{st}^2 \tag{4-24}$$

传感器的速度误差分量引起的距离向定位误差是可以忽略的,然而,沿轨向的速度误差将会产生一个方位向的比例误差,即

$$k_a = \Delta v_x / v_x \tag{4-25}$$

4.1.1.4　目标测距误差

（1）传感器电子时延误差

由式(4-9)可知:传感器到目标的斜距是根据信号在大气中的传播时间计算得到的。也就是说,传感器的电子时延 τ_e 和涉及脉冲形成的数据记录窗口设置的不确定性都将引起斜距误差。通常来说,传感器的电子时延是微秒量级的,主要包括从发射脉冲控制信号(即数据记录窗口的时间参考)的产生到从天线处的脉冲发射所消耗的时间,以及回波数据从接收机电子元器件开始接收到 ADC 所经过的时间。通过测量卫星发射前和卫星在轨运行期间的相对时间漂移,可以反映电子元器件的老化与温度变化。电子时延的一个典型测量方法:测量一个从发射链路经过环形器到接收链路的线性调频信号的时延,而从天线馈电系统到辐射单元的额外时延是通过分析估计得到的。针对在天线馈电组件中发射/接收(transmitter and receiver,TR)组件的时延测量,需要结合外部发射机/接收机单元设计一个相对复杂的实验方案。

（2）信号传播时间误差

雷达信号在大气中的传播时间误差也是影响斜距估计误差的主要因素。

假设电磁波的传播速度等于光的速度,通常来说这是一个很好的近似,但是在某些电离层条件下,雷达信号相比在真空环境下的传播时间会明显延长,这个增加的时延 τ_1 可以表示为:

$$\tau_1 \approx K_1 R_1 / f_c^2 \tag{4-26}$$

式中,R_1 为雷达信号通过电离层的传播路径长度;f_c 为雷达载波频率;K_1 为由电离层电子密度决定的比例因子。

（3）电子时延测量误差

电子时延测量误差 $\Delta \tau$ 会引起垂直轨向的目标定位误差,即

$$\Delta r_3 = \frac{c \Delta \tau}{2 \sin \eta} \tag{4-27}$$

（4）目标高程误差

在目标定位算法中,假设地球为一个扁椭球体。可知,目标高程的变化可以改变地球模型,也就会影响目标定位精度。由图 4-2 可知:目标高程误差 Δh 可以等效成斜距误差,即

$$\Delta R = \Delta h / \cos \eta \tag{4-28}$$

由此,目标的地距定位误差为:

$$\Delta r_4 = \Delta h / \tan \eta \tag{4-29}$$

4.1.1.5　误差分类

根据上述误差源的特性分析,可以将影响星载 SAR 几何定位精度的误差分为固定系统误差、时变系统误差和随机误差三个部分。

（1）固定系统误差

星载 SAR 系统时延误差主要是雷达信号通过信号通道的各个分量引起的,雷达信号的

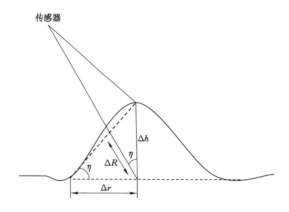

图 4-2　高程估计误差对目标定位的影响

脉冲宽度和带宽是导致 SAR 系统时间延迟的主要因素。在 SAR 卫星运行过程中,不同脉冲宽度和带宽的 SAR 系统时延误差保持不变。方位时间同步误差主要由系统设备的时间控制单元的误差引起。对于同一星载 SAR 系统,误差相对稳定,不受成像方式等因素的影响。因此,可将它们归类为固定系统误差。

雷达信号经过发射机和接收机时会产生信号的传感器内部的电子时延,直接影响 SAR 影像的几何保真度,其基本原理如式(4-30)所示。

$$R = c(\tau - \tau_e)/2 \tag{4-30}$$

式中,τ 为雷达信号从脉冲信号的产生到 ADC 采样所经历的总延时;τ_e 为传感器电子时延;c 为光速。

雷达信号传播时间的估计误差导致斜距存在误差,进而引起入射角估计存在偏差,所以在垂直轨方向(距离向)上产生一个相应比例误差。

(2) 时变系统误差

影响几何定位精度的一些误差源会随时间的变化而变化,这些误差主要包括大气传播延迟误差和成像处理引起的误差。在雷达信号发射和接收的过程中,会穿过大气层,受到大气压强、温度、水汽含量和电离层电子密度的影响,并且存在双向大气延迟的影响。除此之外,雷达信号的大气传播延迟也与雷达信号的发射频率有关。因此,大气传播延迟误差是与雷达波束入射角和 SAR 图像成像时间有关的系统误差。大气传播延迟误差的公式可以近似为:

$$\tau_1 \approx K_1 R_1 / f_c^2 \tag{4-31}$$

式中,τ_1 为雷达信号在大气传播中增加的时延;R_1 为雷达信号通过电离层的传播路径长度;f_c 为雷达载波频率;K_1 为由电离层电子密度决定的比例因子。

由于每幅 SAR 影像的成像时间和场景不同,其成像处理误差也不同。在成像处理过程中,多普勒中心频率的误差将导致方位向的几何定位误差,但是只要在定位过程中使用的多普勒中心频率与成像过程中使用的多普勒中心频率相同,则不会产生定位误差。此外,在每个 SAR 卫星图像的成像处理过程中,假设 SAR 系统在发射和接收相同的雷达脉冲信号时处于静止状态,并将当前时刻作为成像时间。然而,在发射和接收脉冲信号的过程中,SAR 卫星处于持续运动状态,从而带来随距离向变化的方位向定位误差。因此,方位向几何定位误差是由时间参考中的不一致性引起的,并且对于每幅 SAR 影像是不同的。

（3）随机误差

一般来说,根据地面补偿方法很难有效消除随机误差。因此,随机误差是影响 SAR 系统几何定位精度理论极限的主要因素。影响 SAR 卫星几何定位精度的随机误差主要包括卫星位置误差、SAR 系统延迟随机误差、SAR 天线色散误差、控制点误差和大气传播延迟校正模型误差。

4.1.2　辐射误差

在 SAR 系统中,从发射信号到生成图像都存在着许多不确定因素,这些不确定因素会造成信号失真。其中主要的不确定因素包括:

（1）雷达波在大气层（包括电离层）中传播,其电磁参数会发生变化,如信号衰减、传播延迟、极化方向改变等;

（2）由于发射机和接收机系统老化或环境温度变化,导致性能参数改变,如发射功率变化、接收增益变化等;

（3）由于平台横滚运动、馈源退化等都会造成实际天线方向图变化;

（4）成像中对回波信号的多普勒中心频率和调频率估计的误差及数字处理中的量化误差造成成像处理器增益的误差。

为了对 SAR 系统进行定标,必须确定系统中每个部分的不确定性,建立一个总的误差模型。SAR 辐射定标主要是监视系统参数的相对变化、测量系统性能、提供具有一定精度的图像产品。

4.2　几何模型

星载 SAR 影像几何定位即利用影像上量测的像点坐标和卫星平台飞行时的成像参数,根据影像构象的数学模型,测定目标点的几何位置。换言之,几何定位模型描述的是遥感影像与真实地球表面之间的几何关系。容易发现星载 SAR 影像几何定位的关键是构象几何模型的构建。

星载 SAR 系统的几何定位模型主要建立了地面目标点的三维空间坐标与相应像点的像平面二维坐标之间的数学关系,是星载 SAR 几何处理的基础。从模型构建形式的角度,星载 SAR 几何定位模型通常可以分为严密几何定位模型和通用几何定位模型。

4.2.1　严密几何定位模型

严密几何定位模型以传感器的成像机理为基础,根据传感器的斜距投影成像特性,建立成像瞬间地面点、传感器位置和对应像点之间的数学模型。通过获取传感器在成像过程中的几何参数,就能实现 SAR 卫星的几何定位。因此,在建立严密几何定位模型时,必须考虑遥感成像过程中造成影像变形的各种物理因素。传感器在成像过程中的几何参数包括卫星的位置矢量、卫星的速度矢量、多普勒中心频率和斜距等。当这些参数足够精确时,严密几何定位模型可以获得很高的定位精度。

目前,SAR 几何处理主流的严密定位模型是距离多普勒（range Doppler,RD）定位模型,其根据 SAR 系统成像特性,主要采用距离方程和多普勒方程,其具有严密的物理意义。

在一幅数字影像内,根据雷达波束中心与地球表面的相交,就可以对任一像素点进行定位。这个相交的过程可以通过三项实现：(1)确定传感器与目标间距离的SAR距离方程；(2)确定雷达波束中心平面的SAR多普勒方程；(3)描述地球形状的模型。基本原理为：与SAR系统之间具有相同斜距的地面目标点均分布在以星下点为圆心的同心圆束上，而卫星在成像过程中与地面目标点之间由于相对运动所产生的多普勒频率分布是双曲线束；在相同的地球高程面上，同心圆束和双曲线束的交点是所求得地面目标点，如图4-3所示。

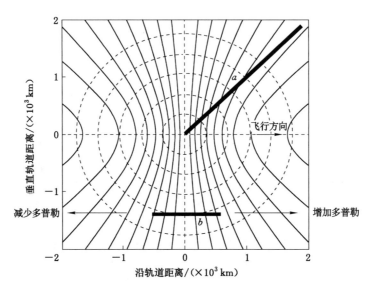

图4-3　等距离线和等多普勒线示意图

卫星在地球引力作用下绕地球飞行，同时地球绕自转轴自西向东转动，卫星与地面目标之间的相对运动比较复杂，所以通常在惯性坐标系(geocentric inertial coordinate system，GEI)下构建模型方程。如图4-4所示，坐标系原点为地心，X轴指向春分点，Z轴与地球自转轴重合、指向正北方向，Y轴使$O\text{-}XYZ$符合右手定则。图4-4中，S为SAR卫星天线相位中心，$\boldsymbol{R}_{sc}$和$\boldsymbol{v}_{sc}$分别为其位置矢量和速度矢量；T为地球表面上的某一地面点；$\boldsymbol{R}_{tc}$和$\boldsymbol{v}_{tc}$分别为其位置矢量和速度矢量；$\boldsymbol{R}_{ts}$为SAR卫星与地面点之间的距离矢量；T'为地面点T在地球椭球表面上的投影；$T'T$为T点的高程H_t。

(1) SAR距离方程

设卫星的位置矢量$\boldsymbol{R}_{sc}=(X_s,Y_s,Z_s)$，地面点位置矢量$\boldsymbol{R}_{tc}=(X_t,Y_t,Z_t)$，SAR图像的距离向像素间隔为$m_r$，SAR图像的近距端斜距为$R_0$，则地面点$T$与天线相位中心$S$之间的斜距$R$可表示为：

$$R^2=(X_s-X_t)^2+(Y_s-Y_t)^2+(Z_s-Z_t)^2=(R_0+m_r\cdot j)^2 \tag{4-32}$$

式中，j为地面点T在SAR图像中所在位置的距离向列号；近距端斜距$R_0=c\tau_0/2$，τ_0为采样延时，即雷达信号发射时刻与接收时刻之间的时延；距离向像素间隔$m_r=c/(2f_s)$。

通常卫星的轨道状态矢量是通过星上全球导航卫星系统(global navigation satellite system，GNSS)获得的。然而，GNSS获得的轨道状态矢量是GNSS天线相位中心的，且状态矢量是在WGS-84坐标系(world geodetic system-1984 coordinate system，属于地固坐标系)下的。由于SAR天线与GNSS天线固定安装在卫星的不同位置处，故在实际计算时需将实测

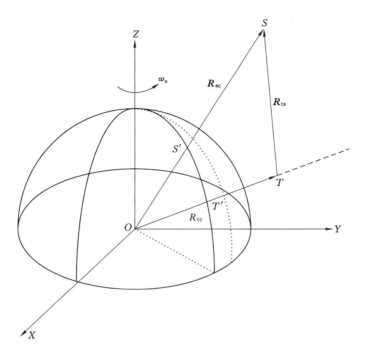

图 4-4　RD 定位模型的 GEI 坐标系

的 GNSS 天线相位中心的状态矢量通过坐标转换的方式转换到 SAR 天线相位中心,即

$$\begin{bmatrix} X_s \\ Y_s \\ Z_s \end{bmatrix}_{\text{J2000}} = R_{\text{WGS-84}}^{\text{J2000}} \begin{bmatrix} X_g \\ Y_g \\ Z_g \end{bmatrix}_{\text{WGS-84}} + m R_{\text{body}}^{\text{J2000}} \begin{bmatrix} \text{d}X \\ \text{d}Y \\ \text{d}Z \end{bmatrix} \tag{4-33}$$

式中,m 为比例系数;$(X_g\ Y_g\ Y_g)^{\text{T}}$ 为 GNSS 在 WGS-84 坐标系下实测的位置矢量;$R_{\text{WGS-84}}^{\text{J2000}}$ 和 $R_{\text{body}}^{\text{J2000}}$ 为 WGS-84 坐标系到 J2000 坐标系的转换矩阵、本体坐标系到 J2000 坐标系的转换矩阵;$(\text{d}X\ \text{d}Y\ \text{d}Z)^{\text{T}}$ 为 GNSS 相位中心与天线相位中心在本体坐标系中的安装偏移矩阵。

(2) SAR 多普勒方程

由于雷达与地面目标之间存在相对运动,导致雷达处的收发频率不同,即产生多普勒频移现象,则目标到卫星的回波相位历史为:

$$\varphi(t) = \frac{4\pi \left| R_t(t) - R_s(t) \right|}{\lambda} \tag{4-34}$$

回波的多普勒频率为:

$$f_d(t) = -\frac{\pi}{2} \frac{\text{d}\varphi}{\text{d}t} = -\frac{2}{\lambda} \frac{\text{d}}{\text{d}t} \left| R_t(t) - R_s(t) \right| \tag{4-35}$$

针对一个较短的时间 t,地面目标的距离矢量可以表示为:

$$R_t(t) \approx R_t(0) + V_t(0) \cdot t + \frac{1}{2} A_t(0) \cdot t^2 \tag{4-36}$$

此时的卫星距离矢量可以表示为:

$$R_s(t) \approx R_s(0) + V_s(0) \cdot t + \frac{1}{2} A_s(0) \cdot t^2 \tag{4-37}$$

式中，$V_t(0)$，$V_s(0)$，$A_t(0)$，$A_s(0)$分别为地面目标和卫星的速度矢量和加速度矢量。

由于时间很短，所以有：

$$\begin{cases} R_t(t) \approx R_t(0) = R_t V_t(0) = V_t A_t(0) = A_t \\ R_s(t) \approx R_s(0) = R_s V_t(0) = V_t A_t(0) = A_t \end{cases} \quad (4\text{-}38)$$

根据式(4-38)，地面目标与雷达之间的距离为：

$$\begin{aligned} \left| R_t(t) - R_s(t) \right| &= \left| (R_t - R_s) + (V_t - V_s) \cdot t - \frac{1}{2}(A_t - A_s) \cdot t^2 \right| \\ &= \mathrm{sqrt}\left\{ \left[(R_t - R_s) + (V_t - V_s) \cdot t - \frac{1}{2}(A_t - A_s) \cdot t^2 \right] \cdot \right. \\ &\quad \left. \left[(R_t - R_s) + (V_t - V_s) \cdot t - \frac{1}{2}(A_t - A_s) \cdot t^2 \right] \right\} \\ &= \mathrm{sqrt}\left\{ (R_t - R_s) \cdot (R_t - R_s) + 2(R_t - R_s) \cdot (V_t - V_s) \cdot t + \right. \\ &\quad \left. \left[(V_t - V_s) \cdot (V_t - V_s) - (R_t - R_s) \cdot (A_t - A_s) \cdot t^2 + \cdots \right] \right\} \end{aligned} \quad (4\text{-}39)$$

将式(4-39)代入式(4-35)，可得：

$$f_d(t) \approx - \frac{1}{\lambda \left| R_t(t) - R_t(t) \right|} \left\{ 2(R_t - R_s) \cdot (V_t - V_s) + \right. \\ \left. 2\left[(V_t - V_s) \cdot (V_t - V_s) - (R_t - R_s) \cdot (A_t - A_s) \right] \right\} \quad (4\text{-}40)$$

由于雷达信号是线性调频信号，令 $f_d(t) = f_{dc} + f_{dr} \cdot t$ 和 $R = \left| R_t(t) - R_s(t) \right|$，则有：

$$f_{dc} = - \frac{2}{\lambda R}(V_t - V_s) \cdot (R_t - R_s) \quad (4\text{-}41)$$

$$f_{dr} = - \frac{2}{\lambda R}\left[(V_t - V_s) \cdot (V_t - V_s) - (R_t - R_s) \cdot (A_t - A_s) \right] \quad (4\text{-}42)$$

式中，f_{dr} 为多普勒调频斜率。

式(4-39)为 RD 定位模型的多普勒方程，其定义了某个时刻雷达波束中心平面与地球表面的交集为近似双曲线族。通常情况下，在正侧视条带模式获取的 SAR 影像中多普勒中心频率是斜距 R 的线性函数，认为其沿方位向的变化可以忽略不计，即

$$f_{dc} = a_0 + a_1 \cdot n_{\mathrm{sample}} = a_0 + a_1 \cdot \frac{R - R_0}{\Delta x} \quad (4\text{-}43)$$

式中，a_0，a_1 为线性方程的系数；n_{sample} 为距离向列号；R_0 为近距端斜距；Δx 为距离向像素间隔。

有的 SAR 卫星影像的辅助参数文件会提供 a_0 和 a_1，根据式(4-41)计算出不同距离时的多普勒中心频率；有的 SAR 卫星影像的辅助参数文件会沿距离向等间隔提供离散的多普勒中心频率，需要采用多项式拟合的方法求出 a_0 和 a_1，然后再内插不同距离门上的多普勒中心频率。对于一般情况，多普勒中心频率需要考虑高次多项式拟合，甚至同时考虑沿方位向的二维变化。

（3）地球椭球模型方程

地面点 T 满足地球椭球模型方程，即

$$\frac{X_t^2 + Y_t^2}{R_e^2} + \frac{Z_t^2}{R_p^2} = 1 \quad (4\text{-}44)$$

式中，R_e 为地球平均赤道半径；R_p 为地球椭球极半径，$R_p = (1-f)R_e$；f 为扁率。

式(4-42)的地球椭球模型是在椭球表面目标点的高程 $H_t = 0$ 时确定的。当已知目标点高程信息的情况时，需对式(4-42)进行高程修正，通常表示为：

$$\frac{X_t^2 + Y_t^2}{R_e + H_t} + \frac{Z_t^2}{\left[(1-f)(R_e + H_t)\right]^2} = 1 \tag{4-45}$$

式(4-43)将地球椭球简化为标准球体，这样修正会产生目标的定位误差。由于地球椭球体的特征，目标点处和赤道处的法线向扩大幅度不同，因此在修正目标点处的椭球体时应将目标点大地高 H_t 归算到地球平均赤道处的高程 H'_t，如图 4-5 所示。

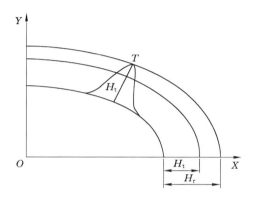

图 4-5　地球椭球修正引起不同纬度高程的变化

关于目标点大地高归算到椭球体赤道半径的推导已在文献中详细描述，本书不再赘述。由此可知对式(4-42)的修正应为：

$$R'_e = \frac{\sqrt{(1-f)^2 x_t^2 + y_t^2}}{1-f} \tag{4-46}$$

式中，(x_t, y_t) 为目标点 T 在地球椭球体表面上投影点的坐标，则有：

$$\begin{cases} x_t = \dfrac{R_e}{\sqrt{1 + (1-f)^2 \tan^2\varphi}} + \dfrac{H_t}{\sqrt{1 + \tan^2\varphi}} \\ y_t = \dfrac{R_e(1-f)^2 \tan^2\varphi}{\sqrt{1 + (1-f)^2 \tan^2\varphi}} + \dfrac{H_t \tan^2\varphi}{\sqrt{1 + \tan^2\varphi}} \end{cases} \tag{4-47}$$

式中，φ 为目标点的大地纬度。

在实际定位计算时，卫星和目标点的位置矢量和速度矢量均是在 WGS-84 坐标系下获得的，以上构建的 RD 定位模型同样适用于 WGS-84 坐标系。只需在式(4-30)、式(4-39)和式(4-42)中采用 WGS-84 坐标系下的卫星和目标点的位置矢量和速度矢量即可。只不过，在 WGS-84 坐标系下的目标点速度矢量为 0。事实上，只要卫星矢量坐标和目标点矢量坐标的坐标系一致，对于在其他坐标系中定义的 RD 定位模型也同样适用。

4.2.2　通用几何定位模型

通用几何定位模型是一种普遍适用的恢复遥感影像成像几何关系的模型，几乎可以表述现有的全部传感器类型（如框幅式、全景式、推扫式、扫帚式、SAR 等），无须了解传感器的成像过程和系统特性等参数，相比严密几何模型（RD 模型）而言，可以便于快速进行摄影测量处理,而且应用中无须考虑新型传感器部分参数的改变,使用方便。当前,RPC 模型可高精度拟合国际上典型的星载 SAR 严密几何模型。

通用几何定位模型直接通过数学函数建立物方与像方之间的关系。通用几何定位模型包括直接线性变换模型、仿射变换模型、一般多项式模型和有理多项式函数模型。其中,有理多项式函数模型相比于前三种模型,在高分辨率卫星影像几何处理方面取得了很大成功,能够替代严格成像模型来完成摄影测量处理,并且其获取精度可以满足高精度定位的需求。

(1) RPC 定位模型与解算

通过比值多项式,RPC 模型构建了地面点大地坐标 $(\text{lat}, \text{lon}, H)$ 与其对应的像点坐标 (s, l) 之间的关系,并通过地面坐标和影像坐标标准化到 -1 和 1 之间,实现增强参数求解的稳定性。对于一景星载 SAR 影像,定义如下比值多项式:

$$\begin{cases} Y = \dfrac{N_L(P, L, H)}{D_L(P, L, H)} \\ X = \dfrac{N_s(P, L, H)}{D_s(P, L, H)} \end{cases} \tag{4-48}$$

式中,

$$\begin{aligned} N_L(P, L, H) = {} & a_1 + a_2 L + a_3 P + a_4 H + a_5 LP + a_6 LH + a_7 PH + a_8 L^2 + a_9 P^2 + \\ & a_{10} H^2 + a_{11} PLH + a_{12} L^3 + a_{13} LP^2 + a_{14} LH^2 + a_{15} L^2 P + a_{16} P^3 + \\ & a_{17} PH^2 + a_{18} L^2 H + a_{19} P^2 H + a_{20} H^3 \end{aligned} \tag{4-49}$$

$$\begin{aligned} D_L(P, L, H) = {} & b_1 + b_2 L + b_3 P + b_4 H + b_5 LP + b_6 LH + b_7 PH + b_8 L^2 + b_9 P^2 + \\ & b_{10} H^2 + b_{11} PLH + b_{12} L^3 + b_{13} LP^2 + b_{14} LH^2 + b_{15} L^2 P + b_{16} P^3 + \\ & b_{17} PH^2 + b_{18} L^2 H + b_{19} P^2 H + b_{20} H^3 \end{aligned} \tag{4-50}$$

$$\begin{aligned} N_s(P, L, H) = {} & c_1 + c_2 L + c_3 P + c_4 H + c_5 LP + c_6 LH + c_7 PH + c_8 L^2 + c_9 P^2 + \\ & c_{10} H^2 + c_{11} PLH + c_{12} L^3 + c_{13} LP^2 + c_{14} LH^2 + c_{15} L^2 P + c_{16} P^3 + \\ & c_{17} PH^2 + c_{18} L^2 H + c_{19} P^2 H + c_{20} H^3 \end{aligned} \tag{4-51}$$

$$\begin{aligned} D_s(P, L, H) = {} & d_1 + d_2 L + d_3 P + d_4 H + d_5 LP + d_6 LH + d_7 PH + d_8 L^2 + d_9 P^2 + \\ & d_{10} H^2 + d_{11} PLH + d_{12} L^3 + d_{13} LP^2 + d_{14} LH^2 + d_{15} L^2 P + d_{16} P^3 + \\ & d_{17} PH^2 + d_{18} L^2 H + d_{19} P^2 H + d_{20} H^3 \end{aligned} \tag{4-52}$$

式中,a_i, b_i, c_i, d_i 为 RPC 模型系数,其中 b_1 和 d_1 通常为 1;(P, L, H) 为 $(\text{lat}, \text{lon}, H)$ 经过标准化计算的地面坐标;(Y, X) 为 (s, l) 经过标准化计算的影像坐标。

其标准化公式如下:

$$\begin{cases} P = \dfrac{D_{\text{lat}} - D_{\text{lat\_off}}}{D_{\text{lat\_scale}}} \\ L = \dfrac{D_{\text{lon}} - D_{\text{lon\_off}}}{D_{\text{lon\_scale}}} \\ H = \dfrac{D_{\text{hei}} - D_{\text{hei\_off}}}{D_{\text{hei\_scale}}} \\ X = \dfrac{S - S_{\text{off}}}{S_{\text{scale}}} \\ Y = \dfrac{l - l_{\text{off}}}{l_{\text{scale}}} \end{cases} \tag{4-53}$$

式中, D_{lat_off}, D_{lon_off}, D_{hei_off}, D_{lat_scale}, D_{lon_scale}, D_{hei_scale} 为地面坐标的正则化参数; S_{off}, l_{off}, S_{scale}, l_{scale} 为影像像素坐标的正则化参数。

常用的 RPC 模型解算有两种方法:地形相关和地形无关。通常星载 SAR 的 RPC 模型参数是利用最小二乘平差原理,根据 RD 定位模型所生成虚拟控制格网,采用地形无关的求解方案进行解算。张过等作者的文献已对 RPC 模型参数的求解方法和流程进行了详细论述。在方程迭代求解过程中,采用王新洲的谱修正法迭代方法计算 RPC 模型参数,解决法方程病态的问题。而当法方程呈病态时,收敛速度稍慢,甚至不收敛;当法方程呈良态时,经几次迭代就可以收敛到精确解。然而,根据带有误差的 RD 模型求解 RPC 模型参数会带有误差,通常采用像方补偿方案消除 RPC 模型的系统误差,提高基于 RPC 模型的影像目标定位精度。

4.2.3 基于 RPC 模型的星载 SAR 误差改正模型

对于星载 SAR 的几何精度评价,一般通过正射纠正和立体 SAR 两个方面进行,也就是评价星载 SAR 的平面精度和高程精度。

虽然几何定标消除的是星载 SAR 系统的系统误差,而对于一景 SAR 影像来说,卫星星历、传感器延时和测距等观测值仍存在少量系统几何定位误差。根据对星载 SAR 几何定位的误差分析可知:星载 SAR 几何定位精度的影响因素包括传感器参数误差、平台星历误差、斜距测量误差、目标高度估计误差等,这些误差主要分成两类:沿轨方向和垂直轨方向的平移误差和比例误差。因此,为了提升 RPC 模型的评价精度,采用定义在影像面的仿射变换来校正这两类误差。在影像上定义仿射变换为:

$$\begin{cases} \Delta y = e_0 + e_1 \cdot s + e_2 \cdot l \\ \Delta x = f_0 + f_1 \cdot s + f_2 \cdot l \end{cases} \tag{4-54}$$

式中, Δy, Δx 为控制点在影像坐标系中的量测坐标与真实坐标的差值,即平差值; e_0, e_1, e_2, f_0, f_1, f_2 为影像的平差参数; l, s 为控制点在影像坐标系中的列、行号。

参数 e_0 吸收所有沿航迹方向的误差,包括沿航迹方向的平台位置误差、径向平台位置误差引起的多普勒频移的方位向部分、平台速度误差以及飞行器时钟漂移。这些物理参数共同造成了影像的方位向的像素平移。

同样的,参数 f_0 吸收了垂直航迹方向的误差,包括垂直航迹方向的平台位置误差、径向平台位置误差引起的视角变化、电子延时测量误差、在电磁波传播速度中的无规则变化引起的斜距误差。这些物理参数共同造成了影像的距离向像素平移。

参数 e_1 吸收传感器本振偏移和平台沿轨方向的速度矢量误差所造成一个方位向的比例误差,参数 f_1 吸收径向平台误差和测距误差引起的反射角测量误差所造成一个距离向的比例误差。同时,参数 e_2 和 f_2 也吸收少量的比例误差。

由此,基于仿射变换的平差模型中每一个平差参数都有物理含义,可以避免数值上的病态性问题。

基于 RPC 模型的空间前方交会是指由两张或两张以上影像的 RPC 模型参数和像点坐标来确定相应地面点在物方空间坐标系中坐标的方法。然而,卫星遥感影像的 RPC 模型参数的解求一般利用与地面无关的模式,通过卫星遥感影像的严格成像模型计算拟合而成,故存在较大的系统性误差。因此,可以采用基于 RPC 模型的卫星遥感影像区域网平差方法提高定位精度。

同样,在影像上定义同式(4-53)的仿射变换,根据基于 RPC 模型线性化的公式推导,可以对每个连接点列出如下线性方程:

$$\begin{cases} v_x = \begin{pmatrix} \dfrac{\partial F_x}{\partial a_1} \cdot \Delta a_1 + \dfrac{\partial F_x}{\partial a_2} \cdot \Delta a_2 + \dfrac{\partial F_x}{\partial a_3} \cdot \Delta a_3 + \dfrac{\partial F_x}{\partial b_1} \cdot \Delta b_1 + \dfrac{\partial F_x}{\partial b_2} \cdot \Delta b_2 + \dfrac{\partial F_x}{\partial b_3} \cdot \Delta b_3 + \\ \dfrac{\partial F_x}{\partial D_{\text{lat}}} \cdot \Delta D_{\text{lat}} + \dfrac{\partial F_x}{\partial D_{\text{lon}}} \cdot \Delta D_{\text{lon}} + \dfrac{\partial F_x}{\partial D_{\text{hei}}} \cdot \Delta D_{\text{hei}} \end{pmatrix} + F_{x0} \\[4mm] v_y = \cdot \begin{pmatrix} \dfrac{\partial F_y}{\partial a_1} \cdot \Delta a_1 + \dfrac{\partial F_y}{\partial a_2} \cdot \Delta a_2 + \dfrac{\partial F_y}{\partial a_3} \cdot \Delta a_3 + \dfrac{\partial F_y}{\partial b_1} \cdot \Delta b_1 + \dfrac{\partial F_y}{\partial b_2} \cdot \Delta b_2 + \dfrac{\partial F_y}{\partial b_3} \cdot \Delta b_3 + \\ B \dfrac{\partial F_y}{\partial D_{\text{lat}}} \cdot \Delta D_{\text{lat}} + \dfrac{\partial F_y}{\partial D_{\text{lon}}} \cdot \Delta D_{\text{lon}} + \dfrac{\partial F_y}{\partial D_{\text{hei}}} \cdot \Delta D_{\text{hei}} \end{pmatrix} + F_{y0} \end{cases}$$

$$(4\text{-}55)$$

记为:

$$\boldsymbol{V} = \boldsymbol{Bt} + \boldsymbol{AX} - \boldsymbol{l} \tag{4-56}$$

同样可以对每个控制点列如下线性方程:

$$\begin{cases} v_x = \dfrac{\partial F_x}{\partial a_1} \cdot \Delta a_1 + \dfrac{\partial F_x}{\partial a_2} \cdot \Delta a_2 + \dfrac{\partial F_x}{\partial a_3} \cdot \Delta a_3 + \dfrac{\partial F_x}{\partial b_1} \cdot \Delta b_1 + \dfrac{\partial F_x}{\partial b_2} \cdot \Delta b_2 + \dfrac{\partial F_x}{\partial b_3} \cdot \Delta b_3 + F_{x0} \\[3mm] v_y = \dfrac{\partial F_y}{\partial a_1} \cdot \Delta a_1 + \dfrac{\partial F_y}{\partial a_2} \cdot \Delta a_2 + \dfrac{\partial F_y}{\partial a_3} \cdot \Delta a_3 + \dfrac{\partial F_y}{\partial b_1} \cdot \Delta b_1 + \dfrac{\partial F_y}{\partial b_2} \cdot \Delta b_2 + \dfrac{\partial F_y}{\partial b_3} \cdot \Delta b_3 + F_{y0} \end{cases}$$

$$(4\text{-}57)$$

记为:

$$\boldsymbol{V} = \boldsymbol{Bt} - \boldsymbol{l} \tag{4-58}$$

式中,

$$\begin{cases} \boldsymbol{B} = \begin{pmatrix} \dfrac{\partial F_x}{\partial a_1} & \dfrac{\partial F_x}{\partial a_2} & \dfrac{\partial F_x}{\partial a_3} & \dfrac{\partial F_x}{\partial b_1} & \dfrac{\partial F_x}{\partial b_2} & \dfrac{\partial F_x}{\partial b_3} \\[3mm] \dfrac{\partial F_y}{\partial a_1} & \dfrac{\partial F_y}{\partial a_2} & \dfrac{\partial F_y}{\partial a_3} & \dfrac{\partial F_y}{\partial b_1} & \dfrac{\partial F_y}{\partial b_2} & \dfrac{\partial F_y}{\partial b_3} \end{pmatrix} \\[5mm] \boldsymbol{t} = \begin{pmatrix} \Delta a_1 & \Delta a_2 & \Delta a_3 & \Delta b_1 & \Delta b_2 & \Delta b_3 \end{pmatrix}^{\mathrm{T}} \\[3mm] \boldsymbol{A} = \begin{pmatrix} \dfrac{\partial F_x}{\Delta D_{\text{lat}}} & \dfrac{\partial F_x}{\Delta D_{\text{lon}}} & \dfrac{\partial F_x}{\Delta D_{\text{hei}}} \\[3mm] \dfrac{\partial F_y}{\Delta D_{\text{lat}}} & \dfrac{\partial F_y}{\Delta D_{\text{lon}}} & \dfrac{\partial F_y}{\Delta D_{\text{hei}}} \end{pmatrix} \\[5mm] \boldsymbol{X} = \begin{pmatrix} \Delta D_{\text{lat}} & \Delta D_{\text{lon}} & \Delta D_{\text{hei}} \end{pmatrix}^{\mathrm{T}} \\[3mm] \boldsymbol{l} = \begin{pmatrix} -F_{x0} \\ -F_{y0} \end{pmatrix} \\[3mm] \boldsymbol{V} = \begin{pmatrix} v_x \\ v_y \end{pmatrix} \end{cases} \tag{4-59}$$

因此,根据最小二乘平差构建法方程:

$$\begin{pmatrix} \boldsymbol{A}^{\mathrm{T}}\boldsymbol{A} & \boldsymbol{A}^{\mathrm{T}}\boldsymbol{B} \\ \boldsymbol{B}^{\mathrm{T}}\boldsymbol{A} & \boldsymbol{B}^{\mathrm{T}}\boldsymbol{B} \end{pmatrix} \begin{pmatrix} \boldsymbol{t} \\ \boldsymbol{X} \end{pmatrix} = \begin{pmatrix} \boldsymbol{A}^{\mathrm{T}}\boldsymbol{l} \\ \boldsymbol{B}^{\mathrm{T}}\boldsymbol{l} \end{pmatrix} \tag{4-60}$$

采用最小二乘法进行求解,获得每个待定点的坐标。

在立体 SAR 测量中,斜距误差 E_r 引起目标点的测量误差可以分为在高程和垂直轨方

向上的误差 E_h 和 E_x，即

$$\begin{cases} E_h = \left[(\sin^2\theta_L + \sin^2\theta_R)^{1/2}/\sin\Delta\theta \right] \cdot E_r \\ E_x = \left[(\cos^2\theta_L + \cos^2\theta_R)^{1/2}/\sin\Delta\theta \right] \cdot E_r \end{cases} \tag{4-61}$$

式中，θ_L，θ_R 为左、右影像的视角；$\Delta\theta$ 为交会角。

4.3　雷达方程

星载合成孔径雷达是装载在卫星上的主动式遥感设备。雷达系统等间隔地发射一连串无线电脉冲，这些脉冲向外传播到波束照射区域的各个目标，这些目标吸收一部分入射能量，同时散射其余的能量，这部分散射能量被雷达天线接收，形成雷达接收的回波信号，如图 4-6 所示。定量表示上述过程的方程被称为雷达方程。

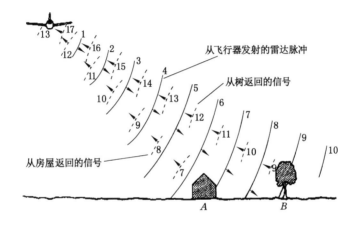

图 4-6　雷达系统发射微波及接收回波信号

SAR 成像时，天线所接收的回波强弱与成像距离 R、波长 λ、发射功率 P 等参数均有关系，雷达方程揭示了雷达天线接收的回波功率与这些参数之间的关系，是雷达系统设计的重要理论基础。

雷达波束是以天线为中心的球面波。当一个发射功率为 P_t 的雷达发射机通过增益为 G_t 的天线发射时，沿发射方向，到天线相位中心距离为 R_t 处的功率密度 S_s 为：

$$S_s = P_t G_t \cdot \frac{1}{4\pi R_t^2} \tag{4-62}$$

传播损耗 $\frac{1}{4\pi R_t^2}$ 是与天线周围一个半径为 R_t 的球体范围相关的功率密度的衰减。为了计算截获的总的散射功率，功率密度必须乘以有效散射接收面积，即

$$P_{rs} = S_s A_{rs} \tag{4-63}$$

需要注意的是：A_{rs} 不是入射波束传播的实际面积，而是有效面积。A_{rs} 的值取决于散射体作为接收天线的有效部分。除非散射体是理想的导体或绝缘体，一般情况下散射体会大量吸收所接收的能量，其余能量将沿不同方向重新辐射出去。吸收的比例为 f_a，重新辐射出去的比例为 $1-f_a$，总散射功率为：

$$P_{ts} = P_{rs}(1 - f_a) \tag{4-64}$$

接收天线的方向增益是再辐射模式的相关值,接收天线处的功率密度 S_t 为:

$$S_t = P_{ts} G_{ts} \cdot \frac{1}{4\pi R_t^2} \tag{4-65}$$

式中,P_{ts} 为总散射功率;G_{ts} 为在接收器方向散射的增益;$\frac{1}{4\pi R_t^2}$ 为再辐射扩散因子。

接收机接收到的功率为:

$$P_r = S_t A_r \tag{4-66}$$

式中,A_r 为接收天线的有效孔径,而不是它的实际面积。

P_r 不仅是天线方向的函数,还是天线负载阻抗的函数。例如,如果负载短路或开路,P_r 便等于 0。综合式(4-62)至式(4-66)可得:

$$P_r = P_t G_t \cdot \frac{1}{4\pi R_t^2} \cdot \left[A_{rs}(1-f_a)G_{ts} \right] \cdot \frac{1}{4\pi R_t^2} \cdot A_r = \frac{P_t G_r A_r}{(4\pi)^2 R_t^2 R_r^2} \cdot \left[A_{rs}(1-f_a)G_{ts} \right] \tag{4-67}$$

式中,方括号内是与散射体相关的参数,这些参数都难以单独测量,通常被组合成一个因子,即雷达散射截面面积 σ。

$$\sigma = A_{rs}(1-f_a)G_{ts} \tag{4-68}$$

散射截面面积 σ 是入射波方向、出射波方向、散射体形状和散射体介电常数的函数。

可得雷达方程的最终形式:

$$P_r = \frac{P_t G_r A_r}{(4\pi)^2 R_t^2 R_r^2}\sigma \tag{4-69}$$

接收天线的有效面积与增益的关系式为:

$$A_r = \frac{\lambda^2 G_r}{4\pi} \tag{4-70}$$

将式(4-70)代入式(4-69)得:

$$P_r = \frac{P_t G_r G_r \lambda^2}{(4\pi)^3 R_t^2 R_r^2}\sigma \tag{4-71}$$

对于单站 SAR 成像而言,一般发射天线和接收天线相同,所以增益和有效孔径相同,即

$$\begin{cases} R_t = R_r = R \\ G_t = G_r = G \\ A_t = A_r = A \end{cases} \tag{4-72}$$

因此,雷达方程可表达为:

$$P_r = \frac{P_t G^2 \lambda^2 \sigma}{(4\pi)^3 R^4} = \frac{P_t A^2 \sigma}{(4\pi)^3 R^4} \tag{4-73}$$

式(4-69)是针对点目标的雷达方程表达形式,式(4-73)是针对点目标和面目标的通用形式雷达方程。

对于分布式目标,可用地物在单位面积内的平均散射系数 σ^0 来表达地物的散射特性,如果雷达波束照射到地物的面积为 A_g,则地物的总有效散射截面面积 σ 为:

$$\sigma = \sigma^0 A_g \tag{4-74}$$

此时,雷达方程可表达为:

$$P_r = \frac{P_t G^2(\varphi)\lambda^2}{(4\pi)^3 R^4}\sigma^0 A_g \tag{4-75}$$

式中, P_r 为雷达接收的信号功率; $G^2(\varphi)$ 为天线方向图; P_t 为雷达发射信号功率; λ 为雷达信号波长; G_r 为接收机的增益; R 为雷达目标到天线之间的距离; σ 为雷达散射截面面积。

4.4 定标方法

4.4.1 几何定标

星载 SAR 几何定标是利用地面控制数据消除星载 SAR 上成像系统误差,提升 SAR 影像几何定位精度,实现 SAR 卫星高精度定位的关键环节。一般来说,SAR 卫星几何定标主要通过地面布设的角反射器点对星载 SAR 的系统误差进行标定、补偿,从而提高星载 SAR 影像在无控制点情况下的几何定位精度。

从 SAR 系统的工作原理出发,可在 SAR 系统的天线处将雷达信号的延迟影响分为两种,即雷达系统内部的 SAR 系统时延(传感器电子时延)影响和雷达传播路径的大气传播延迟影响,如图 4-7 所示。

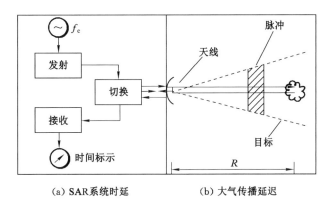

(a) SAR 系统时延　　　　(b) 大气传播延迟

图 4-7　SAR 系统工作原理示意图

雷达信号经过大气层延迟的影响,而这种影响随着传播路径的增加而变大,并且雷达信号随着大气环境的变化而变化。当 SAR 卫星以不同入射角进行成像,或者以不同升降轨形式进行,或者以不同时间对不同地点进行成像,雷达信号传播路径的改变影响斜距测量精度,导致几何定标精度受到严重影响。因此,大气传播延迟很大程度影响星载 SAR 几何定标精度。

由于 SAR 信号的发射和接收都是在时间尺度上完成的,主要包括快时间(距离向)和慢时间(方位向)。这二维的时间误差主要影响 SAR 影像在距离向和方位向的几何定位误差,是星载 SAR 几何定位的主要误差源。由此,构建星载 SAR 几何定标模型(考虑大气传播改正的几何定标模型):

$$\begin{cases} t_f = (t_{f0} + t_{delay} + \Delta t_f) + \dfrac{x}{f_s} \\ t_s = (t_{s0} + \Delta t_s) + \dfrac{y}{f_p} \end{cases} (x \in [0, w-1], y \in [0, h-1]) \qquad (4-76)$$

式中, t_f, t_s 为距离向的快时间和方位向的慢时间; t_{f0}, t_{s0} 为距离向起始时间的测量值和方位向起始时间测量值；t_{delay} 为大气传播延迟时间；Δt_{f}，Δt_{s} 为系统时延误差；x，y 为像素坐标；w，h 为 SAR 影像的宽度和高度。

Δt_{f} 是雷达信号经过信号通道的各个器件时产生的系统时延。该系统时延可以通过地面实验室标定的形式获得，但是由于卫星发射时雷达载荷器件会发生微小变化，进而影响雷达信号的系统时延。另外，t_{f} 还受大气传播延迟的影响，雷达信号穿越大气到达地面再从地面返回大气时的大气路径双向延迟。雷达信号的大气传播延迟影响主要与当地的大气压强、温度、水汽含量、电离层电子密度以及雷达信号的发射频率有关，因此大气传播延迟误差是与卫星拍摄角度和拍摄时间相关的系统误差。此外，距离向采样频率 f_{s} 是由于在信号处理中的距离压缩，从而引起数据采样时间有一定的延迟，使得其实际值与系统提供的固定值之间常有一定的偏差。

Δt_{s} 主要是由系统设备时间控制单元的误差引起的，系统设备时间控制单元用于记录所有事件的系统日期，具有一定的时间精度和一定的记录频率，会给方位向的开始时间精度带来一定影响。针对同一个星载 SAR 系统来说，该项误差相对比较稳定，不受成像模式等因素影响。另外，由于 PRT 对应于不同的卫星状态其数值不同，因而存在一定的误差，从而使得脉冲重复频率也有一定程度的误差。另外，由于方位向采样间隔时间的精确性是由发射给脉冲发生器的 A/D 转换器的时序信号的准确度决定的，由于其不稳定性也导致 PRF 有一定程度的误差。

星载 SAR 影像几何定标方法主要是指对距离向和方位向的几何参数的定标算法，即方位向开始时间误差、距离向起始时间延迟误差、PRF、距离向采样频率。通过在 SAR 影像上布置地面角反射器，然后精确获取地面角反射器的影像位置和地面坐标，对 SAR 的方位向、距离向的几何参数进行标定。

星载 SAR 几何定标模型可以表示成如下形式：

$$\begin{cases} F_x = t_{\text{f}} - \left[(t_{\text{f0}} + t_{\text{delay}} + \Delta t_{\text{f}}) + \dfrac{x-1}{f_{\text{s}}} \right] = 0 \\ F_y = t_{\text{s}} - \left[(t_{\text{s0}} + \Delta t_{\text{s}}) + \dfrac{y-1}{f_{\text{p}}} \right] = 0 \end{cases} \tag{4-77}$$

式(4-77)的误差方程为：

$$\boldsymbol{V} = \boldsymbol{B}\boldsymbol{x} - \boldsymbol{l} \tag{4-78}$$

式中，

$$\boldsymbol{B} = \begin{bmatrix} \dfrac{\partial F_x}{\partial \Delta t_{\text{f}}} & \dfrac{\partial F_x}{\partial \Delta t_{\text{s}}} & \dfrac{\partial F_x}{\partial f_{\text{s}}} & \dfrac{\partial F_x}{\partial f_{\text{p}}} \\ \dfrac{\partial F_y}{\partial \Delta t_{\text{f}}} & \dfrac{\partial F_y}{\partial \Delta t_{\text{s}}} & \dfrac{\partial F_y}{\partial f_{\text{s}}} & \dfrac{\partial F_y}{\partial f_{\text{p}}} \end{bmatrix}, \boldsymbol{x} = \begin{bmatrix} \text{d}\Delta t_{\text{f}} & \text{d}\Delta t_{\text{s}} & \text{d}f_{\text{s}} & \text{d}f_{\text{p}} \end{bmatrix}^{\text{T}}, \boldsymbol{l} = \begin{bmatrix} -F_x^0 \\ -F_y^0 \end{bmatrix}$$

设 $\Delta t_{\text{f}} = 0$、$\Delta t_{\text{s}} = 0$，f_{s} 和 f_{p} 由星上下传的辅助参数文件获得，采用迭代运算的方法获取几何定标参数 $x = (\text{d}\Delta t_{\text{f}} \quad \text{d}\Delta t_{\text{s}} \quad \text{d}f_{\text{s}} \quad \text{d}f_{\text{p}})^{\text{T}}$。几何定标参数解算的具体步骤如下：

(1) 利用高精度角反射器点提取算法，可以获得角反射器点在 SAR 影像上的精确位置 (s_i, l_i)。

(2) 根据 SAR 影像间接定位算法，通过角反射器的地面坐标和轨道参数可以计算出该地面角反射器点对应的 SAR 影像方位向时间 t_{si} 和该点的星地距离 R_{st}（距离向时间 t_{fi}）。

(3) 根据式(4-77)，利用定标场地面布设的 n 个角反射器点，可以组建 n 个方程组。通过基于谱修正迭代法的最小二乘平差,可精确计算方位向开始时间延迟 Δt_s、距离向起始时间延迟 Δt_f、PRF 改正值和采样频率改正值。

(4) 更新 4 个几何定标参数,重新执行步骤(3),再次计算 4 个几何定标参数,判断两次计算得到的几何定标参数之差是否满足收敛条件,若小于预设阈值,则迭代终止,否则转向(3)继续迭代运算。

(5) 根据计算的 4 个改正值补偿相应的几何参数,利用不同时刻拍摄的定标场或验证场区域 SAR 数据,验证几何定标后的 SAR 影像几何定位精度。

SAR 系统时延是星载 SAR 系统在同一工作状态下存在的固定偏差,需要分析星载 SAR 系统的工作状态对其的影响,通过确定合理的定标方案进行精确测量。经典几何定标采取考虑升降轨、左右侧视、不同波位等定标方案,但是从几何定标参数的物理特性来看,这些条件不是影响几何定标参数的主要影响因素。另外,目前的星载 SAR 系统有几十个甚至上百个波位,对每个波位逐一标定也是不现实的。

从国内外参考文献可知:不同成像模式(如条带模式、聚束模式、扫描模式等)的几何定位精度不同。然而,不同成像模式本质区别是分辨率不同。由于星载 SAR 系统是侧视成像,近距端的分辨率低于远距端的分辨率,为此,在 SAR 卫星设计时,为了实现相同成像模式获取的 SAR 影像产品具有相同的/相近的分辨率,考虑多种误差影响后部分波位应采用不同信号带宽和脉冲宽度的雷达信号进行成像。

从雷达信号特性的角度出发,雷达信号带宽影响 SAR 系统的距离测量精度,带宽越宽,精度越高。因此,雷达信号带宽是 SAR 系统距离精度的基本度量。同时,脉宽会影响测距精度,因为雷达系统以脉冲信号的前沿记为发射时刻,而接收时刻通过对相应的定标通路脉冲压缩,并分析脉压后峰值相对零时刻的时间可知记录系统时延的参考点不一致导致不同脉宽的系统时延不同,如图 4-8 所示。也就是说,信号时宽带宽影响星载 SAR 系统时延误差 Δt_f,因此需采用不同信号时宽带宽组合方案进行高精度几何定标。

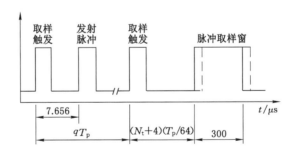

图 4-8　发射脉冲与回波取样之间的相对时延示意图

顾及大气传播延迟的星载 SAR 多模式混合几何定标方法的主要技术路线如图 4-9 所示,其主要处理流程如下:

(1) 根据影响星载 SAR 几何定标精度的误差源分析,确定顾及信号时宽带宽的几何定标方案。然后,根据 SAR 卫星拍摄任务,通过远程控制调整自动角反射器姿态对准电磁波的入射方向,采集满足相应条件的原始 SAR 数据及辅助参数文件,并通过在 SAR 影像上精确提取角反射器点的中心方式获取控制点的像点坐标。

(2) 根据 NCEP 每 6 h 更新发布的全球大气参数数据和 CODE 提供的全球 TEC 数据,

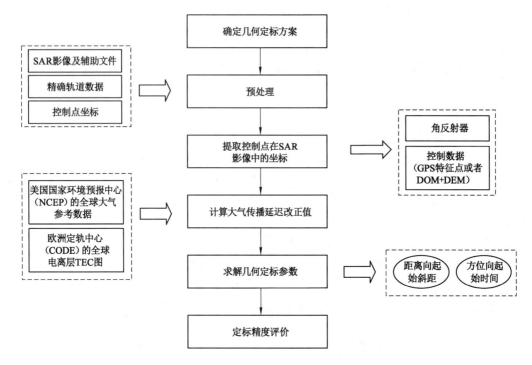

图 4-9　星载 SAR 几何定标技术路线图

计算成像时刻雷达信号从天线相位中心到每个地面控制点的大气传播延迟改正值,消除雷达信号经过大气的延迟影响。

（3）利用精确的卫星轨道信息,通过间接定位算法计算 t_f 和 t_s,并根据控制点在 SAR 影像上的像素坐标与利用严密成像几何模型反算的像素坐标之间的偏移量,利用式（4-76）和式（4-78）求解几何定标参数 Δt_f 和 Δt_s。

（4）利用控制点对几何定标结果进行精度评价。

从顾及大气传播延迟的星载 SAR 的 MMH 几何定标方法流程来看,主要步骤为模型构建、控制点获取、定标参数解算与精度评价。

4.4.2　辐射定标

随着机载 SAR 系统向着高分辨率、多极化和多成像模式的发展,SAR 的应用不再局限于目标识别、环境判断等定性测量。在某些应用领域（如水体污染监测、伪装效果评估等）定性测量不能满足引用要求,这就需要从 SAR 图像数据中获取目标的 RCS（后向散射截面积）完成定量测量。因此,从 SAR 图像数据中求取 RCS 的过程称为 SAR 辐射定标。SAR 辐射定标是 SAR 图像数据定量化测量的关键步骤。

4.4.2.1　SAR 辐射定标缘由

一般的 SAR 系统（未定标）存在两个主要问题:一是测量重复性差,系统稳定性问题（短期相对误差至少大于 3 dB;长期相对误差至少大于 5 dB）;二是不能精确测量目标特性,系统测量精度问题（依靠理论计算绝对误差至少大于 7 dB）。因此,解决 SAR 系统测量稳定性和测量精度的问题,必须要采用精确的定标技术完成对 SAR 的定标,否则 SAR 不具备对地定量观测的功能。

　　在雷达发射无线电脉冲到接收回波信号的整个过程中(图 4-10),整个信号链路中充满着各种误差影响因素,任何雷达系统参数和成像参数的变化都直接或间接影响辐射精度。

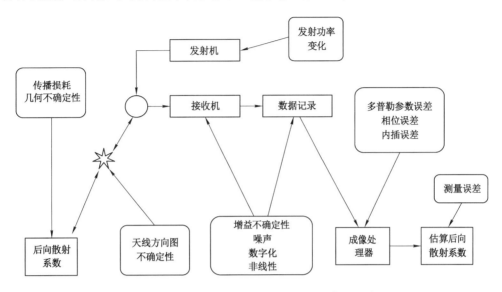

图 4-10　雷达发射无线电脉冲到接收回波信号链路图

　　影响辐射定标的主要误差源自:天线增益方向图、发射信号功率的变化、接收机增益变化、雷达系统幅相误差、系统的非线性、数字化、成像几何不确定性、平台姿态和运动误差、处理器增益不确定性、传播路径、噪声和干扰、地形、测量误差等。

　　辐射定标分为相对定标和绝对定标两种。相对定标的目的是监测系统参数及其变化,进行精密的几何、辐射校正,使系统的总传递函数成为常量,解决系统稳定性的问题;绝对定标的目的是在相对定标的基础上利用地面标准参考目标提供精确已知的雷达截面积 σ,测量定标常数 K。根据图像数据 P,精确测量目标的雷达截面面积或散射系数。

4.4.2.2　SAR 辐射定标基本原理

　　星载 SAR 辐射定标的目标:测定天线方向图和测定雷达系统总体传递函数(或定标系数)。

　　(1) 方向图测量

　　星载 SAR 天线方向图的不确定性是 SAR 辐射定标的主要误差源之一,天线方向图在轨测试是星载 SAR 定标技术的关键部分。星载 SAR 在轨天线方向图测量可以采用标准点目标(角反射器或有源定标器)测量法和均匀分布目标测量法。

　　① 标准点目标测量法

　　标准点目标(角反射器或有源定标器)测量距离向双程方向图方法是将一系列经过精确标定的标准点目标(角反射器或有源定标器)沿着垂直于卫星飞行的方向均匀放置于测绘带内,并且精确标定标准点目标的地理位置和海拔高度,调整好各标准点目标的指向角。由于成像处理后图像中的点目标响应能量反映了回波信号在距离向上受距离方向图调制程度的大小,结合点目标在距离方向图中的角度位置,可解得距离双程天线方向图采样值为:

$$G^2(\theta_i) = \frac{P_i R_i^3}{K\sigma_i} \tag{4-79}$$

式中，P_i 为发射信号功率；R_i 为合成孔径雷达与目标的斜距；K 为常数；σ_i 为第 i 个目标的雷达截面面积。

② 分布目标法测量法

分布目标法测量距离双程方向图是对具有均匀后向散射系数的分布目标，如亚马逊热带雨林，进行成像处理后，图像距离向灰度值反映了回波信号在距离向上受方向图调制程度，结合图像不同区域在距离方向图中的角度位置，即可测得距离双程天线方向图。

$$G^2 = \frac{P_d R^3 \sin\theta}{K\sigma^0} \tag{4-80}$$

式中，P_d 为接收信号功率；R 为合成孔径雷达与目标的斜距；θ 为入射角；K 为常数；σ^0 为目标的后向散射系数。

（2）绝对辐射定标常数计算

雷达系统总体传递函数的测定需要依靠地面已知雷达截面积的目标，其发展之路与点目标和相关算法相关。SAR 绝对辐射定标时，目标的图像响应能量 ε_p 与其雷达截面积 σ 之间的关系由系统的总传递函数 K 确定，K 即绝对辐射定标常数。三者之间的关系如下式：

$$\varepsilon_p = K\sigma\sin\theta \tag{4-81}$$

绝对辐射定标常数一般通过在地面布设若干标准参考点目标进行计算，标准参考点目标的脉冲响应能量 ε_p 可以通过积分法或者峰值法提取。在地面布设 N 个定标器，ε_{pi} 为第 i 个点目标的能量，ε_{ref} 为定标器的雷达截面积，θ_i 为第 i 个点目标的本地入射角，则第 i 个目标计算的定标常数为：

$$K_i = \frac{\varepsilon_{p_i}}{\varepsilon_{ref_i}\sin\theta_i} \tag{4-82}$$

4.4.3 极化定标

极化定标是极化合成孔径雷达应用的前提。传统极化定标方法以地面布设的人工定标器为参考，通过极化畸变模型对系统误差进行求解与标定。

4.4.3.1 极化定标误差源

对 SAR 数据的极化定标包括极化通道间的串扰、通道不平衡及通道间的相对相位，具体内容为：

① 通道间的串扰：即极化通道隔离度，是指雷达天线的不同极化通道之间的信号耦合现象。由于雷达天线的各个极化通道间的相互隔离程度不够高，从而导致雷达天线在发射和接收水平极化波时含有垂直极化波，或者发射接收垂直极化波时含有水平极化波，形成了无意义的极化组合方式，又称为极化串扰。对于实际应用中的雷达系统，极化串扰量越低，表明通道隔离程度越高，数据质量越高，当串扰水平较高时，就会对 SAR 数据质量有较大影响，因此必须进行串扰校正。

② 通道不平衡：由于雷达系统在发射电磁波时其水平极化通道与垂直极化通道的发射功率不同，导致系统所接收增益不同和相位偏移，因此对通道不平衡的校正也是必需的。

③ 通道间的相对相位:即不同极化通道在对应像元间的相对相位。相对相位的精度对极化合成有着显著影响,因此相对相位的校正同样必不可少。

4.4.3.2 基于点目标的机载 SAR 极化定标算法

从理论上讲,对极化 SAR 数据进行极化定标就是为了消除极化 SAR 数据中所包含的极化串扰、通道不平衡等各种畸变误差。在实际应用中,利用标准的数学函数模型建立发射电磁波与散射电磁波之间的转换关系,从而将极化定标问题模型化。在极化 SAR 系统进行收发工作时,除了天线通道存在的固有缺陷导致在发射和接收雷达信号时产生串扰和通道不平衡畸变外,系统还包括一定的加性噪声。因此,极化定标模型的基本表达式为:

$$\begin{bmatrix} O_{hh} & O_{hv} \\ O_{vh} & O_{vv} \end{bmatrix} = Ae^{\varphi} \begin{bmatrix} 1 & \delta_1 \\ \delta_2 & f_1 \end{bmatrix} \begin{bmatrix} S_{hh} & S_{hv} \\ S_{vh} & S_{vv} \end{bmatrix} \begin{bmatrix} 1 & \delta_3 \\ \delta_4 & f_2 \end{bmatrix} = Ae^{\varphi}\boldsymbol{RST} + N \tag{4-83}$$

式中,$\boldsymbol{O}$ 为定标点目标观测极化散射矩阵;$\boldsymbol{S}$ 为定标点目标理论极化散射矩阵;$\boldsymbol{R}$ 为接收极化畸变矩阵;$\boldsymbol{T}$ 为发射极化畸变矩阵;A 为系统绝对幅度增益因子;φ 为系统整体相位偏移;N 为系统噪声。$\boldsymbol{O}$、$\boldsymbol{S}$、$\boldsymbol{R}$、$\boldsymbol{T}$ 均为复数矩阵,在 $\boldsymbol{R}$ 和 $\boldsymbol{T}$ 中,δ_1、δ_2、δ_3 和 δ_4 表示串扰参数,f_1 和 f_2 表示通道不平衡参数。

4.4.4 干涉定标

星载 InSAR 干涉处理基于干涉相位信息得到的 DEM 数据中包含各类误差。为了得到更高精度的 DEM 产品,不仅要提升系统的硬件性能,还要确保各项参数的校准精度。另外,可以利用控制点或者较高精度的外部信息进行定标处理,从而优化和校准干涉参数,提高高程精度。

4.4.4.1 干涉定标误差源

从 DEM 定位方程的输入参数出发,各类误差源可以概括为干涉基线测量误差、绝对干涉相位误差、斜距测量误差。

(1)干涉基线测量误差

基线误差是一个三维矢量,在干涉定标过程中可以假设该误差在一定区域内保持不变。基线误差可以分解为三维分量,分别是沿航向的基线误差、垂直视线方向的基线误差、沿视线方向的基线误差。

(2)绝对干涉相位误差

绝对干涉相位误差可以分为两类,这两类误差的来源和分布特性均不相同。第一类误差称为随机误差,是由 InSAR 系统各项去相干源引起的,呈现随机分布特性;第二类误差称为系统误差,是硬件设备随着工作温度变化的漂移相位导致的,呈现缓变特性。

(3)斜距测量误差

通过计算发射信号和接收信号之间的时间延迟,可以获得从雷达到目标点的斜平面距离。然而,由于系统不稳定、大气延迟、天气变化等因素影响斜距的计算,致使斜距测量误差。一般来说,可将由于星载平台不稳定导致的斜距误差视为恒定误差,在获取数据时该误差作为一个常数存在于参数文件中。通过校正时间可以减小采样时钟误差。通过校正大气相位的方式可以减小大气延迟误差,以此来降低该误差对斜距的影响。

4.4.4.2 干涉定标模型

干涉定标的过程即对上述误差进行分析和校正的过程。干涉定标模型如下:

$$
\begin{cases}
F_x = S_x + R_1(a_{11}r_v + a_{12}r_p + a_{13}r_q) - P_x \\
F_y = S_y + R_1(a_{21}r_v + a_{22}r_p + a_{23}r_q) - P_y \\
F_z = S_z + R_1(a_{31}r_v + a_{32}r_p + a_{33}r_q) - P_z
\end{cases}
\tag{4-84}
$$

式(4-84)为三维重建方程的误差方程,根据最小二乘原理即可解求干涉定标参数。

5 SAR 图像校正

在遥感图像处理与分析中,预处理是最初的也是最基本的操作。图像校正是从具有畸变的图像中消除畸变的过程,消除几何畸变的过程称为几何校正,消除辐射量失真的过程称为辐射校正。

5.1 几何畸变及其校正

遥感图像在获取的过程中,因传感器、遥感平台及地球自身等方面的原因导致原始图像上各地物的几何位置、形状、尺寸、方位等特征与在参照系统中的表达要求不一致时,就产生了图像几何变形,这种变形称为几何畸变。遥感图像的几何校正就是解决通感图像的几何变形问题。

遥感图像几何畸变来源很多,总体上可以分为系统性内部误差和随机性外部误差两类。系统性内部误差主要是由传感器自身的性能、结构等造成的;随机性外部误差是指传感器以外的各因素所造成的误差,如地球曲率、地形起伏、地球旋转、飞行器姿态等引起的变形误差等。遥感数据被接收后,首先由接收部门进行系统性内部误差校正,这种校正往往根据遥感平台、地球、传感器的各种参数进行处理,但处理后的图像仍有较大的几何偏差。当用户拿到这种产品后,由于使用目的不同或投影及比例尺不同,仍需做进一步的几何校正。

5.1.1 SAR 影像几何畸变

雷达图像不同于其他遥感图像,有其固有的几何特征,可以概括为以下几点:① 雷达工作于微波波段,波长从数毫米到数米,比光学波段的波长长得多;② 雷达是主动式遥感器,其发射和接收单一频率及各种极化组合的信息;③ 雷达成像的形式为侧视成像。

雷达图像的几何特征包括近距离压缩、透视收缩、叠掩和阴影等。因为侧视雷达是斜着照射地表的,所以如果地形有起伏,就会在图像上出现透视收缩、顶底位移及雷达阴影等现象,从而使图像失真。

（1）近距离压缩

在 SAR 斜距图像上,地面上等间距的地物之间的间距都缩短了,但近距端要比远距端缩短得更多,图像的几何畸变严重,这种现象称为近距离压缩。

对于 SAR 斜距图像,虽然斜距分辨率相同,但是相应的地距分辨率却不同,在近距离处地距分辨率低,远距离处地距分辨率高。如式(5-1)所示,设雷达侧视角为 θ,斜距分辨率为 ρ_s,地距分辨率为 ρ_g(图 5-1),对于平坦地区,斜距分辨率 ρ_s 与地距分辨率 ρ_g 之间的关系式为:

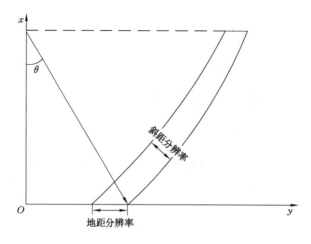

图 5-1 斜距分辨率与地距分辨率

$$\rho_{\mathrm{g}} = \frac{\rho_{\mathrm{s}}}{\sin\theta} \tag{5-1}$$

由式(5-1)可知:在近距离处侧视角 θ 值较小,对应的 ρ_{g} 值较大,地距分辨率较低。反之,在远距离处,θ 值较大,地距分辨率较高。

图 5-2(a)为斜距图像示意图,沿距离向,斜距分辨率相同;右侧图为相应的地距分辨率示意图,沿距离向,从近距端向远距端,对应的地距分辨率逐渐增大。

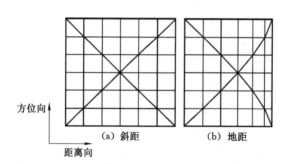

图 5-2 近距离压缩示意图

对于 SAR 图像产品,既有按斜距采样的图像数据,也有按地距采样的图像数据,二者可以利用一定的数学模型进行转换。通常按斜距采样的 SAR 图像具有更严格的几何关系,对其进行几何定位的精度更高;按地距采样的 SAR 图像几何畸变较小,在平坦地区与正射影像更接近,其目视效果较好,对地物的判读较为有利。近地距压缩雷达图像实例如图 5-3 所示。

(2)透视收缩

对于面向 SAR 天线的斜坡(除了垂直投射电磁波的情况外,俯角为 90°),所有在雷达图像上量得的地面斜坡的长度都比实际长度短,这种现象称为雷达图像的透视收缩,如图 5-4 所示。雷达图像收缩,实际上是电磁波能量集中的表现。因此,在 SAR 影像中,透视收缩部分往往表现为较强的亮度。

(3)叠掩

雷达是一个测距系统,离雷达近的目标的回波先到达,远的目标后到达。因此,当雷达

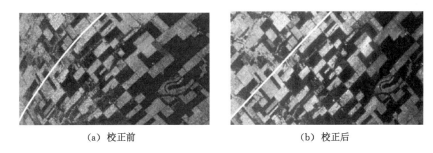

（a）校正前　　　　　　　　　　　　　（b）校正后

图 5-3　近地距压缩雷达图像实例

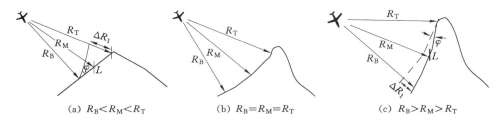

（a）$R_B<R_M<R_T$　　　　　（b）$R_B=R_M=R_T$　　　　　（c）$R_B>R_M>R_T$

图 5-4　雷达图像透视收缩原理图

天线面向山体或斜坡很陡（目标高出地面）时，山顶部分比山底部分离雷达天线更近，雷达波束到达顶部的时间比到达底部的时间短，在 SAR 图像上出现山顶和山底位置颠倒的情况，顶部先于底部成像，这种现象称为叠掩，如图 5-5 所示。在叠掩区，SAR 图像的匹配、定位和干涉处理都将存在较大困难。

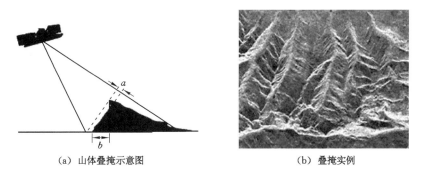

（a）山体叠掩示意图　　　　　　　　　　（b）叠掩实例

a—山顶和山底在斜距方向的距离；b—山顶和山底在地距方向的投影距离。

图 5-5　叠掩

　　产生叠掩的因素：一是只有当雷达波束的俯角与高出地面的目标的坡度角之和大于 90°时才会出现叠掩现象（90°是临界值，成像于一点）；二是俯角越大，出现叠掩概率越高；三是雷达图像叠掩大多数是近距离现象，背坡（山体）不会产生叠掩。

　　（4）阴影

　　电磁波为直线传播，当雷达波束受山峰等高大目标阻挡时，这些目标的背面就接收不到微波，因此，也就不会有雷达回波，结果是在图像的相应位置上出现暗区，如图 5-6 所示，此即雷达阴影。

　　在高山区，阴影比较严重。地表坡度角 α 和雷达波束的侧视角 θ 是影响阴影出现的重

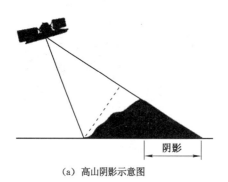 

（a）高山阴影示意图　　　　　　　　　　　（b）阴影实例

图 5-6　阴影

要参数。当 $\theta+\alpha<90°$ 时,雷达波束能照射到整个背坡面,不产生阴影;当 $\theta+\alpha=90°$ 时,雷达波束正好擦过背坡面,如果地表光滑则接收不到雷达回波,如果地表粗糙则部分产生阴影。当 $\theta+\alpha>90°$ 时,整个背坡面的图像都表现为阴影。适当的阴影增强了 SAR 图像的立体感,可突出地物目标的特征,有利于对地物目标的判读。但是在大面积阴影区内,由于缺乏地物的回波信息,会影响地物目标的判读和解译。当地表的坡度角固定时,阴影将随着侧视角的减小而变短,在 SAR 图像中远距端的阴影比近距端的阴影严重。当侧视角和坡度角一定时,地物目标高度越高,阴影越长,反之亦然,因而可以利用阴影长度计算地物目标的高度。

5.1.2　SAR 影像几何校正类型与基本原理

SAR 影像几何校正是根据有关参数与数字高程模型,利用相应的构象方程式,或者按照一定的数学模型用控制点解算,从原始正射投影的数字影像获取正射影像,这个过程是将影像化为很多微小的区域逐一进行纠正,且使用的是数字方式处理,又可以称为数字微分纠正。它的基本环节包括两个:一是像素坐标的变换,二是像素亮度值重采样。

SAR 影像几何校正包括斜地校正、系统几何校正、几何精校正、正射校正(正射纠正)四个方面。SAR 影像几何校正流程如图 5-7 所示。

（1）斜地校正

斜地校正的实质是对雷达成像沿距离向进行重采样,并且在多个直接测量得到的已知像素之间插入额外像素。该方法可以通过寻找均匀取样的地距目标在斜距图像上的对应点,进行距离向重采样,把斜距图像转换成均匀取样的地距图像。

斜距图像与地距图像实例,如图 5-8 所示。

对于 SLC 数据,将斜距进行一维多项式投影到平均地形高程或零高程面。在方位向上进行线性规划,按要求的值重采样成均匀的像素间隔,得到的地距影像上的距离比率与实际地点之间的距离比率一致。

（2）系统几何校正

系统几何纠正产品是指在 SLC 产品的基础上,按照一定的地球投影,以一定地面分辨率投影在地球椭球面上的几何产品,生成一幅消除几何畸变的地理坐标系存储的影像。故影像带有了相应的投影信息,且产品附带 RPC 模型参数文件。

GEC 产品是由 SLC 产品通过系统几何纠正得到的,即 GEC 产品和 SLC 产品之间存在

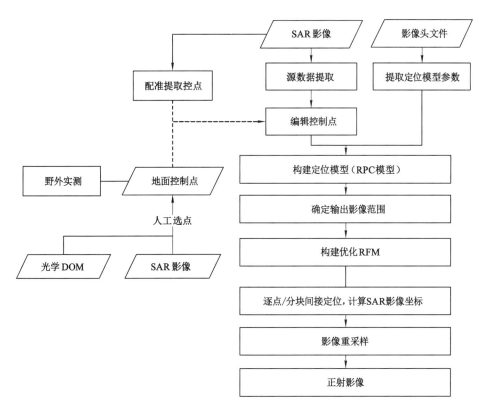

图 5-7　几何校正流程图

（a）斜距图像　　　　　　　　　　（b）地距图像

图 5-8　斜距图像与地距图像

——一对应关系。通过该对应关系和 SLC 产品的严密成像几何模型，可建立 GEC 产品上像素点和地面点坐标之间的关系，即系统几何校正产品的三维几何模型。系统几何校正产品的三维几何模型的正变换的步骤如图 5-9 所示。

由图 5-9 可以得到 SLC 产品像点与系统几何校正产品像点的对应关系，那么通过这种

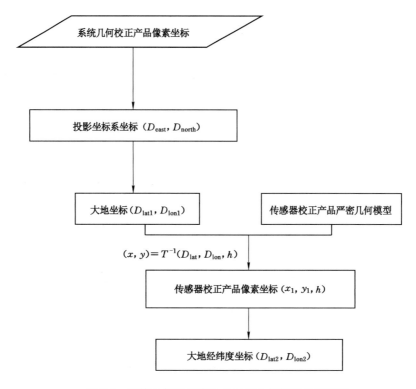

图 5-9　系统几何校正产品的三维几何模型的正变换

对应关系,利用数字纠正的方法即可生成系统几何纠正产品的影像。而通过系统几何校正产品与地面点之间的对应关系,即可计算出系统几何纠正产品所对应的 RPC 参数。

（3）几何精校正

几何精校正是指在 GEC 产品或 SLC 产品的基础上,利用控制点消除了部分轨道和姿态参数误差,将产品投影到地球椭球面上的几何产品,该产品附带 RPC 模型参数。

由于精纠正影像是通过一定数量的控制点采用定义在影像面上的仿射变换模型来纠正影像上行列方向的误差。在传感器校正影像上定义仿射变换:

$$
\begin{cases}
y_1 = e_0 + e_1 \cdot s + e_2 \cdot l \\
x_1 = f_0 + f_1 \cdot s + f_2 \cdot l
\end{cases}
\tag{5-2}
$$

式中,(x_1, y_1) 为控制点在辐射校正影像上的量测坐标;$e_0, e_1, e_2, f_0, f_1, f_2$ 为仿射变换参数;(s, l) 为控制点在原始影像中的像素坐标。

精纠正影像产品的几何模型和系统几何校正影像产品为几何模型类似,只是在系统几何校正影像面上增加了一个仿射变换,其严密几何模型的正变换如图 5-10 所示。

由图 5-10 可以得到传感器校正产品像点与精纠正产品像点的对应关系,那么通过这种对应关系,利用数字纠正方法即可生成系统几何纠正产品的影像。而通过精纠正产品与地面点的对应关系,即可以计算出系统几何纠正产品所对应的 RPC。

（4）正射校正

正射校正是在几何校正的基础上,利用地面控制点和 DEM 数据,消除地形起伏引起的几何位置误差,完成对 SAR 影像的几何高精度定位,生成地理编码的正射影像。

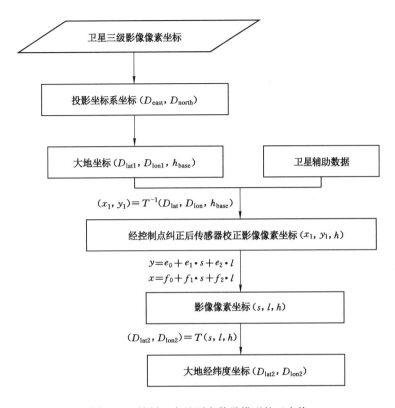

图 5-10　精纠正产品严密数学模型的正变换

5.1.3　SAR 影像几何校正方法

与光学图像相比,在合成孔径雷达图像上由地形起伏引起的像点位移要严重得多。由于合成孔径雷达图像对地面起伏很敏感,简单的多项式校正方法已经不能满足合成孔径雷达图像几何校正的要求,所以必须根据地面高程对图像进行逐点校正。目前,合成孔径雷达图像的几何校正方法大致可分为以下两种:一是由常规摄影测量的共线方程定向方法转换而来;二是根据 SAR 本身的构象几何特点(距离多普勒模型)进行纠正。

(1) 按共线方程表达式纠正

合成孔径雷达图像共线方程表达式如下:

$$\begin{cases} \sqrt{(r^0+x)^2-f^2} = -f\dfrac{a_1\rho(X-X_S)+b_1\rho(Y-Y_S)+c_1\rho(Z-Z_S)}{a_3\rho(X-X_S)+b_3\rho(Y-Y_S)+c_3\rho(Z-Z_S)} \\ 0 = -f\dfrac{a_2\rho(X-X_S)+b_2\rho(Y-Y_S)+c_2\rho(Z-Z_S)}{a_3\rho(X-X_S)+b_3\rho(Y-Y_S)+c_3\rho(Z-Z_S)} \end{cases} \tag{5-3}$$

式中,r^0 为图像上的扫描延迟;f 为等效焦距;(X,Y,Z) 为任一地面点坐标;(X_S,Y_S,Z_S) 为像点扫描线对应的天线中心的地面坐标;$a_1,a_2\cdots,c_3$ 为该扫描线姿态参数所构成的方向余弦。

当已知起始时刻的外方位元素及其线性变化量,以及图像扫描延迟、等效焦距(可根据空间后方交会过程反求)的情况下,对某地面点,首先利用式(5-3)的第二式作为约束条件,计算其像点相应于起始时刻扫描线的图像纵坐标 y;然后代入式(5-3)的第一式,求出等效的横坐标 x';最后根据距离多普勒条件的反算式求出正确的横坐标 x。利用计算的坐标(x,y)作为灰度内插的依据,从而获得该地面点的正射影像上的灰度值。

(2) 按距离多普勒方程纠正

对于地面控制点容易得到的地区,利用成像参数(平台高度、雷达侧视角、飞行轨迹的方位角和参考点、扫描延迟等)和地面控制点精确估计飞行路线参数,以此为基础建立正射校正变换公式;对于地面控制点不容易得到的地区,则利用已知的数字高程模型产生模拟图像,将模拟图像与原始图像进行匹配,从而建立数字高程模型坐标与原始图像之间的变换关系。

(3) PIE-SAR 影像几何校正

软件中的地理编码功能采用基于距离多普勒定位模型(简称 RD 模型,即利用雷达图像像点的距离条件和多普勒频率条件来表达雷达图像瞬时构像的数学模型)的几何校正处理方法,提供椭球校正/系统几何校正(GEC)和地形校正/正射校正(GTC)两种处理方式。

5.2 辐射畸变及其校正

利用传感器观测目标物辐射或反射的电磁辐射能量时,从传感器得到的测量值与目标物的光谱反射率或光谱辐射亮度等物理量是不一致的,这是因为测量值中包含太阳位置及角度条件、薄雾等大气条件所引起的失真,这些失真影响了图像的质量和应用。为了正确评价目标物的反射特征和辐射特征,为遥感图像的识别、分类、解译等后续工作打下基础,必须进行必要的校正处理,消除这些失真。尤其是与其他图像进行融合或对比处理时,精确校正就显得非常重要。

5.2.1 SAR 影像辐射畸变

辐射畸变是指遥感传感器在接收来自地物的电磁波辐射能量时,电磁波在大气层中传输和传感器测量中受到遥感传感器自身特性、地物光照条件(地形影响和太阳高度角影响)以及大气作用等影响,而导致遥感传感器测量值与地物实际的光谱辐射率的不一致。

辐射畸变的影响因素分析:

从整个系统流程来看,辐射误差源可以分为传感器子系统、平台和数据传输子系统和信号处理子系统三种来源。

(1) 传感器子系统的主要误差源包括大气传播误差、雷达天线误差和传感器电子设备误差。① 大气传播对发射和接收的信号都会造成幅度闪烁传播延时和极化电磁波的旋转,这些误差同时表现在时间与空间上,是辐射校正的难点。② 雷达天线阵元和整个阵列在卫星或飞机平台上都不可能保持一致的理想刚性特征,这些问题将直接对通过天线的信号产生影响,从而导致数据质量下降。③ 传感器电子设备误差源非常广泛,如各个部分的幅频、相频特征抖动都会影响系统的线性度,而器件老化、热变化也是不可避免的问题。

(2) 平台和数据传输子系统主要是平台控制误差和数据传输引起的随机误差,特别是姿态精确确定、轨道确定,是合成孔径雷达图像产品质量的重要保证。

(3) 信号处理子系统的三个主要单元都会引入误差。合成孔径雷达成像处理器中算法本身就需要估计多普勒参数,且通常忽略距离向和方位向的耦合而分成两个一维滤波器来处理,这些都与实际情况有差别而引入误差。校正处理器完成合成孔径雷达图像的辐射校正和几何校正,但用来估计校正系数的数据和描述误差的模型本身就不够精确,自然会引入一定程度的误差。目标特征提取和识别处理器中用到的后向散射数据或特征参数只是某种情况下的测定,不可避免会存在误差,但往往要考虑一些重要的环境因子,如表面温度、风速等,这些都是重要的误差源。

雷达图像的辐射畸变主要表现为斑点'噪声',如图 5-11 所示。在大多数情况下,像素覆盖很多散射特性各异的散射单元,像素强度为这些散射单元返回信号的组合。每个散射元返回信号的相位各异,总体来看,组合后的像素强度具有随机性。因此,雷达图像呈现斑点,称为斑点效应(现象、噪声)。

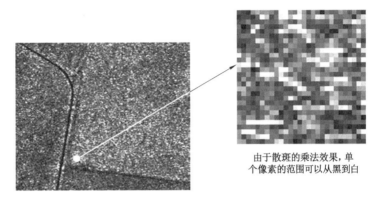

由于散斑的乘法效果,单
个像素的范围可以从黑到白

图 5-11　斑点(speckle)噪声实例

SAR 是相干系统,斑点噪声是其固有特性。均匀的区域,图像表现出明显的亮度随机变化,与分辨率、极化和入射角没有直接关系,属于乘性噪声。斑点噪声是由一个分辨单元内众多散射体的反射波叠加形成的,表现为图像灰度的剧烈变化,即在 SAR 图像同一片均匀的粗糙区域内,有的分辨率单元呈亮点,有的呈暗点,直接影响 SAR 图像的灰度分辨率,隐藏了 SAR 图像的细节部分,从而给 SAR 图像的解译和定量化应用带来很大困难,严重影响判读和解译。

5.2.2　SAR 影像辐射校正基本原理

引起辐射畸变的因素一般有传感器的灵敏度特征、大气、太阳高度及地形等,所以辐射校正主要包括传感器的灵敏度特征引起的畸变的校正、由太阳高度及地形等引起的畸变的校正和大气校正等。

辐射校正是指对由于外界因素、数据获取和传输系统产生的系统的、随机的辐射失真或者畸变而进行的校正,消除或改正辐射误差而引起影像畸变的过程。辐射校正会改变图像的色调和色彩。通常定义合成孔径雷达辐射校正为根据端对端合成孔径雷达系统测量后向散射信号幅度和相位的能力来表征系统性能的过程。其目的是使系统具有足够的精度,通过一些综合分析手段,从图像数据中正确推导出成像目标区域的性质,即获得平均后向散射系数(局部后向散射系数)σ^0。

在标准数据情况下,设接收到的强度信号 S 和局部后向散射系数 σ^0 之间关系式见式(5-4),式中 σ^0 表示像素的雷达有效截面面积。

$$S = \sigma^0 \frac{\sin \theta_{\text{ref}}}{\sin \theta} C(\theta) K_c K_{\text{AD}} K_P \tag{5-4}$$

式中,$C(\theta)$ 为关于天线方向图的值;K_c 为关于 chirp 发射功率的值;K_{AD} 为数字化必需的增益因数;K_P 为有关几何衰减的值;$\frac{1}{\sin \theta}$ 表示考虑入射角因素(假设地面是平坦的)。

辐射校正的过程十分复杂,需要一些标定点和一些测试区域,以更好地估计有效的天线方向图。

5.2.3 SAR 影像辐射校正方法

辐射校正方法主要包括天线方向图校正和斑点噪声滤除。

5.2.3.1 天线方向图校正

天线方向图校正是对 SAR 图像所做的一种辐射校正,是补偿在距离向源于天线方向图的照射能量不均衡。天线方向图造成的辐射畸变在图像上的表现形式是沿距离向,在幅宽范围的中心图像最亮,向两侧亮度平缓下降(图 5-12)。

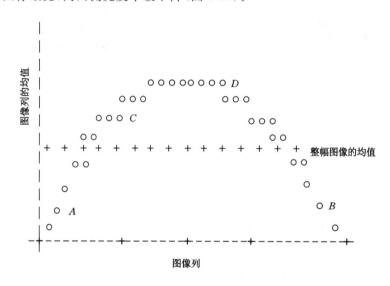

图 5-12　天线方向图引起的 SAR 图像距离向辐射畸变示意图

5.2.3.2 斑点噪声滤除(抑制)

(1) 多视处理技术

将接收线性调频调制信号的频谱分割成若干段,每一部分称为一个视。对每个视单独进行相关操作,得到与其相应的压缩脉冲并生成子图像。将所有的子图像平均合成最终的 SAR 图像,称为多视 SAR 图像。为了提高图像的视觉效果,同时提高对每个像元后向散射的估计精度,需要进行多视处理,多视图像的获得是以牺牲方位分辨率为代价的。

多视处理是根据方位向和距离向的视数,把多视处理窗口内的所有像元的灰度值进行平均计算,然后赋给多视窗口的中心像元,其数学表达式为:

$$R = \frac{1}{m \cdot n} \sum_{i=1}^{m} \sum_{j=1}^{n} \mathrm{DN}_{ij} \tag{5-5}$$

式中，R 为多视处理后的像元灰度值；m 为方位向视数；n 为距离向视数；DN_{ij} 为多视窗口各像元的原始灰度值。

（2）传统空域滤波技术

典型的算法有均值滤波和中值滤波等。这一类算法是非自适应的，不考虑噪声的模型和统计特性，直接对图像像素进行处理。实现起来比较容易，但滤波效果不理想。

① 均值滤波。均值滤波是比较常用的线性低通滤波之一，均值滤波可以均等地对邻域中的每个像素值进行处理。对于每个中心像素而言，其取相邻像素的平均值作为新的像素值。首先构造窗口或称为模板，以像素为中心移动窗口，如图 5-13 所示；然后对窗口覆盖像素强度（intensity）求平均值，代替中心像素的强度值。缺点：均值滤波算法比较简单，计算效率较高。但与此同时，均值滤波会使图像变得模糊，特别是对图像中的边缘和细节部分，会造成严重削弱。

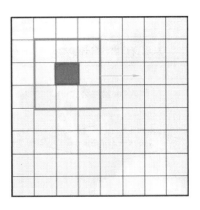

图 5-13　均值滤波原理示意图

② 中值滤波。中值滤波是把局部区域中的中间亮度值作为区域中心点像元的输出值。当取定的局部区域为 3×3 的正方形时，区域内共有 9 个灰度值，按照从小到大的顺序排列，其中第 5 个就是区域中心像元点的输出亮度值。中值滤波法用于平滑图像时，能够在滤除噪声的同时保持边缘不被模糊。

与均值滤波不同的是，中值滤波算法用邻域窗口内所有像素的中间值来代替滑动窗口内的中心像素值。二维中值滤波是不可分解的，即在不同方向上进行一维中值滤波的结果不同于二维的处理结果。常用的窗口有十字窗、X 形窗和正方形窗，中值滤波算法能够有效地滤除 SAR 图像的孤立点噪声，但是中值滤波和均值滤波一样，在平滑噪声的同时将使边缘变得模糊，并丢失图像细小的线性特征。使用中值滤波法滤除噪声时，一般需要噪声的尺寸小于图像细节的尺寸，这样才便于选取合适的窗口，以达到滤除噪声的同时又保持图像细节的效果。中值滤波具有非线性滤波、保边缘性、消除脉冲噪声等性能。

（3）经典的空域相干斑抑制技术

经典的空域相干斑抑制技术也是自适应的空间域滤波算法，属于基于局部统计特性的 SAR 图像相干斑抑制的空域滤波方法。典型的局域自适应滤波器包括 Lee 算法、Frost 算法、Kuan 算法和 Gamma MAP 算法,这些算法大多数是通过空间邻域对图像进行估计,并采用各种平滑函数对图像进行卷积处理,以达到滤除噪声的目的。它们都能自适应地平滑掉均匀区域内的斑点噪声,同时较好地保留图像的纹理和边缘信息。

① Lee 滤波。Lee 滤波是利用图像局部统计特性进行图像斑点滤波的典型方法之一,其是基于完全发育的斑点噪声模型,选择一定长度的窗口作为局部区域,假定先验均值和方差,可以通过计算局域的均值和方差得到,具体流程如图 5-14 所示,其表达式如下:

$$\hat{R}(t) = \bar{I}(t) + w(t)[I(t) - \bar{I}(t)] \tag{5-6}$$

式中,$\hat{R}(t)$ 为图像去噪后的图像值;$\bar{I}(t)$ 为噪声去除窗口的数学期望;$I(t)$ 为观察到的图像强度;$w(t)$ 为权重系数。

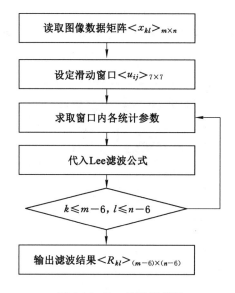

图 5-14　Lee 滤波流程图

Lee 算法计算量小,速度快,只要知道噪声的先验均值和方差,就可以利用局域内的统计量对噪声进行滤除。但是窗口尺寸的选择比较困难:选择较小窗口时,可较好地保留边缘和细节特征,但斑点去除效果并不太好。处理窗口过大,会模糊图像边缘,损失细节信息。

② Frost 滤波。Frost 滤波算法假定在斑点噪声是乘性噪声的前提下,并假设 SAR 影像是平稳过程,对影像进行滤波。Frost 滤波器的冲激响应为一双边指数函数,近似为低通滤波器,其参数由图像局域方差系数决定。Frost 自适应滤波器是以权重 M 值为自适应调节参数的环形对称滤波器。$n \times n$ 大小的滤波窗口下 Frost 滤波器的输出如下所示:

$$g'_{ij} = \frac{\sum_{i=1}^{n} \sum_{j=1}^{n} g_{ij} M_{ij}}{\sum_{i=1}^{n} \sum_{j=1}^{n} M_{ij}} \tag{5-7}$$

$$M_{ij} = \exp(-A_{ij} \cdot T_{ij}) \tag{5-8}$$

$$A_{ij} = \frac{\sigma_{ij}}{g_{ij}^{2}} \tag{5-9}$$

式中，g_{ij} 为观测到的图像；g'_{ij} 为不含噪声的图像；M_{ij} 为滤波器的权值。

③ Kuan 滤波。Kuan 滤波算法假定噪声为与信号相关的加法噪声，然后运用最小方程估计获得固定窗口中观察强度和局部平均强度的线性组合。Kuan 滤波器与 Lee 滤波器的区别在于用一个信号加上一个依赖信号的噪声来表示乘性模型的相干斑噪声。该方法是在图像上描述对每个像元逐个滤波移动的过程，局部统计量随着空间位置的改变而改变。

$$\overline{g_{ij}} = \overline{g(i,j)} = \frac{1}{(2M+1)(2N+1)} \sum_{k=j-M}^{j+M} \sum_{l=i-N}^{i+N} g(k,l) \tag{5-10}$$

$$\sigma_{ij} = \sigma(i,j) = \frac{1}{(2M+1)(2N+1)} \sum_{k=j-M}^{j+M} \sum_{l=i-N}^{i+N} \left[g(k,l) - \overline{g_{ij}} \right]^{2} \tag{5-11}$$

Kuan 滤波表达式为：

$$g'_{ij} = \overline{g}w + g(1-w) \tag{5-12}$$

式中，$\overline{g}$ 为 g_{ij} 的均值；g_{ij} 为原始的含噪图像灰度值；g'_{ij} 为原始的不含噪声图像的估计值；w 为待定的权系数；σ_{ij} 为原始图像噪声的方差的均值。根据 g_{ij} 和 σ_{ij} 即可求得待定的权系数 w。

④ MAP 滤波。最大后验概率（MAP）滤波法假设相干斑为乘性 Gamma 分布，所以又称为 Gamma MAP 滤波器。在知道 σ 的概率密度函数先验知识情况下，就能获取更多的信息，这就是根据先验分布和似然函数的 MAP 滤波方法，其公式为：

当 $C_I < C_u$ 时，

$$g'_{ij} = g_{ij} \tag{5-13}$$

当 $C_I > C_{\max}$ 时，

$$g'_{ij} = g_{ij} \tag{5-14}$$

当 $C_u \leqslant C_I \leqslant C_{\max}$ 时，

$$g'_{ij} = \frac{\overline{g_{ij}}(\alpha - L - 1) + \sqrt{\overline{g_{ij}}^{2}(\alpha - L - 1)^{2} + 4\alpha L \overline{g_{ij}} g_{ij}}}{2\alpha} \quad (L \neq 1) \tag{5-15}$$

$$g'_{ij} = \frac{\overline{g_{ij}}(\alpha - 2) + \sqrt{\overline{g_{ij}}^{2}(\alpha - 2)^{2} + 8\alpha \overline{g_{ij}} g_{ij}}}{2\alpha} \quad (L = 1) \tag{5-16}$$

式中，g'_{ij} 为平滑处理后的像元灰度值；g_{ij} 为平滑窗口中各像元的原始灰度值；$\overline{g_{ij}}$ 为窗口内像元灰度平均值；σ_{ij} 为平滑窗口中像元值的方差；n^2 为平滑窗口的大小；$\alpha = (1 + C_n^2)/(C_I^2 - C_n^2)$；$L$ 为成像视数；$C_I = \sigma_{ij}/\overline{g_{ij}}$；$C_u = 1/\sqrt{L}$；$C_{\max} = \sqrt{1 + 2/L}$。

5.2.3.3　斑点噪声滤波应注意的问题

（1）对亮目标的处理。单一散射体，如树木、建筑等，在图像中并非表现为绝对的亮目标。强度可能为中等强度乘以斑点噪声系数。对这一类目标的辨识可以通过邻域像素亮度判断。

（2）无论何种滤波器，都应避免破坏极化图像之间强度的相关性，如 VV 强度＞HH 强度＞HV(VH)强度。

5.3 SAR 图像产品分级

在对比国内外影像分级的基础上,我们以相应的几何处理,提出高分 SAR 卫星标准产品的分级体系(表 5-1)。星载 SAR 的产品分级基本与 CEOS 格式标准相适应,特别是作为商业卫星的 COSMO-SkyMed、TerraSAR-X 和 RADARSAT-2,已经具有较完善的产品分级标准。本节主要依据这三种卫星的分级方式,按 SAR 处理的流程和级别的不同,将高分辨率星载 SAR 的基本产品(即标准产品)分为五级(不包括原始信号数据)。为了方便用户使用,类似光学卫星产品的分级标准,可为特定的 SAR 分级产品附带 RPC 模型参数。

表 5-1 高分 SAR 卫星标准产品的分级体系

产品级别	产品名称	说明
SLC	单视斜距复影像	雷达信号聚焦形成的基本单视产品是最基本的影像,包含幅度和相位信息,保持了原始 SAR 数据的斜距成像的几何特征,不包含地理坐标信息。该产品附带 RPC 模型参数
MGD	多视地距产品	利用一维多项式投影到平均地形高程或零高程面,在方位向上进行线性规划,按要求的值重采样成均匀的像素间隔,图像坐标沿飞行方向和距离方向定位,无地理坐标。该产品附带 RPC 模型参数
GEC	系统几何纠正产品	在编码的过程中,采用零高程或影像范围内的平均高程替代真实高程,用 WGS84 椭球体进行 UTM 或 UPS 地图投影。该产品附带 RPC 模型参数
eGEC	精纠正产品	利用控制点消除了部分轨道和姿态参数误差,将产品投影到地球椭球面上的几何产品。该产品附带 RPC 模型参数
GTC	正射纠正产品	采取多视处理,利用高分辨率的 DEM、地面控制点和影像纠正技术对 GEC 数据进行高程纠正,有效克服了透视缩进现象,像素定位准确。投影种类有 WGS-84、UTM 和 UPS

5.3.1 高分辨率星载 SAR 的基本产品分级

从雷达卫星影像数据最基本影像斜距产品开始,高分辨率星载 SAR 的基本产品可分为:单视斜距复数据(SLC)、多视地面距离探测(MGD)、系统几何纠正产品(geocoded ellipsoid corrected,GEC)、精纠正产品(enhanced geocoded ellipsoid corrected,eGEC)及正射纠正产品(geocoded terrain corrected,GTC)五种。下面对这五种影像数据类型分别加以介绍。

(1)单视斜距复影像(single look complex,SLC)

雷达信号聚焦形成的基本单视产品是最基本的影像,包含幅度和相位信息,保持了原始 SAR 数据的斜距成像的几何特征,不包含地理坐标信息。雷达的亮度信息未做加工,主要用于科学研究,例如 SAR 干涉测量和全极化测量。

(2)多视地距产品(multilook ground range detected,MGD)

对 SLC 数据进行多视处理,将斜距进行一维多项式投影到平均地形高程或零高程面上。在方位向上进行线性规划,按要求的值重采样成均匀的像素间隔,得到的 MGD 影像上的距离比率与实际地点间的距离比率一致。图像坐标沿飞行方向和距离方向定位。影像中没有地理坐标信息,没有插值和影像旋转校正,并且只有角点和中心点附带坐标说明,不能用于干涉计算。

（3）系统几何纠正产品（geocoded ellipsoid corrected,GEC）

在编码的过程中,采用零高程或影像范围内的平均高程替代真实高程,用 WGS84 椭球体进行 UTM 或 UPS 地图投影。由于没有进行高程校正,在高山、丘陵地区有透视收缩现象,像元的误差明显。GEC 可用于小区域范围的 SAR 影像的相对变化检测（Breit 等,2010）。

（4）精纠正产品（enhanced geocoded ellipsoid corrected,eGEC）

该产品与 GEC 产品相仿,不同之处是采用精确的地面控制点对几何校正模型进行修正,改正了传感器稳定性、地球曲率、大气折光等因素引起的系统误差,从而大幅度提高了产品的几何精度。

（5）正射纠正产品（geocoded terrain corrected,GTC）

采取多视处理,利用高分辨率的 DEM（比如由激光雷达生成）、地面控制点和影像纠正技术对 GEC 数据进行高程纠正,有效克服了透视收缩现象,像素定位准确。投影种类有 WGS-84、UTM 和 UPS。该产品为基本产品中最高几何校正级别产品,能够用于快速解译并与其他信息融合。由于经过几何校正,GTC 影像中的阴影与叠掩区域需要辅助数据判读。

5.3.2　国内外主流 SAR 卫星产品分级体系对应关系

高分 SAR 卫星数据产品分级体系与国外主流商业卫星产品分级体系的对应关系见表 5-2。

表 5-2　高分 SAR 卫星数据产品分级

基本分级	TerraSAR-X	COSMOS	RADARSAT2
单视斜距复影像（SLC）	单视斜距复影像（SSC）	侧视单视复数据（SCS）或（SLC）	SLC 产品
多视地距产品（MGD）	多视地距产品（MGD）	幅度地面多视图（MDG）	SGX、SGF、SGC、SCN、SCW 产品
系统几何纠正产品（GEC）	椭球改正地理编码产品（GEC）	地理编码椭球体纠正产品（GEC）	SSG 产品
精纠正产品（eGEC）	—	—	SPG 产品
正射纠正产品（GTC）	增强椭球改正产品（EEC）	地理编码地形纠正（GTC）	—

5.4　基于 PIE-SAR 软件的 SAR 图像几何校正处理

5.4.1　功能介绍

PIE-SAR 提供 2 种区域网平差方法和几何校正方法,一种是基于 RPC 模型的平差及正射校正;另一种是基于 R-D 模型的平差及地理编码。下面分别介绍两种方法的操作步骤。

5.4.1.1 基于RPC模型的区域网平面平差及正射校正

(1) 基于 RPC 模型的区域网平面平差

点击【区域网平差】→【区域网平面平差】,弹出区域网模型解算设置窗口(图5-5)。

图 5-15 区域网平差参数设置窗口

"平差方法"选择"RPC"。

"平差模式"选择"常规区域网平差"模式。

"控制点权重""模型中误差阈值""最大迭代次数""残差显示方式"按照默认参数设置即可。

点击【确定】,进行基于 RPC 模型的区域网平差解算。

(2) 正射校正

正射校正是利用历史的 DEM 对原始影像进行正射纠正。点击【高级影像产品】→【数字正射模型】,弹出 DOM 生成模块设置窗口(图5-16)。

图 5-16 DOM 生产模块设置窗口

在影像列表中选中需进行正射校正的影像,点击【全选】,选中列表中的影像。

"输出投影""插值方式设置"按照默认参数设置即可。点击【DEM 文件】右边的【…】按钮,选择 DEM 数据。

点击【确定】,进行正射校正。

5.4.1.2 基于 R-D 模型的区域网平面平差及几何校正

（1）基于 R-D 模型的区域网平面平差

点击【区域网平差】→【区域网平面平差】，弹出区域网模型解算设置窗口（图 5-17）。

图 5-17　区域网模型解算设置窗口

"平差方法"选择"Range Doppler"。

"平差模式"选择"常规区域网平差"模式。

"控制点权重""模型中误差阈值""最大迭代次数""残差显示方式"按照默认参数设置即可。

点击【确定】，进行基于 R-D 模型的区域网平差解算。

（2）地理编码

地理编码采用基于 R-D 定位模型的几何校正处理方法，包括地理编码椭球校正（GEC）和地理编码地形校正（GTC）。点击【基础模块】→【地理编码】，弹出地理编码参数设置窗口（图 5-18）。

图 5-18　地理编码参数设置窗口

点击【输入影像】,选择待处理数据。

点击【DEM 文件】右边的【…】按钮,选择 DEM 数据。"DEM 外扩边界范围"设置为 0.05 度。

"地理编码类型"选择"地理编码地形校正(GTC)"。

"输出分辨率"设置"X 方向(北)"和"Y 方向(东)"为 3 m。"输出坐标系"选择"WGS 84"。

"重采样方法"选择"双线性内插法"。

"输出文件后缀""输出文件数据类型"按照默认参数设置即可。设置输出结果的保存路径及文件名。

点击【确定】,进行地理编码。选中图层中地理编码后的结果,点击【加载显示】→【拉伸增强】→【标准差拉伸显示】;右键【图层属性】→【自定义透明值】,添加 0 值,点击【应用】,视图中影像不显示黑边。

5.4.2　工程案例

5.4.2.1　实验数据

原始数据:位于河南的 4 景 GF1 数据(图 5-19)。

图 5-19　原始影像图

基准影像:2 m 分辨率的 DOM 数据(图 5-20)。

DEM:SRTM90 m(图 5-21)。

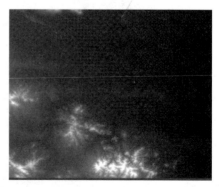

图 5-20　基础底图　　　　　　　　图 5-21　DEM 90 m 图

5.4.2.2　实验流程

（1）创建工程

对原始卫星影像数据进行正射影像生产，可一键式批处理流程化生产，也可以人工分步式生产（图 5-22）。

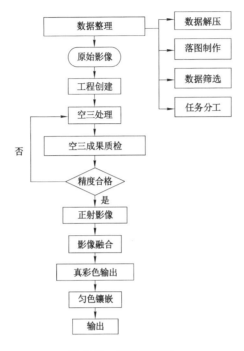

图 5-22　实验流程图

注：

① DOM 工程必须要有标准格式 RPC 文件（＊.rpb）才能创建成功，非标准格式 RPC文件，如＊.txt、＊.xml 等格式数据，需要先进行转换才能添加。

② SPOT6/7、Pleiades、GF6-WFV、哨兵 2、landsat 等卫星数据创建工程前，需要使用工具箱中 SPOT 预处理、GF6 影像拼接、波段合成工具，先进行波段合成处理。

③ 正射后的融合、真彩色数据均可以通过普通工程用多光谱影像添加到工程中，进行后续处理。

工程创建设置的内容主要包括工程路径、工程名称、数据添加、坐标系统选择、输出影像分辨率等（图 5-23 至图 5-27）。

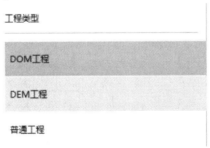

图 5-23　工程创建图

图 5-24　工程名称、路径设置图

图 5-25　工程数据添加设置图

图 5-26　坐标系统选择设置图

图 5-27　输出设置图

（2）空三量测生产流程（图 5-28）

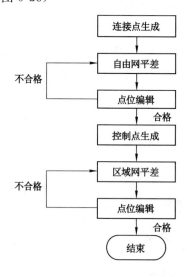

图 5-28　空三量测生产流程图

① 连接点匹配

点击【区域网平差】中的【连接点生成】，按照默认参数进行点位自动匹配（图 5-29、图 5-30）。

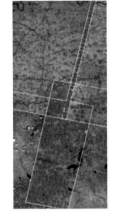

图 5-29　连接点生成参数设置图　　　　　图 5-30　连接点生成结果图

注：当生成的连接点数量较少时，可以对连接点重新生成处理，选中连接点数量较少的影像，点击连接点生成，参数设置点击高级设置（图 5-31），提高同名点的搜索半径范围，降低同名点的相似性（阈值）。重新生成的连接点需要进行点位正确性质检。

图 5-31　高级参数设置图

② 自由网平差

点击【区域网平差】中的【区域网平面平差】，按默认参数进行自由网平差（图 5-32）。

图 5-32　自由网平差参数设置图

自由网平差完成后，首先在工程日志（图 5-33）中查看平均连接点中误差数值，一般连接点中误差不大于 1。

自由网平差后一般都需要对连接点进行编辑，主要是剔除误匹配点和粗差点。首先查

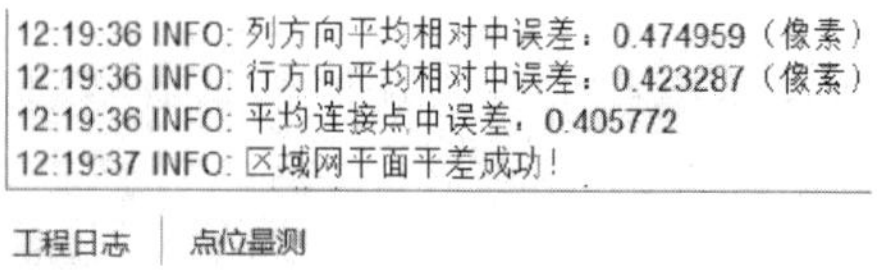

```
12:19:36 INFO: 列方向平均相对中误差: 0.474959 (像素)
12:19:36 INFO: 行方向平均相对中误差: 0.423287 (像素)
12:19:36 INFO: 平均连接点中误差, 0.405772
12:19:37 INFO: 区域网平面平差成功!
```

工程日志 | 点位量测

图 5-33　工程日志结果图

看平均中误差值,然后在点位量测列表中对大于 2 倍中误差的点位进行删除。第一次完成编辑后,重新进行自由网平差,然后重复步骤 1 的操作,直到连接点平均中误差在 0.5 左右(图 5-34)。

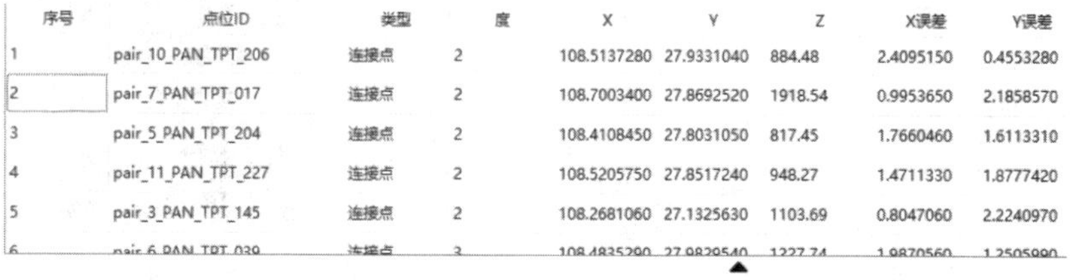

序号	点位ID	类型	度	X	Y	Z	X误差	Y误差
1	pair_10_PAN_TPT_206	连接点	2	108.5137280	27.9331040	884.48	2.4095150	0.4553280
2	pair_7_PAN_TPT_017	连接点	2	108.7003400	27.8692520	1918.54	0.9953650	2.1858570
3	pair_5_PAN_TPT_204	连接点	2	108.4108450	27.8031050	817.45	1.7660460	1.6113310
4	pair_11_PAN_TPT_227	连接点	2	108.5205750	27.8517240	948.27	1.4711330	1.8777420
5	pair_3_PAN_TPT_145	连接点	2	108.2681060	27.1325630	1103.69	0.8047060	2.2240970
6	pair_6_PAN_TPT_039	连接点	3	108.4835290	27.9829540	1227.74	1.9870560	1.2505990

图 5-34　点位量测设置图

③ 控制点匹配

点击【区域网平差】中的【控制点生成】,按默认参数进行点位自动匹配(图 5-35)。

图 5-35　控制点生成参数设置图

· 通过卷帘查看。控制点稀疏区域的套合精度(图 5-36)。

· 加载显示基准。

· 在左侧目录栏选中影像。点击工具栏的【卷帘】功能。

· 通过鼠标滚轮放大影像。按着鼠标左键向下拉,可以看出全色影像与基准影像的套合较差。

④ 点位编辑

a. 添加点位。在控制点稀少区域使用添加点位工具添加连接点。进入点位量测编辑界面(图 5-37)后,关闭无关窗口。用鼠标左键移动点位到同名点位置,在另外的视窗中预测同名点位置,确定同名点位置,批量添加点。

图 5-36　卷帘结果图

图 5-37　点位编辑图

b. 编辑点位。在主地图中用编辑点位工具选择连接点进行编辑。

注：每添加一个控制点，进行一次区域网平差。添加同名点一般选择地物特征明显的地方，例如道路的十字路口等。人工添加控制点时，选择套合精度不高的地方并分散刺点。

⑤ 配准点生成、匹配

点击【配准点生成】设置为默认参数（图 5-38、图 5-39）。

图 5-38　配准点生成参数设置图

图 5-39　配准点匹配结果图

（3）影像纠正

点击【正射影像纠正】，按照默认参数进行影像的正射纠正（图 5-40）。

（4）影像融合

点击【正射影像融合】，选择 pansharp 融合算法，锐化系数设置默认为 1.2，统计方式选择精细（图 5-41）。

图 5-40　正射影像纠正图　　　　　　　　　　图 5-41　正射影像融合图

（5）影像真彩色输出

点击【真彩色】，按照默认参数设置真彩色输出（图 5-42、图 5-43）。

图 5-42　影像真彩色输出参数设置图　　　　图 5-43　影像真彩色输出结果图

（6）匀色镶嵌

① 地理模板匀色

点击【匀色镶嵌】，进入匀色镶嵌界面后，点击【全选】，激活匀色工具；选择【地理模板匀色】，加载基准数据为地理模板。匀色算法选择加性，点击确定（图 5-44、图 5-45）。

② 人工调色

点击【人工调色】，可根据所需进行参数设置（图 5-46）。一幅影像中，颜色太艳绿，在可选颜色中选择绿色，想要降绿，就增加它的互补色洋红，直至增加到绿色和真实地物一样。

注：a. 影像接边处不应有错位。b. 一定不能有小的缝隙。c. 镶嵌线要沿着线状地物周边走，尤其是季节差异较大的镶嵌线。羽化的范围一般为 5～20，根据影像的接边精度来

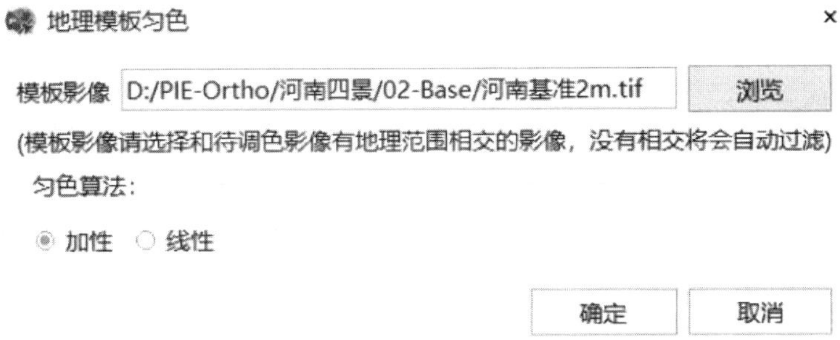

地理模板匀色

×

模板影像　D:/PIE-Ortho/河南四景/02-Base/河南基准2m.tif　　浏览

(模板影像请选择和待调色影像有地理范围相交的影像，没有相交将会自动过滤)

匀色算法：

◉ 加性　○ 线性

确定　　取消

图 5-44　地理模板匀色参数设置图

图 5-45　地理模板匀色结果图

图 5-46　人工调色可选颜色设置图

决定。大羽化之前检查是否有错位、重影、模糊等情况，重叠区存在精度异常的就不能使用大羽化进行接边。d. 大量密集的云必须要剔除，用好的影像替换。e. 修改好后的镶嵌面要及时保存工程。

③ 镶嵌线编辑

点击【镶嵌线生成】，选择智能镶嵌（图 5-47）。

图 5-47　镶嵌线生成图

在镶嵌线编辑工具中的显示设置可以选择影像边框、镶嵌线等显示设置（图 5-48、图 5-49）。

图 5-48　镶嵌线显示图　　　　　　　图 5-49　镶嵌线未显示图

④ 变形点添加（选做）

在修改镶嵌线时，如果遇到影像接边错位的情况，使用变形点添加或者变形区添加工具进行修改，绘制出修改范围后，击手动添加变形点功能，会出现变形点编辑对话框，把红点移到同名位置，改正影像错位情况（图 5-50、图 5-51）。

（7）成果输出

点击成果输出，可以选择整幅输出，也可以按局部范围进行输出（图 5-52、图 5-53）。

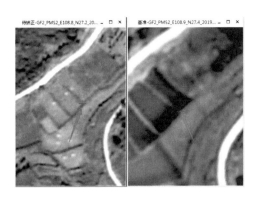

图 5-50 变形点编辑图

图 5-51 变形点添加改正结果图

图 5-52 成果整幅输出参数设置图

图 5-53 成果选择输出参数设置图

6 SAR 图像解译

6.1 SAR 图像的基本特征

6.1.1 SAR 的几何特征

SAR 是主动式侧视雷达系统,且成像几何属于斜距投影类型。它与中心投影的光学影像有很大的区别。

6.1.1.1 SAR 成像几何

由于合成孔径雷达图像数据在距离向和方位向方面具有完全不同的几何特征,可以考虑将其成像几何特征分离开来理解。根据成像几何特征的定义,在距离向的变形比较大,主要是由地形变化造成的,在方位向的变形则更小,但是更复杂。如图 6-1 所示,雷达观测分为两个方向:

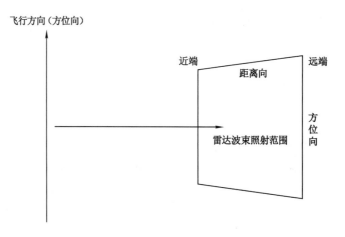

图 6-1 合成孔径雷达成像示意图

(1) 距离向(range)几何

像平面内垂直于飞行方向,也就是侧视方向。这个方向上的 SAR 图像分辨率称为距离向分辨率。SAR 的距离向分辨率依靠距离远近(对应传播时间长短、接收时间先后)实现。距离向的比例尺由地面目标的位置和该目标到雷达天线的距离决定。

在距离向上,离 SAR 越近,变形就越大,这与光学遥感图像刚好相反。距离向分为两种投影:

① 斜距(slant range)：雷达到目标的距离方向，雷达探测斜距方向的回波信号。

② 地距(ground range)：将斜距投影到地球表面，是地面物体之间的真实距离。

斜距和地距的关系示意图如图 6-2 所示。

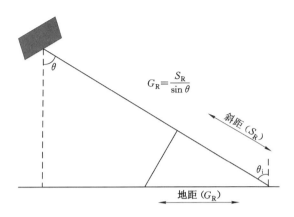

图 6-2　斜距与地距的关系示意图

(2) 方位向(azimuth)几何

平行于飞行方向，也就是沿航线方向，这个方向上的分辨率称为方位向分辨率，也称为沿迹分辨率。方位向分辨率是依靠多普勒频率实现的。方位向的比例尺是个常量。

6.1.1.2　透视收缩、叠掩、阴影

雷达成像中，地物目标的位置在方位向是按飞行平台的时序记录成像的，在距离向上是按照地物目标反射信息的先后记录成像的，在高程上即使是微小变化，都可能造成相当大范围内的扭曲，这些诱导因子包括透视收缩、叠掩、阴影。

(1) 透视收缩

雷达距山底的距离小于距山顶的距离，所以雷达波束先到山的底部，再到山的顶部，成像也是如此。假设山坡的长度为 L，其斜距显示的距离为 L_r，很明显，$L_r<2$，这种情况称为透视收缩(图 6-3)。

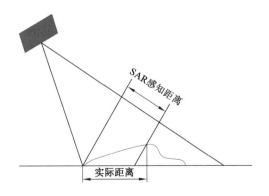

图 6-3　透视收缩原理示意图

(2) 叠掩

当面向雷达的山坡很陡时，山底比山顶更接近雷达，因此在图像的距离方向，山顶与山

底的相对位置颠倒。可分为如下两种情况：

① 山坡较陡,雷达波速到达山底和山顶的距离一样,山顶和山底同时被雷达接收,在图像上只显示为一个点。

② 到山底的距离比到山顶的长,山顶的点先被记录,山底的点后被记录,距离向被压缩了。

这两种情况都是叠掩(图 6-4),也称为顶点倒置或顶底位移。

(3) 阴影

沿直线传播的雷达波束被高大地面目标遮掩时,雷达信号照射不到的部分引起 SAR 图像的暗区,就是阴影(图 6-5)。

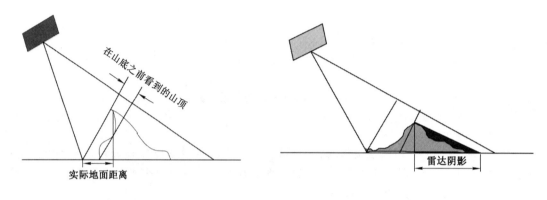

图 6-4　叠掩示意图　　　　　　　　　　图 6-5　阴影示意图

因此,在地形起伏的区域容易产生收缩、叠掩和阴影。一般迎面坡是前向收缩;坡度较大时,顶底叠置;背面坡坡度较大时出现阴影(图 6-6)。

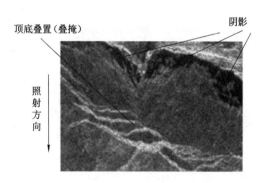

图 6-6　地形阴影示意图

6.1.2　SAR 图像特征

SAR 图像记录的信息有多种,即相位、振幅、强度等。SAR 是相干系统,斑点噪声是其固有特性。

(1) SAR 数据信息

SAR 图像的每个像素不仅包含反映地表对雷达波束的反射强度,还包含与雷达斜距有关的相位值。因此,SAR 数据一般是由实部和虚部构成的复数据,也称为同相(In-phase)和正交通道(quadrature channels)。

雷达波束的反射强度可以用振幅 A、强度 I 或者功率 P 表示,如 $I=A^2$。相位信息与同相和正交存在转换关系。如单通道 SAR 系统(如 C-band,VV 极化)的相位均匀地分布在 $-\pi \sim +\pi$,与此相反,振幅 A 有一个瑞利分布,而强度 I 或者功率 P 呈现负指数分布。

实际上,在单通道 SAR 系统(不是 InSAR,DInSAR,PolSAR 和 PolInSAR 的情况下)的相位没有提供有用信息,而振幅(或强度)是唯一有用的信息。

因此,SAR 数据常以单视复数据(SLC)、振幅数据和强度/功率数据等类型提供。

(2) 斑点噪声

SAR 是相干系统,斑点噪声是其固有特性。均匀的区域,图像表现出明显的亮度随机变化,与分辨率、极化、入射角没有直接关系,属于随机噪声。斑点具有与噪声类似的影像特征,由雷达或者激光等连贯系统产生(注:太阳辐射是不连贯的)。因为地物或者地物表面对雷达或者激光等电磁波后向反射的干扰,斑点在影像上呈现出随机分布的特点。雷达照射时,每个地面目标的后向散射能量都随着相位和照射功率的变化而变化,这些变化表现在影像上就是一个个零散的点,这些零散的点被连贯收集起来,称为随机漫反射,如图 6-7 所示。

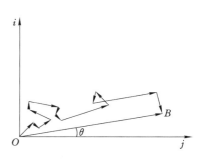

图 6-7 随机漫反射示意图

这些收集起来的零散的点的值或高或低,这取决于干涉类型。这些统计性的值的高低波动(或者方差)或者不确定性,与 SAR 影像上每个像素点的亮度值有关。

当将 SAR 信号转变为实际影像时,经过聚焦处理,通常会用到多视处理(非相干平均)。此时,实际 SAR 影像中依然存在的斑点噪声可以通过自适应图像修复技术(斑点滤波)进一步减少。值得注意的是,与系统噪声不同,斑点是真实的电磁测量值,在干涉测量雷达(InSAR)等技术中通常会被使用。

6.2 SAR 图像的解译标志

微波遥感图像中目标的特征标志一般通过色调、形状、大小、阴影、位置、活动体现。解译标志从不同的角度和方面来显示目标的性质和状态,准确掌握解译标志对于解译图像目标有很大的帮助。

6.2.1 色调

地面目标的颜色多样,雷达图像中一般情况下为灰度图像。图像色调是雷达回波强弱的表现,与波长、入射角、极化方式、地物目标的方位、复介电常数、表面粗糙度、是否构成角反射器等有关,在分析雷达图像色调标志时必须考虑这些因素。图 6-8 为雷达图像色调特征。色调中的白色、灰色、暗黑色和黑色分别与雷达回波的强、中、弱、无四种程度相对应。

6.2.2　形状

形状是指地物的周界或轮廓所构成的一种空间表现形式。微波图像目标主要体现为顶部或侧面形状,SAR 是倾斜成像,会使得目标物体反映在图像上的形状与物体顶部的形状有一定程度的变化,与在人们的视觉中的形象不同,但只要找到变形规律,就会利于目标地物在图像中的识别解译。例如,图 6-9 中规则的长方形为农田,上方弧形为水体。

　　　　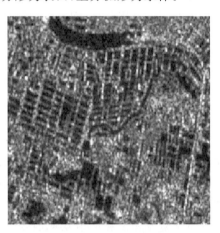

图 6-8　雷达图像色调特征　　　　　　　图 6-9　微波图像形状特征

6.2.3　大小

大小是指遥感影像中目标外形的几何尺寸,包括长、宽、高或直径等,在外部形状相似的情况下,地物目标的大小差异是区分判定不同地物的主要特征。

6.2.4　阴影

物体受到光线照射时表面得不到直射光线的黑暗部位称为阴影。在微波图像中,雷达阴影是雷达散射及雷达波束对地面倾斜照射,在山脉、高大目标的背面因接收不到雷达信号所产生的,在图像上呈暗区。图 6-10 为 SAR 图像阴影成像示意图,雷达图像上适当的阴影所出现的明暗效应能增强图像的立体感,对地形、地貌及地质构造等信息有较强的表现力和较好的探测效果。

6.2.5　位置

地面上一切物体必然有它存在的位置。地面物体的关系位置,同样也反映了物体的性质。在微波遥感中,地物所处的位置需要格外注意。

6.2.6　活动

有些目标运动活动痕迹能够暴露目标的特性,对于一些被伪装的目标或者外貌特征不明显的目标,可以根据目标的活动特征,在微波图像上识别出来,就会为目视解译提供便利。图 6-11 中灰色线条为汽车行驶的痕迹。

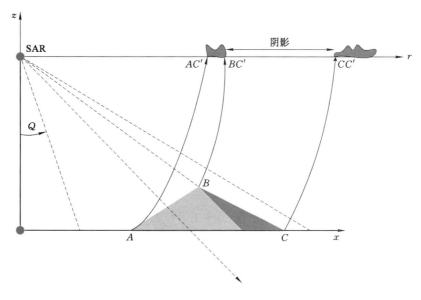

图 6-10 SAR 图像阴影成像示意图

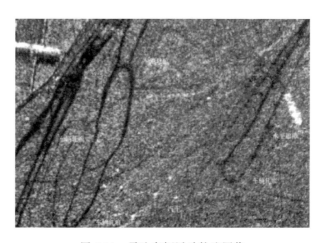

图 6-11 雷达车辆活动轨迹图像

6.2.7 纹理

纹理是色调变化的空间频率,在雷达图像上的纹理是其分辨率的函数,一般可以分为细微纹理、中等纹理和宏观纹理三种。细微纹理与分辨单元的大小和分辨单元内的独立地物的多少有关,所以它是系统固有的一种特征。高分辨率图像,就能发现地物纹理的差异,比如不同类型的植被等。中等纹理是细微纹理的包络。它是由数个分辨单元为尺度的纹理特征,由多个分辨单元中的同一目标色调的不均匀性或者不同目标的不同色调构成。比如在有露生层树种的森林,再如沼泽中各种土壤和植被的分布,其图像中的纹理带有斑点或亮点,有的则是颗粒状的,同一类型地物的中等纹理则比较有规律。中等纹理特征是雷达图像解译所用的纹理特征,在图像分析中起着重要的作用。宏观纹理是以数百个甚至更多的分辨单元为尺度的色调变化特征,主要反映地形结构特征。由于雷达回波随地形结构变化改变了雷达波束与地物目标之间的几何关系和入射角,从而造成宏观纹理的变化。宏观纹理是地形地貌和地质判读中的关键因素。

6.3 典型地物的图像判读特征

6.3.1 植被

在雷达图像中,影响植被回波的主要因素有含水量、粗糙度、密度、结构等,对于人工种植的植物,还有种植植物的几何形状等。对于含水量大的植被,回波信号强,图像色调浅。粗糙度对植被回波影响也很大,植被的粗糙度也可以分为微粗糙度、中等粗糙度和宏粗糙度。微粗糙度的尺度小于一个分辨单元,回波强度与波长和俯角有关。中等粗糙度一般以数十甚至数百个分辨单元为尺度,与植被的密度、高差及分布等图像的纹理有直接关系。宏粗糙度实际上是地貌粗糙度,其图像上的回波强度主要受坡度的影响。植被如图 6-12 所示。

图 6-12 植被图

6.3.2 土壤

土壤的含水量、粗糙度、土壤颗粒结构类型不同,则回波都不相同。土壤的含水量增大时,其表面对电磁波的反射增强,回波增强,穿透减弱,色调变浅。不同类型的土壤形成表面粗糙度的因素各不相同,雷达图像显示各不相同。同样,不同的土壤颗粒结构导致接收和存储水的情况不同,造成回波不同。

在没有植被覆盖的情况下,需要根据其含水量和粗糙度区分土壤的状态。在有植被覆盖的情况下,由于不同类型的土壤的含水量不同,影响植被的长势和类型,通过植被的回波可反映土壤的情况。图 6-13 为一处耕地示意图,浅色表示土壤含水量较高,深色表示土壤含水量较低。

6.3.3 岩石地质

岩石的表面粗糙度、风化特点、地貌形态均会影响 SAR 图像的成像效果。粗糙度:岩石的表面特征是决定岩石图像色调的重要因素。风化:不同岩性的岩石由于风化的作用会形成不同的地表形态,反映在雷达图像上则是不同的纹理。在解译岩石的岩性过程中,主要根据不同岩性形成的特殊的图像特征和水系网、植被、耕地等有关信息。雷达图像对于地质构造分析是十分有意义的,从色调、阴影,特别是对中等和宏观纹理的分析,不仅可以得到地势、地貌信息,更直观的信息就是地质构造信息。

6.3.4 水

一般来说,平静的水面会造成镜面反射,导致无回波信号,所以在图像上为黑色调,容易与雷达阴影产生混淆,所以需要利用水面的周围地物与水面所形成的不同回波信号来解译水面。当水面有波浪时,由于这种形式的粗糙度在雷达图像上出现明暗相间的色调变化,这种情况下很容易发现水面,如图 6-14 中黑色区域为水体。

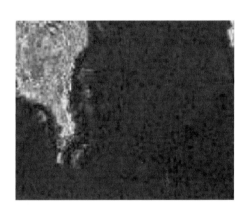

图 6-13　耕地雷达图像　　　　　　　　图 6-14　水系雷达图像

6.3.5 冰雪

冰雪是一类重要的地物。由于冰雪的不同的结构、含水量和介电常数等,对雷达波束的反射不一,图像上色调也出现不同情况。新鲜雪是空气和冰的混合物,密度比较低、干燥且多呈片状、雷达波束对它穿透作用较强,其表面的反射很小,使雷达波束能量的衰减较小,在雷达图像中可以观测到雪下物质的回波,这时雪的粗糙度不起作用。长期雪因为存在时间变长,密度增大,介电常数增大,对雷达波束的反射增强。当雪的温度接近冰点时,出现液态水,成为空气、冰和水的混合物,介电常数进一步增大。随着水的含量的增加,冰雪表面的反射能力增强,表面的粗糙度开始起作用,并越来越重要。冰川冰雪长时间存在,由于压力和再结晶,其中的空气含量越来越少,形成冰川冰。其结晶颗粒半径接近雷达波长,产生很强的回波,可以判读冰的"年龄"、冰的类型。如图 6-15 所示,在 SAR 图像中短期冰为暗色区域,长年冰为亮色区域。

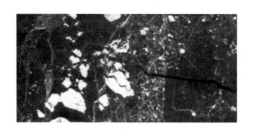

图 6-15　冰雪示意图

6.3.6　房屋与城市

房屋一般具有较强的回波信号。单独建筑物的四个侧面和顶面总会有两面受到雷达波束照射,侧面与地面等可能组成多个角反射器,故回波较强。村庄、集镇在雷达图像上表现为集聚成一片的亮点群,回波强度偏高。城市的建筑物密集,排列大多数很整齐。由于排列方向不同,有时回波很强,有时却可能消失,在高低不一的建筑物之间才可能形成多个角反射器。如图 6-16 中白色区域为建筑用地,贯穿其中的线条为道路。

图 6-16　房屋雷达影像

6.3.7　公路桥梁

公路对 X 波段和 K 波段来说一般可认为是平滑表面,图像上是无回波的暗线条。但是道路两旁的地物(如建筑物、树林等)却可能与道路构成角反射器,而在图像上形成亮线条暗示着道路的存在。暗线条有时不一定是公路,其他地物(如灌溉渠道等)也会形成暗线条。铁路在雷达图像上的色调变化很大。当铁路的延伸方向与雷达图像的距离向一致时,图像上的信息为一暗线条。加上铁路路面窄,铁路的信息在分辨率较低时会被掩盖。当铁路与航向平行时,铁轨与路面、铁路与两旁的树木、路基与两侧地面构成二面角,图像上出现强线条。桥梁的桥面一般因镜面反射在图像上无回波。但是由于桥梁各个部分之间能形成许多角反射器,因此在很窄的指向角范围内都有强回波。如图 6-17 所示,桥墩和水面在一定条件下可能在图像上形成虚桥,图像上可以看到两条靠得很近的桥,其中较亮的那条是实际存在的,较暗的那条为虚桥。

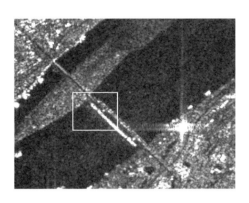

图 6-17　桥梁示意图

6.4　计算机解译

遥感图像计算机解译的主要目的是将遥感图像的地学信息获取发展为计算机支持下的遥感图像智能化识别,其最终目的是实现遥感图像理解。其基础工作是遥感数字图像的分类。以遥感图像为研究对象,在计算机系统的支持下,综合运用地学分析、遥感图像处理、地理信息系统和人工智能技术,实现地学专题信息的获取。

6.4.1　功能介绍

6.4.1.1　非监督分类

非监督分类是不加入任何先验知识,利用遥感图像特征的相似性,即自然聚类的特性进行的分类。分类结果区分了存在的差异,但不能确定类别的属性。类别的属性需要通过目视判读或实地调查后确定。非监督分类包括 H/A/Alpha 非监督分类、Wishart 非监督分类、ISODATA 非监督分类、K-Means 非监督分类、神经网络聚类等。

（1）H/A/Alpha 非监督分类

H/A/Alpha 非监督分类是基于 H/A/Alpha 极化目标分解得到的特征分量,采用临界阈值分割的方法进行类别属性的判定。为了对极化数据中的基本设计值进行区分,H/Alpha 平面被划分为 9 个区域,每个区域对应不用散射特征的类,其中有一个区域实际不存在,也就是对于实际的极化数据不可能存在 $H>0.9D$ 的表面散射,所以可分成 8 类。H/A/Alpha 分类法是在 H/Alpha 平面基础上加入各向异性 A,扩展为三维 H/A/Alpha 平面,可分成 16 类。H/Alpha/Lamda 则是在 H/Alpha 平面基础上加入 Lamda,可分成 24 类。

打开 PIE-SAR 软件,在“图像分类”标签下的“非监督分类”组,单击【H/A/Alpha 分类】,打开“H/A/Alpha 分类”参数设置对话框,如图 6-18 所示。

在 H/A/Alpha 输入文件路径中输入待进行 H/A/Alpha 分类的数据文件,即 H/A/Alpha 分解后得到的文件;系统提供了 H/Alpha、H/A/Alpha、H/Alpha/Lambda 三种分类方法。H/Alpha 将原始影像分成 8 个类别,H/A/Alpha 将原始影像分成 16 个类别,H/

图 6-18　极化 H/A/Alpha 分类参数设置对话框

Alpha/Lambda 将原始影像分成 24 个类别；选择合适的分类方法，最后在分类文件中设置输出分类结果的保存路径和文件名。所有参数设置完成后，点击【确定】按钮即可进行 H/A/Alpha 分类，并输出分类结果，如图 6-19 所示。

图 6-19　H/A/Alpha 分类结果示意图

其他的非监督分类都是在"图像分类"标签下的"非监督分类"组中选择。

（2）Wishart 非监督分类

若采用用户自定义的样本数据，则发展为 Wishart 监督分类，采用 H/A/Alpha 分类算法将全极化数据自动分为 8 个、16 个和 24 个类别，称为 Wishart 非监督分类。

（3）ISODATA 非监督分类

ISODATA 即迭代式自组织数据分析技术，其原理是：首先计算数据空间中均匀分布的类均值，然后用最小距离规则对剩余的像元进行迭代聚合。每次迭代都重新计算均值，且根据所得到的新的均值对像元进行再分类。这个处理过程持续到每一类的像元数变化少于所选的像元变化阈值或者达到了迭代的最大次数。

（4）K-Means 非监督分类

K-Means 算法的基本思想是：以空间中 K 个点为中心进行聚类，对最靠近它们的对象归类。通过迭代的方法，逐次更新各聚类中心的值，直至得到最好的聚类结果。算法首先随机从数据集中选取 K 个点作为初始聚类中心，然后计算各个样本到聚类中心的距离，把样本归到离它最近的那个聚类中心所在的类。计算新形成的每一个聚类的数据对象的平均值来得到新的聚类中心，如果相邻两次聚类中心没有任何变化，说明样本调整结束，聚类准则函数已经收敛。本算法的一个特点是在每次迭代中都要考察每个样本的分类是否正确。若不正确,就要调整,在全部样本调整完成后再修改聚类中心,进入下一次迭代。如果在一次迭代算法中所有的样本被正确分类,则不会有调整,聚类中心也不会有任何变化,这标志着已经收敛,因此运算结束。

(5) 神经网络聚类

神经网络是模仿人脑神经系统的组成方式与思维过程而构成的信息处理系统,具有非线性、自学性、容错性、联想记忆和可以训练性等特点。在神经网络中,知识和信息的传递是由神经元的相互连接来实现的,分类时采用非参数方法,不需要对目标的概率分布函数作某种假定或估计,因此网络具备了良好的适应能力和复杂的映射能力。神经网络的运行包括两个阶段:一是训练或学习阶段,向网络提供一系列的输入-输出数据组,通过数值计算和参数优化,不断调整网络节点的连接权重和阈值,直到从给定的输入能产生期望输出为止;二是预测(应用)阶段,用训练好的网络对未知的数据进行预测。

6.4.1.2　监督分类

监督分类是根据已知训练场地提供的样本,通过选择特征参数、建立判别函数,然后把图像中各个像元归化到给定类中的分类处理。基本过程:首先根据已知的样本类别和类别的先验知识确定判别准则,计算判别函数,然后将未知类别的样本值代入判别函数,根据判别准则对该样本所属的类别进行判定。在这个过程中,利用已知的特征值求解判别函数的过程称为学习或训练。

(1) Wishart 监督分类

Wishart 监督分类算法是一种针对 SAR 图像统计特征的分类算法,该算法基于 Wishart 概率分布模型,采用 E-M 最大期望算法实现类别的不断更新迭代。E-M 算法分为 E 步和 M 步,其中 E 步用于计算对数似然函数的期望,M 步用于选择使期望最大的参数,当 M 步选择参数后,再将选择的参数代入 E 步,计算期望,如此反复,直到收敛到最大似然意义上的最优解为止。

打开 PIE-SAR 软件,在"图像分类"标签下的"监督分类"组,单击【Wishart 监督分类】,打开 Wishart 监督分类参数设置对话框,如图 6-20 所示。

图 6-20　Wishart 监督分类参数设置对话框

在输入文件 T3/C3 中输入与待分类影像对应的 T3/C3 文件;在 ROI 文件中输入从待进行 Wishart 监督分类影像中选取的 ROI 文件。在输出文件中,设置输出分类结果的保存路径和文件名。所有参数设置完后,点击【确定】按钮即可进行 Wishart 监督分类,并输出分类结果,如图 6-21 所示。

(2) 距离分类

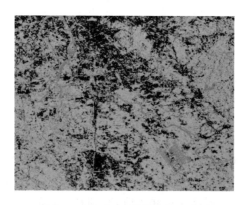

图 6-21 Wishart 分类结果示意图

距离分类是利用训练样本数据计算出每一类别均值向量及标准差向量,然后以均值向量作为该类在特征空间中的中心位置,计算输入图像中每个像元到各类中心的距离。距离分类提供了最小距离和马氏距离两种分类器。最小距离分类使用每个端元的均值矢量,计算每个未知像元到每类均值矢量的欧氏距离,将未知类别向量归属于距离最小的一类。马氏距离分类是一个应用了每个类别统计信息的方向灵敏的距离分类器,与最大似然分类相似,但是假定所有类别的协方差是相等的,所以是一种较快的分类方法。

（3）最大似然分类

最大似然分类假定每个波段中每类的统计都呈正态分布,并将计算出给定像元属于特定类别的概率。除非选择一个概率阈值,否则所有像元都将参与分类。每一个像元都被归到概率最大的那一类(也就是最大似然)。

6.4.2 典型地物要素面向对象分类

使用 PIE-SIAS 软件提供的面向对象分类是对正射校正后的遥感影像进行地物分类,如分为建筑、林地、水体、裸地等类别。首先对影像进行多尺度分割,将影像分割为众多小图斑,然后在此基础上进行样本选择(选择建筑物、林地、水体、裸土等地物样本),最后根据选择的分类样本采用监督分类法进行面向对象分类。

操作流程如图 6-22 所示。

6.4.2.1 实验区域与数据

以 2020 年 2 月 5 日四川广安地区裁剪后的 GF2 正射校正融合影像为例,使用 PIE-SIAS 软件进行面向对象分类和专题制图操作。使用的数据信息见表 6-2。

表 6-1 影像数据列表

数据类型	波段数	分辨率/m	坐标系
裁剪后的 GF2 正射融合影像 1 景	4(红绿蓝＋近红外)	0.8	WGS-84 坐标系

6.4.2.2 实验流程

（1）新建工程

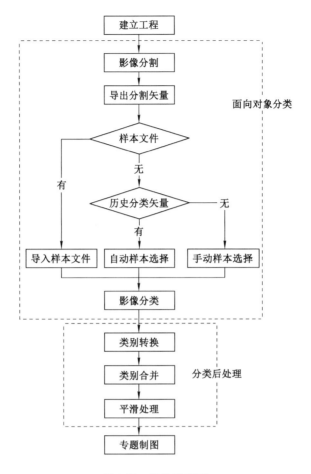

图 6-22　操作流程图

在"系统"标签下,单击"新建工程",打开创建多尺度分割向导参数设置对话框,如图 6-23 所示。

图 6-23　创建多尺度分割向导参数设置对话框

其中参数设置:

· 工程名称:设置工程名称;

· 输入文件：输入待分类的影像文件；

· 输出文件夹：设置输出结果的保存路径。

设置完成后，单击【下一步】，进入初始化参数对话框（图 6-24）。

图 6-24　初始化参数对话框

选择图论分割算法，默认图像背景值，完成后单击【下一步】，进入区域合并参数对话框（图 6-25）。

图 6-25　区域合并参数对话框

参数设置：

· 合并规则：软件支持 Baatz-Schape、Baatz-Schape-LBP、Full-Lambda、Color-Histogram 和 Color-Texture 五种方式，默认选择 Baatz-Schape。

· 形状因子权重：设置为 0.3，可调节紧凑度和平滑度的综合调整系数，值越大分割形状越紧凑，推荐设置为 0.3～0.5。

· 边界强度：设置为 0.5，两个区域进行合并时，计算两个区域边缘像素的梯度值，梯度值越大，之间距离拉大，梯度值越小，之间相似性越高，此系数为梯度调节因子。

· 紧致度权重：设置为 0.1，该参数主要反映地物紧致度在合并中的权重，权重推荐值在 0.5 以内。

· 合并尺寸：设置为 100。由于图割算法进行两层分割，分别是低层尺度集和高层尺度集，这个参数用于调整两层之间的区域数量，需要根据影像分辨率来设置。此参数会影响分割效率，推荐设置：30 m 分辨率影像设置为 25～50，1 m 分辨率影像设置为 100～500。

设置完成后单击【完成】，完成工程创建（图 6-26）。

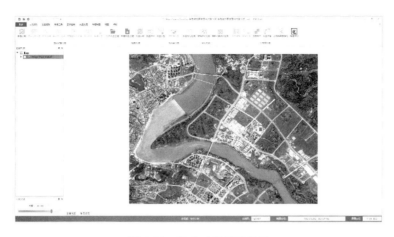

图 6-26　完成工程创建界面

（2）面向对象分类

① 影像分割

在"分类提取"标签下的"面向对象分类"组，单击【影像分割】，打开影像分割对话框（图 6-27）。

图 6-27　影像分割对话框

注：上述参数在创建工程中已设置，可以再进行适当调整，也可以默认。

参数设置：

・分割算法：设置图论分割算法；

・图像背景值：设置为 0；

- 是否覆盖已有文件:勾选此项;
- 范围:设置影像分割范围,这里默认;
- 合并规则:选择 Baatz-Schape;
- 形状因子权重:设置为 0.3;
- 边界强度:设置为 0.5;
- 紧致度权重:设置为 0.1;
- 合并尺寸:设置为 100。

设置完成后单击【确定】,执行影像分割操作,并输出影像分割结果(图 6-28)。

图 6-28　影像分割结果

在主视图左下角有分割尺度调节窗口,可左右移动滑动条,来动态调整图像的分割尺度。向左移动滑块调小分割尺度,向右移动滑块调大分割尺度,可实时查看调节的结果(图 6-29)。

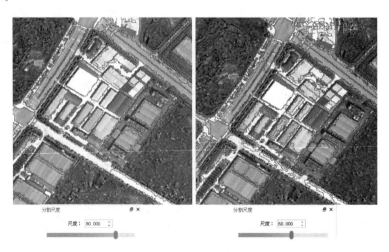

图 6-29　不同尺度影像图

② 导出分割矢量文件

可根据分类要求,导出一个合适尺度的分割矢量参与分类(本步骤将尺度参数设置为 60)。

在"分类提取"标签下的"面向对象分类"组,单击【导出分割矢量】,打开导出文件对话框(图 6-30)。

图 6-30 导出文件对话框

默认命名是 Segment_影像名称. shp,单击【保存】导出分割矢量文件。

③ 样本选择

PIE-SIAS 软件采用的是监督分类方法,因此需采集样本。

样本选择有两种方式:

a. 在有历史分类矢量的情况下使用自动样本选择功能。

b. 没有历史分类矢量的情况下使用手动样本选择功能。本课程操作演示使用手动样本选择功能进行样本的选取。

但是为了便于用户后续应用,这里一并介绍自动样本选择和手动样本选择。

a. 自动样本选择。

在"分类提取"标签下的"面向对象分类"组,单击【自动选择样本】,打开自动选择样本对话框(图 6-31)。

图 6-31 自动选择样本对话框

参数设置：

· 输入影像文件：默认读取工程中加载的待分类影像数据；

· 输入分类文件：导入该区域的历史分类矢量文件；

· 输入分割文件：默认读取导出的分割矢量；

· 缓冲区（米）：设置为0，该参数代表图斑内缓冲距离用于剔除面积比较小的样本，系统会根据设置的缓冲距离对历史分类矢量所有图斑从边界向内做缓冲，缓冲区存在的图斑将保留下来，用来参与样本选择，缓冲区不存在的图斑将会被忽略掉；

· 选择百分比（%）：设置为10，该参数代表样本提取百分比，系统会按照这个百分比选取参考分类矢量中每类样本数量，默认为10%；

· 样本最大个数：设置为100，该参数代表生成每一类样本的最大个数，通常情况下样本越多分类就会越准确，但同时也会延长样本选择的时间，因此可以适当设置成200～500，如果数据覆盖范围较大，可调大此参数；

· 类别ID字段：选择分类文件中类别编号字段；

· 类别名称字段：选择分类文件中类别名称字段。

所有参数设置完成后单击【确定】，执行自动选择样本操作。

b. 手动样本选择。

i. 真彩色显示。

在图层列表的 Image_Fuse_Sub. tif 上单击鼠标右键，选择【属性】打开图层属性对话框（图6-32），单击【栅格渲染】，将【RGB合成】中的红、绿、蓝波段顺序改为3、2、1，其余属性参数保持默认不变，点击【确定】进行真彩色合成。

图6-32　图层属性对话框

在【显示控制】模块下的【拉伸增强】，选择"标准差拉伸"（图6-33）。

图 6-33　拉伸方式对话框

最后生成的真彩色图像如图 6-34 所示。

图 6-34　真彩色图像

ii. 建立分类类别。

因实验区内农田数量较少且不易与林地区分,故将类别设置为 5 类:建筑物、植被、水域、道路与裸土。

在"分类提取"标签下的"面向对象分类"组,单击【样本选择】,打开"样本选择"对话框。在对话框中选择样本颜色、添加样本名称后,点击【+】,即可完成类别建立。依次选择建筑物、植被、水域、裸土、道路。如果添加错误,选中该类别,点击【-】即可删除;选中某样本,单击【清空样本】,清除某类中的所有样本;点击【保存模板】将设置好的样本类别、样式保存以供后续重复使用,模板只记录样本名称和颜色信息;单击【打开模板】,打开已保存的样本模板。类别建立结果如图 6-35 所示。

iii. 为每个类别选择样本。

类别添加完成后,在类别列表中选中某一类别,然后在主视图区双击选择分割图斑作为该类的样本,重复双击该图斑则取消选择。选择样本时可以手动调整分割尺度,在多个尺度下选择样本(图 6-36)。

注:样本应涵盖该地类的所有特征,如本课程影像中,建筑物的屋顶有红色、蓝色和深灰色,对应的样本应涵盖这几种特征。

④ 影像分类

在"分类提取"标签下的"面向对象分类"组,单击【影像分类】,打开"选择分类方式"对话框(图 6-37)。

图 6-35　类别建立结果

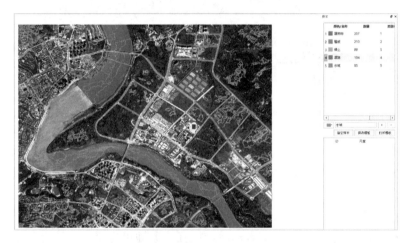

图 6-36　样本选择结果图

图 6-37　选择分类方式对话框

有两种分类方式：一种是创建新的分类模型，另一种是使用已有分类模型。鉴于本次数据中没有分类模型，默认选择创建新的分类模型。

点击【下一步】进入"选择分类要素"对话框（图 6-38）。

图 6-38   选择分类要素对话框

分类要素包含光谱、纹理、形状、指数，分类要素设置为默认即可。单击【下一步】，打开选择分类算法对话框（图 6-39）。

图 6-39   选择分类算法对话框

设置相关参数。PIE-Basic 软件有五种分类算法可供选择：

a. KNN(k-nearest neighbor，邻近分类)：一个样本在特征空间中的 k 个最相邻的样本中大多数属于某一个类别，则该样本也属于这个类别，并具有这个类别样本的特性。

b. SVM(support vector machine，支持向量机)：在机器学习领域，是一个有监督的学习模型，通常用来进行模式识别、分类以及回归分析。

c. CART(classification and regression tree，分类回归树)：CART 算法采用的是一种二分递归分割的技术，将当前样本分成两个子样本集，使得生成的非叶子节点都有两个分支（CART 实际上是一棵二叉树）。

d. RF(random forest，随机森林)：通过自助法（bootstrap）重采样技术，从原始训练样本集 N 中有放回地重复随机抽取 k 个样本生成新的训练样本集合，然后根据自助样本集生

成 k 个分类树组成随机森林,新数据的分类结果按分类树投票多少形成的分数而定。

e. Bayesian(贝叶斯分类):贝叶斯分类是一种基于统计学的分类方法。其分类原理是根据某对象的先验概率,利用贝叶斯公式计算出其后验概率,即该对象属于某一类的概率,选择具有最大后验概率的类作为该对象所属的类。

在此选择分类算法为 SVM,参数设置为默认即可,单击【完成】执行分类操作(图 6-40)。

图 6-40 SVM 分类结果

(3) 分类后处理

① 类别转换

类别转换是指通过人机交互将分类错误的图斑转换为指定的类别。

在"分类提取"标签下的"工具"组,单击【类别转换】,视图右侧弹出"类别转换"窗口(图 6-41)。

图 6-41 类别转换窗口

参数设置：

· 框选类型：设置为矩形框选或多边形框选。

· 选择类型，支持单个图斑类别转换或批量图斑类别转换。

· 单个图斑类别转换：在窗口中选择某一类别，然后在分类图层中单击某一图斑，则该图斑就会转换成选择的类别。

· 批量图斑类别转换：在窗口中选择某一类别，在框选类型中选择矩形框选或多边形框选，然后在分类图层中批量框选多个图斑，则这些图斑就会转换成选择的类别。

类别转换结果如图 6-42 所示。

图 6-42　类别转换结果

② 类别合并

类别合并：以分割图斑为对象进行分类会产生大量的分类图斑，为减少图斑数量，可对相邻的同类别图斑进行合并。

在"分类提取"标签下的"工具"组，单击【类别合并】可对分类结果进行合并（图 6-43）。

图 6-43　类别合并对话框

参数设置：

· 输入分类文件：软件自动读取；

· 输出合并文件：软件自动生成。

类别合并前后局部对比图如图 6-44 所示。类别合并前后图斑数量对比如图 6-45 所示。

③ 平滑

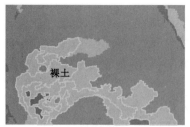 

（a）类别合并前　　　　　　　　　　（b）类别合并后

图 6-44　类别合并前后局部对比图

图层属性表-Classify_Image_Fuse_Sub

编辑

	ClassName	ClassID
0	建筑物	1
1	建筑物	1
2	建筑物	1
3	建筑物	1
4	水域	5
5	植被	2

选中0个，总共31902个。

（a）类别合并前图斑数量

图层属性表-ClassifyMerge_Image_Fuse_Sub

编辑

	ClassName	ClassID
0	建筑物	1
1	建筑物	1
2	建筑物	1
3	建筑物	1
4	建筑物	1
5	建筑物	1

选中1个，总共5818个。

（b）类别合并后图斑数量

图 6-45　类别合并前后图斑数量对比图

　　平滑功能用于对分割或分类矢量数据的边界进行平滑处理，减少台阶或锯齿现象。在"分类提取"标签下的"工具"组，单击【平滑】可对分类结果进行平滑处理（图 6-46）。

图 6-46　平滑对话框

参数设置：

· 输入矢量文件：软件自动读取类别合并的文件；

· 最小线段长（米）：默认为 0.89；

· 最小线段倍数：默认为 1.5；

· 输出平滑文件：软件自动生成。

平滑前后局部对比如图 6-47 所示。

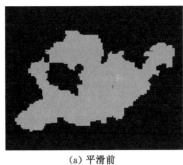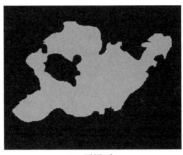

(a) 平滑前　　　　　　　　　　　　(b) 平滑后

图 6-47　平滑前后局部对比图

④ 专题制图

在视图左下角单击【制图视图】,激活【专题制图】菜单。

a. 页面设置。在【专题制图】菜单栏下的【专题图输出】模块,点击【页面设置】弹出"页面设置"对话框(图 6-48)。

图 6-48　页面设置对话框

参数设置:

· 纸张:A4;

· 宽度:默认数值;

· 高度:默认数值;

· 方向:选择横向;

· 勾选"根据页面大小的变化按比例缩放地图元素"。

单击【应用】,更改页面。

b. 为地图添加名称、指北针、比例尺、图例以及时间要素。在【地图整饰】模块中添加相应要素,并调整位置。

c. 在【专题制图】菜单栏下的【专题图输出】模块,点击【导出地图】,弹出"导出地图"对话框(图 6-49)。

图 6-49　导出地图对话框

参数设置：

· 输出路径：设置地图输出路径及名称；

· DPI：设置地图输出分辨率，这里默认 96；

· 宽度：设置输出地图宽度，这里默认；

· 高度：设置输出地图高度，这里默认。

所有参数设置完成之后点击【确定】，软件进行导出专题图操作（图 6-50）。

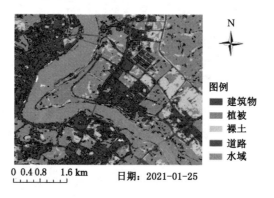

图 6-50　四川省地区土地利用现状图

6.4.3　农业耕作提取与变化监测

6.4.3.1　实验数据

本实例采用位于黑龙江省帽儿山镇的 2019 年和 2015 年两期的 2 m 高分一号卫星数据。

6.4.3.2　处理流程

实验流程图如图 6-51 所示。

（1）影像分割

点击【影像分割】打开尺度集分割，设置好参数后导出分割矢量文件（图 6-52、图 6-53）。

参数设置：

· 分割算法：图论分割算法；

· 图像背景值：0.000；

· 合并规则：Color-Texture；

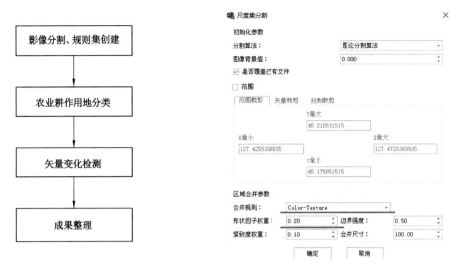

图 6-51 实验流程图　　　　　　　图 6-52 尺度分割参数设置图

图 6-53 分割矢量导出文件图

- 形状因子权重:0.20;
- 边界强度:0.50;
- 紧致度权重:0.10;
- 合并尺寸:100.00;
- 分割尺度:80.00。

(2) 规则集分类

① 特征值计算

双击添加特征视图中光谱均值、形状指数、NDVI/NDWI 指数。

用户自定义均值和指数及蓝绿差指数(图 6-54 至图 6-56)。

a. 均值和:【均值_波段 1】+【均值_波段 2】+【均值_波段 3】。

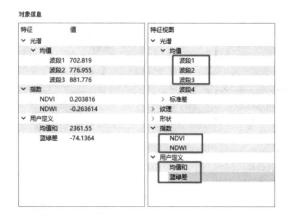

图 6-54　特征值计算参数设置图

图 6-55　均值和参数设置图

图 6-56　蓝绿差指数设置图

　　b. 蓝绿差:【均值_波段 1】一【均值_波段 2】。

　　② 规则集表达式

　　点击规则集分类,根据地物分类规则进行规则集表达式导入及制定,并进行规则集执行分类(表 6-2、图 6-57)。

表 6-2　地物表达式

地物	表达式
森林	"NDVI">=0.5 And"均值_波段 2"<=800 And"均值_波段 1"<=650
水体	"NDWI">=-0.1 And"均值_波段 4"<=550 Or"均值_波段 3"<220 And"NDVI"<=0.3
绿植耕地	"NDVI">0.6 And"均值_波段 2">=800

表 6-2(续)

地物	表达式
蓝膜耕地	"蓝绿差">＝90 Or"蓝绿差"<＝－600
水田耕地	"NDVI">＝0.04 And"NDVI"<＝0.55 And"蓝绿差">＝－80 And"蓝绿差"<＝20 And"均值和"<＝2300
建筑用地	"均值和">＝3000 Or"形状指数">＝6.5
其他耕地	无表达式

图 6-57　规则集分类设置图

(3) 分类结果

点击执行分类后的分类结果如图 6-58 所示。

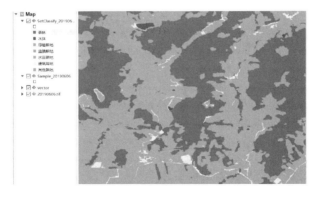

图 6-58　分类结果图

(4) 农业耕地提取

① 耕作用地筛选

点击【图层属性】，选择【定义查询】中的【查询构建器】，在查询构建器窗口设置"ClassID"='3'OR"ClassID"='4'OR"ClassID"='5'OR"ClassID"='7'"，点击确定（图 6-59）。

图 6-59　查询构建器参数设置图

② 耕作用地输出

全部选中筛选出的耕地图斑，在图层上点击右键选择【导出数据】工具，打开【矢量数据导出】窗口，设置输出要素类名称及位置后进行输出（图 6-60）。

图 6-60　矢量数据导出参数设置图

③ 农业耕地提取结果

农业耕地提取结果如图 6-61 所示。

注：上述为 2019 年农业耕地提取操作，同理，2015 年数据按照相同的方法进行耕地提取（图 6-62）。

（5）变化信息提取

① 利用矢量变化检测工具提取变化信息

点击【分类提取】，选择【矢量变化检测工具】，打开【矢量变化检测】窗口（图 6-63）。

参数设置：

·时相 1 矢量数据：2015 年农作物耕作用地提取数据；

·时相 2 矢量数据：2019 年农作物耕作用地提取数据；

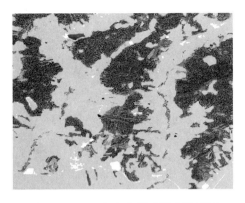

图 6-61　2019 年农业耕地提取结果图

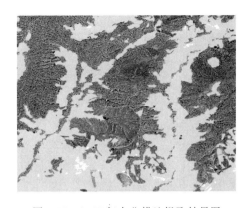

图 6-62　2015 年农业耕地提取结果图

·属性字段:ClassName;

·最小面积(m2):1000。

定义变化矢量文件输出名称及位置,点击确定。矢量变化检测输出结果如图 6-64 所示。

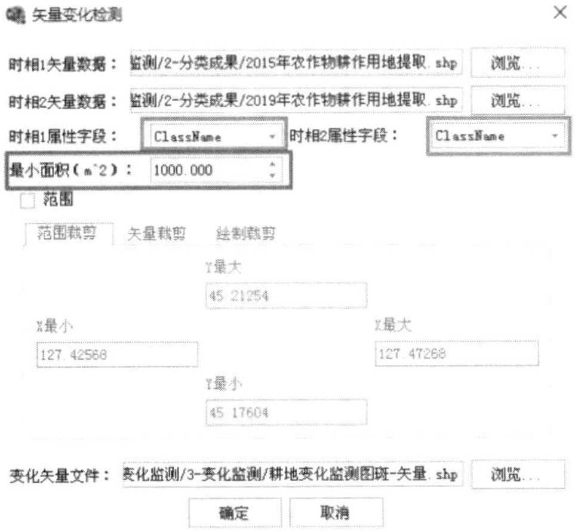

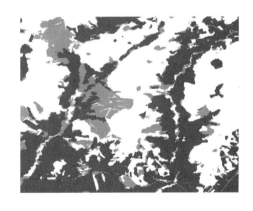

图 6-63　矢量变化检测参数设置图

图 6-64　矢量变化检测输出结果图

② 设置显示耕地变化区域

点击【图层属性】,选择【定义查询】,点击【查询构建器】,打开查询构建器窗口,设置命令进行定义查询(图 6-65)。

矢量变化检测结果说明:

·"＋"时相 2 比时相 1 增加的区域;

·"－"时相 2 比时相 1 减少的区域;

·"＊"时相 1 比时相 2 相比相交的区域。

耕地变化区域显示图如图 6-66 所示。

③ 利用栅格变化检测工具提取

点击【分类提取】,点击【栅格变化检测工具】,打开【栅格变化检测】窗口(图 6-67)。

参数设置:

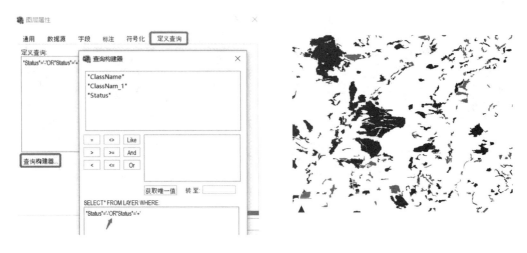

图 6-65　查询构建器参数设置图　　　　　　　图 6-66　耕地变化区域显示图

图 6-67　栅格变化检测图

· 最小像元数:1 000;

· K 值:2;

· 配准窗口大小:默认。

变化检测结果如图 6-68 所示。

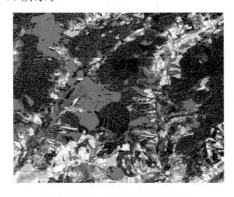

图 6-68　变化检测结果图

④ 成果整理

点击【卷帘】工具,对变化图斑进行检查,对明显错误的图斑,点击删除要素工具或者Delete 键进行删除处理(图 6-69、图 6-70)。

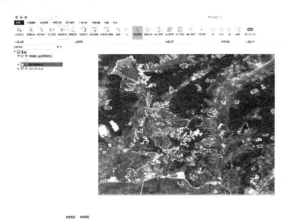

图 6-69　图斑检查删除处理图

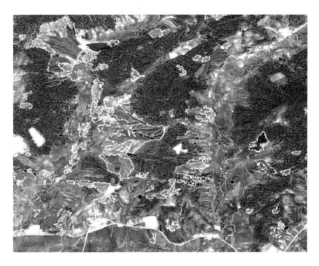

图 6-70　成果整理结果图

注:

a. 在目前版本中,计算机账户名称必须是英文,否则无法导出分割矢量。

b. 在影像分类前必须导出分割矢量。由于分割采用的是多尺度分割,分割结果存储在内存中没有落盘,分类是基于一个分类尺度进行的,因此需要导出一个尺度合适的分割矢量文件参与分类。

c. 样本选择时,可根据地物特征随时调整分割尺度。当样本的可分性较好时,样本选择的数量通常是波段数量的 2～3 倍,即可使分类成果的精度达到比较稳定状态。

7 立体 SAR 摄影测量

SAR 影像立体摄影测量(SAR stereo photogrammetry)是基于立体视觉技术进行三维信息提取,又称为立体 SAR。该方法的核心是根据 SAR 影像构象模型,由构成立体像对的两幅 SAR 图像的同名像点坐标计算相应地面点三维坐标的过程。由于立体 SAR 技术仅需一定交会条件的两张 SAR 影像即可完成三维信息提取,因此,该技术被广泛用于数字表面模型(digital surface model,DSM)生产领域。本章就 DSM 生产技术而言,分为立体 SAR 构象方式、立体 SAR 误差源分析、立体 SAR 定位模型、基于立体 SAR 技术的 DSM 生产处理 4 个小节。

7.1 立体 SAR 构象方式

立体像对定义为由不同天线探测获取的构成一定交会条件的具有一定影像重叠的两幅影像。由于 SAR 均为侧视成像,飞行器由从不同航线对同一地区雷达影像的获取方式有两种(同侧立体观测和异侧立体观测),如图 7-1 所示。

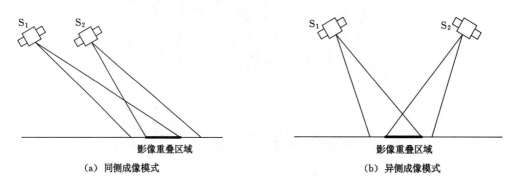

(a) 同侧成像模式　　　　　　　　　　(b) 异侧成像模式

图 7-1　立体像对的构象模式

立体 SAR 图像定位是根据 SAR 几何模型,由构成立体的两幅 SAR 图像的同名像点坐标计算相应地面点三维坐标的过程。也就是两个天线相位中心分别对同一地面点进行观测,根据成像时间的斜距作圆弧,弧线的焦点即被测地面点,如图 7-2 所示。

7.2 立体 SAR 误差源分析

立体 SAR 技术主要是根据 SAR 影像构象模型和同名点坐标计算地面三维信息。根据 SAR 系统成像特性,经典的严密几何定位模型为 RD 模型,该模型建立起地面点坐标与方位向时间和星地距离的对应数学关系式,而方位向时间和星地距离又是与 SAR 影像方位向

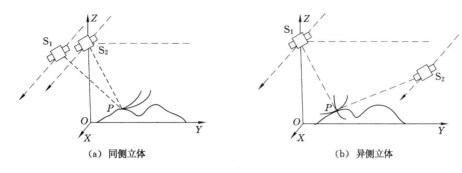

图 7-2 立体 SAR 三维信息提取原理

行号和距离向列号——对应的。因此,RD 模型可以构建 SAR 影像像方坐标与物方坐标的几何对应关系。然而,由于受 SAR 卫星的星历误差、SAR 系统时间测量误差、大气传播延迟误差、成像处理误差、相对高程误差等影响,RD 模型中的各参数存在一定的偏差,导致单景 SAR 影像几何定位产生误差。由于构成立体像对的两景 SAR 影像 RD 模型中各参数均存在误差,星载 SAR 立体定位也将产生误差。为了准确分析立体 SAR 定位误差源,本节分为系统固定误差、时空变化误差和随机误差三部分,叙述如下。

7.2.1 系统固定误差

立体 SAR 系统固定误差是指 SAR 影像立体定位中同一星载 SAR 系统不随时间和地点变化并且相对稳定的系统误差。立体 SAR 系统固定误差主要由单景 SAR 影像系统时延误差和方位时间误差引起。

(1) SAR 影像系统时延误差

SAR 影像系统时延误差是指雷达信号经过发射机和接收机时产生传感器内部的信号电子时延。该误差直接影响 SAR 影像的几何保真度,基本原理如式(7-1)所示。

$$R = c(\tau - \tau_e)/2 \qquad (7-1)$$

式中,R 为真实斜距;τ 为雷达信号从脉冲信号的产生到模拟数字转换器(analog to digital converter,ADC)采样所经历的总延时;τ_e 为传感器电子时延;c 为光速。

雷达信号传播时间的估计误差导致斜距存在误差,进而引起入射角估计存在偏差。所以,在距离向上产生一个相应比例误差。

(2) 方位时间误差

方位时间误差主要由系统设备的时间控制误差引起,该误差包含本地振荡器漂移与航天器时钟漂移。本地振荡器的稳定性影响脉冲发射源和 ADC 的定时信号精度,且本地振荡器的长期漂移将引起脉冲重复频率(pulse repetition frequency,PRF)的变化,进而影响方位向像素间隔。具体原理如式(7-2)所示。

$$\delta x_{az} = L \cdot v_{SW}/f_p \qquad (7-2)$$

式中,δx_{az} 为方位向像素间隔;L 为方位向视数;f_p 为脉冲重复频率;v_{SW} 为扫描带速度。

v_{SW} 可以表示为:

$$v_{SW} = \left| \frac{R_t}{R_s} \cdot v_s - v_t \right| \qquad (7-3)$$

式中，R_s，v_s 为传感器的位置与速度；R_t，v_t 为目标的位置与速度。

因此，本地振荡器漂移引起的误差是一个沿轨方向的比例误差。

航天器时钟漂移是指航天器时钟与记录星历数据的时钟之间存在的时间偏差。如果卫星星历是惯性坐标系下的，那么实际获取的数据与惯性坐标系下的参考时间之间存在时间差值，将会导致地球产生一个自转量。因此，航天器时钟漂移将会导致一个目标经度的估计误差。具体原理如式(7-4)所示。

$$\Delta \gamma = \omega_e s_d \cos \xi \tag{7-4}$$

式中，$\Delta \gamma$ 为目标纬度的估计误差；ω_e 为地球自转速度；s_d 为时钟漂移；ξ 为目标纬度。

通常情况下，卫星轨道存在一定的轨道倾角，即卫星飞行方向与正北方向之间存在一个夹角，由此说明航天器时钟漂移将会在方位向和距离向上均会引起一个位置误差。

7.2.2　时空变化误差

立体 SAR 时空变化误差是部分误差随时间、空间发生变化而造成立体定位产生误差。立体 SAR 时空变化误差的主要来源为交会角传播误差、单景 SAR 影像大气传播延迟误差、相对高程误差。

（1）交会角传播误差

由于构成立体像对的各景影像入射角不同，立体像对间的交会角也不同。不同的交会角将不同程度地传播斜距测量误差，引起三维坐标在高程和垂直轨方向上的误差。

$$\begin{cases} E_h = \left[(\sin^2\theta_L + \sin^2\theta_R)^{1/2} / \sin \Delta\theta \right] \cdot E_r \\ E_x = \left[(\cos^2\theta_L + \cos^2\theta_R)^{1/2} / \sin \Delta\theta \right] \cdot E_r \end{cases} \tag{7-5}$$

式中，θ_L，θ_R 分别为左右影像的视角；E_r 为斜距测量误差；E_h 为目标点在高程方向上的误差；E_x 为目标点在垂直轨方向上的误差；$\Delta\theta$ 为交会角。

因此，交会角传播误差是与 SAR 影像空间位置相关的空间变化误差。

（2）单景 SAR 影像大气传播延迟误差

单景 SAR 影像大气传播延迟误差是由于雷达信号在传播路径中受到对流层与电离层大气延迟的影响而引起的时延误差。

电离层主要是指在离地面 60～1 000 km 高度范围内的大气层部分，而在大约 400 km 高度处的自由电子密度最大，故通常将整个电离层近似为一个非常理想化的单层电离层，也就是把整个垂直分布在电离层中的自由电子全部压缩到一个单层壳层上。图 7-3 为单层电离层模型内插示意图，其中 P' 为星下点 P 在竖直方向上单层电离层处的压缩点/穿刺点，故电离层延迟是压缩点 P' 处的电离层总电子含量(total electron content，TEC)和视向与压缩点 P' 处单层电离层法线方向的夹角有很大关系。由此可以得到雷达信号在传播路径上的电离层延迟为：

$$\Delta L_1 = K \cdot \frac{\text{TEC}}{f_c^2} \cdot \frac{1}{\cos \theta} \tag{7-6}$$

式中，$K = 40.28 \text{ m}^3/\text{s}^2$；TEC 的单位是 10^{16} 个电子$/\text{m}^2$；f_c 为雷达信号中心频率；θ 为雷达信号入射角。

由式(7-6)可知电离层时延与 TEC 和电磁波频率有关。

对流层对雷达信号的传播延迟影响主要为中性大气延迟，该误差可分为干和湿两个部

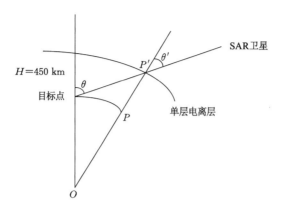

图 7-3　单层电离层模型内插示意图

分。中性大气中干分量和湿分量延迟时间如下：

$$\begin{cases} \Delta L_{\rm D} = 10^{-6} k_1 \dfrac{R_{\rm m}}{M_{\rm d}} g_{\rm m}^{-1} \cdot p_{\rm surf} \\ \Delta L_{\rm w} = 10^{-6} k_2 \dfrac{R_{\rm m}}{M_{\rm w}} \cdot p_{\rm w} \end{cases}$$
(7-7)

式中，$\Delta L_{\rm D}$ 为干大气延迟；$\Delta L_{\rm w}$ 为湿大气延迟；$p_{\rm surf}$ 为地表压强，$P_{\rm surf} = P_{\rm d} + e$；$p_{\rm w}$ 为大气可降水量，$M_{\rm d}$，$M_{\rm w}$ 分别为干、湿大气分子量，$M_{\rm d} = 28.964\ 4$ kg/kmol；$M_{\rm w} = 18.015\ 2$ kg/kmol；$R_{\rm m}$ 为摩尔气体常量；$R_{\rm m} = 8.314\ 51$ J/(mol $\cdot$ K)；$g_{\rm m}$ 为重力常数。

k_1、k_2 值与卫星载荷发射电磁波信号的频率相关，求解公式为：

$$\begin{cases} k_1 = 0.237\ 134 + 68.393\ 97 \times \dfrac{(130 + \lambda^{-2})}{(130 - \lambda^{-2})^2} + 0.454\ 73 \times \dfrac{(38.9 + \lambda^{-2})}{(38.9 - \lambda^{-2})^2} \\ k_2 = 0.648\ 731 + 0.0174\ 174\lambda^{-2} + 3.557\ 50 \times 10^{-4}\lambda^{-4} + 6.195\ 7 \times 10^{-5}\lambda^{-6} \end{cases}$$
(7-8)

式中，λ 为雷达信号波长。

由式(7-7)可知对流层延迟与大气的地表压强和大气可降水量有关。综合分析可得，大气传播延迟误差是与 SAR 影像成像时间有关的时变系统误差。

（3）相对高程误差

由于地形起伏的影响，目标点高程高于或低于基准面。高于基准面的目标点时，其雷达回波总是先于基准面被卫星接收，SAR 影像产生像点位移。低于基准面的目标点时，其雷达回波总是晚于基准面被卫星接收，SAR 影像产生像点位移。如图 7-4 所示，设 S 点为卫星位置，B 点为位于基准面上的点，A 点为由地形起伏导致的高于基准面的点，P 为像点位移量，h 为相对高程，θ 为雷达影像入射角。由于在 A 点先于在 B 点收到雷达回波，因此会造成雷达影像上产生值为 p 的像点位移。该误差将导致同名像点提取出现误差，进而影响立体定位精度。

像点位移量与相对高程的几何关系式为：

$$p = h \cdot \cos \theta$$
(7-9)

由式(7-9)可知：相对高程误差是与 SAR 影像入射角和空间位置相关的空间变化误差。

7.2.3　随机误差

立体 SAR 随机误差是指在星载 SAR 立体定位过程中的随机性定位误差。该误差的主

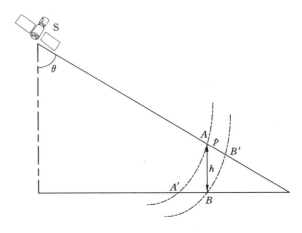

图 7-4　地形起伏引起像点位移示意图

要来源为单景 SAR 影像系统残余误差、大气传播延迟校正模型误差和点提取误差。随机误差是影响 SAR 影像立体定位精度理论极限的主要因素。

7.3　立体 SAR 定位模型

立体 SAR 技术主要根据 SAR 影像构象模型和同名点坐标计算地面三维信息。从模型构建形式的角度，星载 SAR 几何定位模型通常可分为严密几何模型和通用几何模型。其中，经典的严密几何定位模型为 RD 模型，其根据 SAR 系统成像特性，主要采用距离方程和多普勒方程，具有严格的物理意义。常见的通用几何定位模型为 RPC 模型，而 RPC 模型适用于不同类型的传感器，无须了解传感器的成像过程和系统特性参数等，相比严密几何模型（RD 模型）而言，可以快速进行摄影测量处理，而且应用上无须考虑新型传感器部分参数的改变，使用方便。在几何定位模型基础上，国内外学者通常采用仿射变换模型和区域网平差模型实现定位精度提升。因此，为准确分析立体 SAR 定位，本节分为基于 RD 模型的立体 SAR 定位模型、基于 RPC 模型的立体 SAR 定位模型、仿射变换模型、区域网平差模型四部分论述。

7.3.1　基于 RD 模型的立体 SAR 定位模型

RD 模型主要包括距离方程与多普勒方程，该方程主要依靠 SAR 系统成像特性构建，各参数具有严格的物理意义。

RD 模型的定义方程为：

$$\begin{cases} R^2 = (X_s - X_t)^2 + (Y_s - Y_t)^2 + (Z_s - Z_t)^2 \\ f_{dc} = -\dfrac{2}{\lambda R}(\boldsymbol{R}_s - \boldsymbol{R}_t) \cdot (\boldsymbol{v}_s - \boldsymbol{v}_t) \end{cases} \tag{7-10}$$

式中，R 为距离；$\boldsymbol{R}_s$ 为卫星的位置矢量，$\boldsymbol{R}_S = [X_s, Y_s, Z_s]$；$\boldsymbol{R}_t$ 为目标点的位置矢量，$\boldsymbol{R}_t = (X_t, Y_t, Z_t)$；$\boldsymbol{v}_s$ 为卫星的速度矢量；$\boldsymbol{v}_t$ 为目标点的速度矢量；λ 为雷达信号波长；f_{dc} 为多普勒中心频率。

若立体 SAR 图像中的同名像点坐标分别用 $P^L(x^L, y^L)$、$P^R(x^R, y^R)$ 表示,相应地面点坐标用 $P(X, Y, Z)$ 表示,两幅图像构象模型中的函数表达式分别用 $F_1^L(X, Y, Z, x^L, y^L)$、$F_2^L(X, Y, Z, x^L, y^L)$、$F_1^R(X, Y, Z, x^R, y^R)$、$F_2^R(X, Y, Z, x^R, y^R)$ 表示,则同名像点坐标与相应地面点坐标的关系可由如下四个方程构成的方程组表示。

$$\begin{cases} F_1^L(X, Y, Z, x^L, y^L) = 0 \\ F_2^L(X, Y, Z, x^L, y^L) = 0 \\ F_1^R(X, Y, Z, x^R, y^R) = 0 \\ F_2^R(X, Y, Z, x^R, y^R) = 0 \end{cases} \tag{7-11}$$

式(7-11)的线性化形式为:

$$\begin{cases} \dfrac{\partial F_1^L}{\partial X} \cdot \Delta X + \dfrac{\partial F_1^L}{\partial Y} \cdot \Delta Y + \dfrac{\partial F_1^L}{\partial Z} \cdot \Delta Z - F_{10}^L = 0 \\[2mm] \dfrac{\partial F_2^L}{\partial X} \cdot \Delta X + \dfrac{\partial F_2^L}{\partial Y} \cdot \Delta Y + \dfrac{\partial F_2^L}{\partial Z} \cdot \Delta Z - F_{20}^L = 0 \\[2mm] \dfrac{\partial F_1^R}{\partial X} \cdot \Delta X + \dfrac{\partial F_1^R}{\partial Y} \cdot \Delta Y + \dfrac{\partial F_1^R}{\partial Z} \cdot \Delta Z - F_{10}^R = 0 \\[2mm] \dfrac{\partial F_2^R}{\partial X} \cdot \Delta X + \dfrac{\partial F_2^R}{\partial Y} \cdot \Delta Y + \dfrac{\partial F_2^R}{\partial Z} \cdot \Delta Z - F_{20}^R = 0 \end{cases} \tag{7-12}$$

利用式(7-12)即可由同名像点坐标采用迭代方法求解相应地面点的三维坐标,实现立体图像定位。

7.3.2 基于 RPC 模型的立体 SAR 定位模型

RPC 模型实质上是有理函数模型,该模型将地面点大地坐标与其对应的像点坐标用比值多项式关联起来。RPC 模型适用于不同类型的传感器,无须了解传感器的成像过程和系统特性参数等,相比严密几何模型(RD 模型)而言,它可以快速进行摄影测量处理,而且应用上无须考虑新型传感器部分参数的改变,使用方便。

RPC 模型的定义方程为:

$$\begin{cases} y = \dfrac{N_L(P, L, H)}{D_L(P, L, H)} \\[3mm] x = \dfrac{N_S(P, L, H)}{D_S(P, L, H)} \end{cases} \tag{7-13}$$

式中,

$$\begin{aligned} N_L(P, L, H) = {} & a_1 + a_2 L + a_3 P + a_4 H + a_5 LP + a_6 LH + a_7 PH + a_8 L^2 + a_9 P^2 + \\ & a_{10} H^2 + a_{11} PLH + a_{12} L^3 + a_{13} LP^2 + a_{14} LH^2 + a_{15} L^2 P + \\ & a_{16} P^3 + a_{17} PH^2 + a_{18} L^2 H + a_{19} P^2 H + a_{20} H^3 \end{aligned} \tag{7-14}$$

$$\begin{aligned} D_L(P, L, H) = {} & b_1 + b_2 L + b_3 P + b_4 H + b_5 LP + b_6 LH + b_7 PH + b_8 L^2 + b_9 P^2 + \\ & b_{10} H^2 + b_{11} PLH + b_{12} L^3 + b_{13} LP^2 + b_{14} LH^2 + b_{15} L^2 P + b_{16} P^3 + \\ & b_{17} PH^2 + b_{18} L^2 H + b_{19} P^2 H + b_{20} H^3 \end{aligned} \tag{7-15}$$

$$\begin{aligned} N_S(P, L, H) = {} & c_1 + c_2 L + c_3 P + c_4 H + c_5 LP + c_6 LH + c_7 PH + c_8 L^2 + c_9 P^2 + \\ & c_{10} H^2 + c_{11} PLH + c_{12} L^3 + c_{13} LP^2 + c_{14} LH^2 + c_{15} L^2 P + c_{16} P^3 + \\ & c_{17} PH^2 + c_{18} L^2 H + c_{19} P^2 H + c_{20} H^3 \end{aligned} \tag{7-16}$$

$$D_S(P,L,H) = d_1 + d_2L + d_3P + d_4H + d_5LP + d_6LH + d_7PH + d_8L^2 + d_9P^2 + \\ d_{10}H^2 + d_{11}PLH + d_{12}L^3 + d_{13}LP^2 + d_{14}LH^2 + d_{15}L^2P + \\ d_{16}P^3 + d_{17}PH^2 + d_{18}L^2H + d_{19}P^2H + d_{20}H^3 \qquad (7-17)$$

式中，a_i，b_i，c_i，d_i 为 RPC 模型系数，其中 b_1 和 d_1 通常为 1。(P,L,H) 为经纬度、高程经过标准化计算的地面坐标；(Y,X) 为行列号经过标准化计算的影像坐标。

基于 RPC 模型的空间前方交会是指由两张或两张以上影像的 RPC 模型参数和像点坐标来确定相应地面点在物方空间坐标系中坐标的方法。RPC 模型可由同名像点坐标与相应地面点坐标的关系构建类似式(7-13)的方程，根据其线性化形式采用迭代方法即可求解相应地面点的三维坐标。

7.3.3 仿射变换模型

由 7.2 立体 SAR 定位误差可知 SAR 影像立体定位误差来源可归结为传感器误差、平台星历数据误差、目标测距误差三类误差。分析以上误差源对影像几何纠正精度的影响，需要改正 2 类误差：纠正行方向的误差和纠正列方向的误差。其中行参数吸收传感器、平台星历和目标测距在行方向上的影响，列参数吸收传感器、平台星历和目标测距在列方向上的影响。对于长时间的传感器本振漂移，需要添加一个列方向的比例误差。一些微小的随机的误差此处忽略不计。因此可以采用定义在影像面的低阶多项式来校正此类误差。

采用像面的仿射变换模型校正误差，其定义为：

$$\begin{cases} \Delta y = e_0 + e_1 \cdot a + e_2 \cdot b \\ \Delta x = f_0 + f_1 \cdot a + f_2 \cdot b \end{cases} \qquad (7-18)$$

式中，Δy，Δx 为控制点在影像坐标系中的量测坐标与真实坐标的差值，即平差值；e_0，e_1，e_2 和 f_0，f_1，f_2 为影像的平差参数；a，b 为控制点在影像坐标系中的行号和列号。

平移参数 (e_0, f_0) 分别吸收传感器、平台星历和目标测距共同造成的影像的行向和列向的像素平移。比例参数 (e_1, f_1) 分别吸收所有这些物理参数造成的行向和列向的比例误差。同时，交叉参数 (e_2, f_2) 吸收少量的同时对行方向和列方向造成影响的比例误差。因此定义为仿射变换的平差模型中的每一个平差参数都有它的物理意义，这样可以避免数值上的病态性问题。

根据式(7-18)可以对每个控制点列出如下线性方程，根据最小二乘平差求解影像面的仿射变换参数，完成利用控制点提高 RD 模型和 RPC 模型的精度。因为仿射变换为线性模型，求解参数不需要初值。

$$\begin{cases} v_x = \left(\dfrac{\partial x}{\partial e_0} \cdot \Delta e_0 + \dfrac{\partial x}{\partial e_1} \cdot \Delta e_1 + \dfrac{\partial x}{\partial e_2} \cdot \Delta e_2 + \dfrac{\partial x}{\partial f_0} \cdot \Delta f_0 + \dfrac{\partial x}{\partial f_1} \cdot \Delta f_1 + \dfrac{\partial x}{\partial f_2} \cdot \Delta f_2 \right) + F_{x0} \\ v_y = \left(\dfrac{\partial y}{\partial e_0} \cdot \Delta e_0 + \dfrac{\partial y}{\partial e_1} \cdot \Delta e_1 + \dfrac{\partial y}{\partial e_2} \cdot \Delta e_2 + \dfrac{\partial y}{\partial f_0} \cdot \Delta f_0 + \dfrac{\partial y}{\partial f_1} \cdot \Delta f_1 + \dfrac{\partial y}{\partial f_2} \cdot \Delta f_2 \right) + F_{y0} \end{cases}$$

$$(7-19)$$

式中，v_x，v_y 为误差；Δe_0，Δe_1，Δe_2，Δf_0，Δf_1，Δf_2 为仿射变换参数的改正值；F_{x0}，F_{y0} 为初始计算值。

利用式(7-19)即可由 3 个或 3 个以上控制点采用迭代方法求解各自影像的平差参数，

采用像面补偿的方式纠正几何误差。在此基础上,基于 RD 模型或 RPC 模型解算地面点的三维坐标,实现 SAR 影像立体定位。值得一提的是,当控制点个数为 2 个时,仿射变换模型退化为相似变换模型。当控制点个数为 1 个时,仿射变换模型退化为平移模型。

7.3.4 区域网平差模型

平移模型、相似变换模型、仿射变换模型可有效消除立体 SAR 定位误差。然而,在沙漠、森林、海洋等测图较困难地区,难以测绘控制点且测绘控制点成本较高。针对此问题,本书采用区域网平差模型削弱误差,实现无控立体定位精度提升。由 7.3.1、7.3.2 节可知 RD 模型、RPC 模型可构建 SAR 影像像方坐标与物方坐标的几何对应关系。因此,本书提取立体像对的连接点,通过连接点联立 RD 模型、RPC 模型与仿射变换模型构建区域网平差模型,提升 SAR 影像立体定位精度。

由 RPC 模型与仿射变换模型可构建每个连接点的误差方程如下:

$$
\begin{cases}
V_x = \dfrac{\partial F_x}{\partial e_0} \cdot \Delta e_0 + \dfrac{\partial F_x}{\partial e_1} \cdot \Delta e_1 + \dfrac{\partial F_x}{\partial e_2} \cdot \Delta e_2 + \dfrac{\partial F_x}{\partial f_0} \cdot \Delta f_0 + \dfrac{\partial F_x}{\partial f_1} \cdot \Delta f_1 + \\
\quad \dfrac{\partial F_x}{\partial f_2} \cdot \Delta f_2 + \dfrac{\partial F_x}{\partial P} \cdot \Delta P + \dfrac{\partial F_x}{\partial L} \cdot \Delta L + \dfrac{\partial F_x}{\partial H} \cdot \Delta H + F_{x0} \\
V_y = \dfrac{\partial F_y}{\partial e_0} \cdot \Delta e_0 + \dfrac{\partial F_y}{\partial e_1} \cdot \Delta e_1 + \dfrac{\partial F_y}{\partial e_2} \cdot \Delta e_2 + \dfrac{\partial F_y}{\partial f_0} \cdot \Delta f_0 + \dfrac{\partial F_y}{\partial f_1} \cdot \Delta f_1 + \\
\quad \dfrac{\partial F_y}{\partial f_2} \cdot \Delta f_2 + \dfrac{\partial F_y}{\partial P} \cdot \Delta P + \dfrac{\partial F_y}{\partial L} \cdot \Delta L + \dfrac{\partial F_y}{\partial H} \cdot \Delta H + F_{y0}
\end{cases}
\tag{7-20}
$$

式中,V_x,V_y 为误差;Δe_0,Δe_1,Δe_2,Δf_0,Δf_1,Δf_2,ΔP,ΔL,ΔH 为仿射变换模型平差参数与地面点坐标的改正量;F_{x0},F_{y0} 为初始计算值。

对于 SAR 影像立体像对而言,3 个或 3 个以上的连接点即可列出误差方程组,按照最小二乘原理迭代求解立体像对中各影像的仿射变换参数与连接点三维坐标。在立体像对解算未知点时,可在解算前附加像方补偿以提高立体定位精度。

7.4 基于立体 SAR 技术的 DSM 生产处理

如图 7-5 所示,利用 SAR 立体图像进行目标点的三维定位获取 DEM,实际上是由 SAR 立体像对上相应同名点的坐标、像对的外方位元素以及雷达成像时的设计参数,根据适当的构象方程解算得到地物目标点的三维坐标。采用传统摄影测量的方法实现 SAR 立体图像的三维定位方法又称为雷达区域网的"光束法"平差,或者有 SAR 立体图像的解析测图方法。类似于摄影测量中光学影像,SAR 图像的质量对测图精度起着至关重要的作用。因此,在进行 SAR 立体定位之前首先要根据研究区域的地形特征,选择合适的 SAR 卫星进行立体观测,并且选择具有一定重叠度和立体交会角的 SAR 立体图像。通常来说,该过程通过影像信息预处理、影像匹配、立体空间交会等主要操作来获取地形信息。

7.4.1 预处理

SAR 影像处理前需要对影像进行预处理,包括多视处理和去噪。噪声由 SAR 相干成像特点引起,很大程度上会影响信息提取的可靠性,因此本研究利用高斯滤波来抑制影像噪

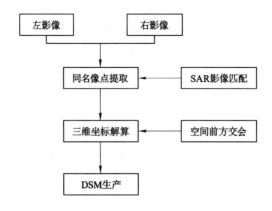

图 7-5　DSM 生产流程图

声,并通过多视处理的方法来提高信噪比以提高影像匹配质量。

7.4.2　影像匹配

影像匹配是根据相似性度量准则寻找影像间(一般称为参考影像和待匹配影像)的同名点,按照匹配基元的不同,可分为基于灰度的影像匹配和基于特征的影像匹配。

7.4.2.1　基于灰度匹配的 DSM 生产方法

基于灰度匹配的 DSM 生产方法的实质是采用灰度匹配的方法提取 SAR 影像立体像对的同名像点,根据同名像点采用立体 SAR 技术计算同名点地面三维坐标,根据密集同名点三维信息生成 DSM。下面主要介绍 SAR 影像经典灰度匹配方法。

灰度匹配方法是最早发展起来的匹配技术,主要是利用参考影像上一定尺寸匹配窗口内的灰度信息作为参考,利用某种相似性准则,计算待匹配影像上搜索范围内同样大小的匹配窗口与参考的相似性。目前常用的灰度匹配方法为相关法,相关法利用两幅影像间的灰度相关性评价影像之间的相似性程度。

常用的相关性准则有相关函数、协方差函数、相关系数、差平方和以及差绝对值和等。其中,相关系数能够适应影像间的灰度线性变换,得到了广泛使用。

设 SAR 左影像的像元(x,y)处的强度值为 $f(x,y)$,SAR 右影像相应像元处的强度值为 $g(x+r,y+c)$,匹配窗口的长度、宽度分别为 m、n。对于 SAR 强度影像,其匹配测度的定义如下。

(1) 相关函数测度

$$R(c,r) = \sum_{x=1}^{m} \sum_{y=1}^{n} f(x,y) \cdot g(x+r,y+c) \tag{7-21}$$

若 $R(c_0,r_0) > R(c,r)(r \neq r_0,c \neq c_0)$,则认为在搜索区内相对于目标区影像位移 c_0 行、r_0 列的像点为目标区影像的匹配结果。相关函数测度计算简单,没有考虑几何畸变、辐射畸变的影响,容易产生假匹配。

(2) 协方差函数测度

$$RC(c,r) = \sum_{x=1}^{m} \sum_{y=1}^{n} \left[f(x,y) - \bar{f} \right] \left[g(x+r,y+c) - \bar{g}_{r,c} \right] \tag{7-22}$$

式中,均值 $\bar{f}$ 和 $\bar{g}_{r,c}$ 分别为:

$$\bar{f} = \frac{1}{m \cdot n} \sum_{x=1}^{m} \sum_{y=1}^{n} f(x,y) \tag{7-23}$$

$$\bar{g}_{r,c} = \frac{1}{m \cdot n} \sum_{x=1}^{m} \sum_{y=1}^{n} g(x+r,y+c) \tag{7-24}$$

若 $C(c_0,r_0) > C(c,r)(r \neq r_0,c \neq c_0)$,则认为在搜索区内相对于目标区影像位移 c_0 行、r_0 列的像点为目标区影像的匹配结果。该测度计算简单,没有考虑几何畸变影响,当两影像的灰度强度平均相差一个常亮时不受影响,但灰度反差拉伸对其有影响。

(3) 相关系数测度

$$(c,r) = \frac{\sum_{x=1}^{m} \sum_{y=1}^{n} [f(x,y) - \bar{f}][g(x+r,y+c) - \bar{g}]}{\sqrt{\sum_{x=1}^{m} \sum_{y=1}^{n} [f(x,y) - \bar{f}]^2 \sum_{i=1}^{m} \sum_{j=1}^{n} [g(x+r,y+c) - \bar{g}]^2}} \tag{7-25}$$

为了简化表示,将 $f(x,y)$ 简记为 f,$g(x+r,y+c)$ 简记为 g。考虑到计算量,相关系数的实用计算公式可采用下式:

$$p(c,r) = \frac{\sum_{x=1}^{m} \sum_{y=1}^{n} (fg) - \frac{1}{m \cdot n} \left(\sum_{x=1}^{m} \sum_{y=1}^{n} f\right)\left(\sum_{x=1}^{m} \sum_{y=1}^{n} f\right)}{\sqrt{\left[\sum_{x=1}^{m} \sum_{y=1}^{n} f^2 - \frac{1}{m \cdot n} \left(\sum_{x=1}^{m} \sum_{y=1}^{n} f\right)^2\right] \cdot \left[\sum_{x=1}^{m} \sum_{y=1}^{n} g^2 - \frac{1}{m \cdot n} \left(\sum_{x=1}^{m} \sum_{y=1}^{n} g\right)^2\right]}}$$

$$\tag{7-26}$$

若 $\rho(c_0,r_0) > \rho(c,r)(r \neq r_0,c \neq c_0)$,则认为在搜索区内相对于目标区影像位移 c_0 行、r_0 列的像点为目标区影像的匹配结果。该测度计算比较复杂,不受强度线性畸变的影响。

(4) 差平方和测度

$$S^2(c,r) = \sum_{x=1}^{m} \sum_{x=1}^{m} (f-g)^2 \tag{7-27}$$

差平方和是两影像窗口强度差的平方和,该算法简单,没有考虑几何畸变、辐射畸变的影响。

(5) 差绝对值和测度

$$S(c,r) = \sum_{x=1}^{m} \sum_{x=1}^{m} |f-g| \tag{7-28}$$

与差平方和一样,该算法计算简单,没有考虑几何畸变、辐射畸变的影响。

总体而言,基于强度相关的 SAR 影像匹配方法对影像旋转、亮度和对比度的变化比较敏感,当影像中存在重复结构的纹理特征或相关像元邻域内存在遮挡时容易出错。

7.4.2.2　基于特征匹配的 DSM 生产方法

基于特征匹配的 DSM 生产方法的实质是采用特征匹配的方法提取 SAR 影像立体像对的同名像点,根据同名像点采用立体 SAR 技术计算同名点地面三维坐标,根据密集同名点三维信息生成 DSM。下面主要介绍 SAR 影像经典特征匹配方法。

SAR 影像特征匹配方法主要是提取影像上具有局部不变性的特征(如角点、斑点、线、区域),然后根据其局部不变特征描述进行特征匹配,从而完成影像间同名特征提取。点特征是影像中使用较为广泛的一种特征,根据影像灰度在各个方向上的变化而提取的局部极值点。在 SAR 影像点特征匹配中,尺度不变特征变换法(scale invariant feature transform,SIFT)算法是最经典的匹配算法。该算法首先在构建的影像尺度空间中搜索极值点,然后根据极值点邻域差分梯度计算特征主方向,生成具有旋转不变性的 SIFT 特征描述子,最后根据特征描述子进行特征匹配。SIFT 特征匹配方法流程如下。

(1)检测尺度空间极值

检测尺度空间极值就是搜索所有尺度上的图像位置,通过高斯微分函数来识别对于尺度和旋转不变的兴趣点。其主要步骤可以分为建立高斯金字塔、生成 DOG 高斯差分金字塔和 DOG 局部极值点检测。

图像的金字塔模型是指将原始图像不断降阶采样,得到一系列大小不一的图像,由大到小、从下到上构成的塔状模型。原图像为金字塔的第一层,每次降阶采样所得到的新图像为金字塔的上一层(每层一张图像),每个金字塔共 n 层。金字塔的层数根据图像的原始大小和塔顶图像的大小共同确定。

为了让尺度体现其连续性,高斯金字塔在简单降阶采样的基础上加上了高斯滤波。如图 7-6 所示,将图像金字塔每层的一张图像使用不同参数进行高斯模糊,使得金字塔每层含有多张高斯模糊图像,将金字塔每层多张图像合称为一组(Octave),金字塔每层只有一组图像,组数和金字塔层数相等,每组含有多层图像。

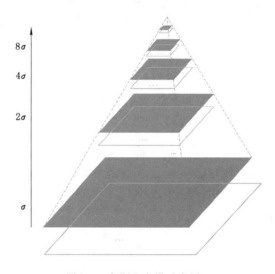

图 7-6　高斯金字塔示意图

特征点是由 DOG 空间的局部极值点组成的。为了寻找 DOG 函数的极值点,每一个像素点要和它所有的相邻点比较,看其是否比它的图像域和尺度域的相邻点大或者小。图 7-7 为 DOG 局部极值点检测图。

中间的检测点和它同尺度的 8 个相邻点和上下相邻尺度对应的 9×2 个点(共 26 个点)比较,以确保在尺度空间和二维图像空间都检测到极值点。

(2)特征点精确定位

利用已知的离散空间点插值得到的连续空间极值点的方法称为子像素插值。为了提高关键点的稳定性,需要对尺度空间 DOG 函数进行曲线拟合。由于 DOG 函数在图像边缘有

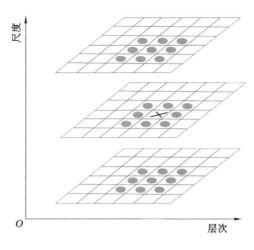

图 7-7 DOG 局部极值点检测

较强的边缘响应,因此需要排除边缘响应。DOG 函数的峰值点在边缘方向有较大的主曲率,而在垂直边缘的方向有较小的主曲率。

(3) 特征点主方向分配

关键点主方向分配就是基于图像局部的梯度方向,分配给每个关键点位置一个或多个方向。所有后面的对图像数据的操作都是相对于关键点的方向、尺度和位置进行变换,使得描述符具有旋转不变性。对于在 DOG 金字塔中检测出的关键点,采集其所在高斯金字塔图像邻域窗口内像素的梯度和方向分布特征。

梯度幅值计算公式为:

$$m(x,y) = \sqrt{[L(x+1,y)-L(x-1,y)]^2 + [L(x,y+1)-L(x,y-1)]^2} \quad (7\text{-}29)$$

式中,$m(x,y)$ 为关键点的梯度幅值;x,y 为影像像元行列号;$L(x,y)$ 为影像像元灰度值。

梯度方向计算公式为:

$$\theta(x,y) = \arctan \frac{L(x,y+1)-L(x,y-1)}{L(x+1,y)-L(x-1,y)} \quad (7\text{-}30)$$

式中,$\theta(x,y)$ 为关键点的梯度幅值。

(4) 描述特征点

通过以上步骤,每一个关键点拥有 3 个信息:位置、尺度及方向。接下来就是为每个关键点建立一个描述符,用一组向量将这个关键点描述出来,使其不随各种变化而改变,比如光照变化、视角变化等。这个描述子不但包括关键点,也包括关键点周围对其有贡献的像素点,并且描述符应该有较高的独特性,以便于提高特征点正确匹配的概率。SIFT 描述子是关键点邻域高斯图像梯度统计结果的一种表示。通过对关键点周围图像区域分块,计算块内梯度直方图,生成具有独特性的向量,这个向量是该区域图像信息的一种抽象,具有唯一性。描述子使用在关键点尺度空间内 4×4 的窗口中计算的 8 个方向的梯度信息,共 $4 \times 4 \times 8 = 128$ 维向量表征。以关键点 128 维向量表征为相似性测度,实现影像匹配。

7.4.3 立体空间交会

立体空间交会是根据立体模型参数和匹配得到的每个像素点的视差值和相关系数进行空中三角测量,逐个计算像素点的三维坐标,完成三维立体重建,构建规则格网的 DEM。通常默认生成的 DEM 是 WGS84 坐标系,若需要更改坐标系统,可以在生成 DEM 之前重新定义 DEM 的投影参数,或者在生成 DEM 之后通过重采样来实现。本书在 7.3 节立体 SAR 定位模型中对采用 RD 模型与采用 RPC 模型实现立体定位的流程进行了详细论述,并分别论述了有控制点与无控制点情况下的立体定位优化模型(仿射变换模型、区域网平差模型)。此处可参考 7.3 节立体 SAR 定位模型。

7.5 基于 PIE-SAR 软件的立体 SAR 处理

本节主要对 SAR 影像匹配和立体定位流程进行简要介绍。

7.5.1 立体定位处理

7.5.1.1 数据准备

本案例主要以 PIE-SAR 区域网平差模块为例,通过影像匹配技术获得同名点,采用立体 SAR 定位技术直接获取连接点高精度地理坐标或投影坐标,实现从数据准备、数据处理到立体定位的全自动化流程处理,本案例以 GF-3 号 SAR 卫星的 UFS 条带数据为例。

GF-3 号 SAR 卫星的 UFS 条带数据如图 7-8 和图 7-9 所示。

GF3_SAY_UFS_005498_E113.2_N23.3_20170826_L1A_DH_L10002561912.tar.gz
GF3_SAY_UFS_005520_E113.3_N23.2_20170827_L1A_DH_L10002564379.tar.gz
GF3_SAY_UFS_005520_E113.4_N23.5_20170827_L1A_DH_L10002564378.tar.gz

图 7-8 数据简介

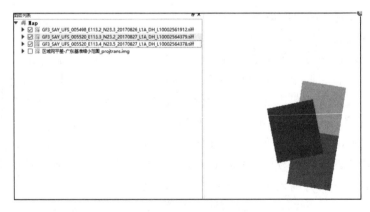

图 7-9 GF-3 条带数据

7.5.1.2 数据导入

区域网平差流程演示案例采用的是广州地区 2017 年 8 月 26 日、2017 年 8 月 27 日的 2 个航带 3 幅 GF-3 影像。点击【数据导入】→【批量数据导入】→【GF-3 条带】，打开 GF-3 批量导入窗口（图 7-10）。

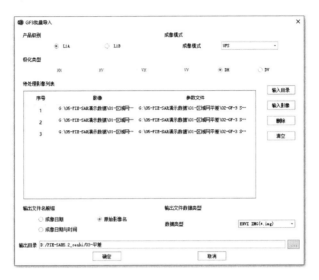

图 7-10　GF-3 条带数据导入

7.5.1.3 RPC 生成

点击【基础 SAR】→【RD 生成 RPC】，打开 R-D 模型生成 RPC 窗口（图 7-11）。

图 7-11　RD 生成 RPC 窗口

点击【输入参数文件】选择待处理影像的参数文件。

点击"DEM 文件"右边的【…】按钮,选择 DEM 数据。

高程范围获取方法选择"从 DEM 获取"。

"虚拟控制点间隔"以及"输出文件后缀",按照软件默认参数即可。

点击【输出目录】选择存储处理结果的目录。

点击【确定】进行 RD 生成 RPC。

7.5.1.4 生成连接点

基于建立的工程,点击【区域网平差】→【连接点生成】,弹出连接点生成参数设置窗口(图 7-12)。

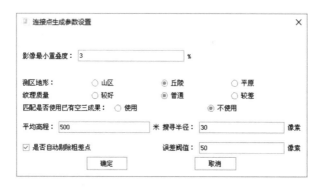

图 7-12　连接点生成参数设置窗口

"影像最小重叠度"设置为 3%;

"测区地形"选择"丘陵";

"纹理质量"选择"普通";

"匹配是否使用已有空三成果"选择"不使用";

"平均高程""搜寻半径""是否自动剔除粗差点"按照默认参数设置即可;

点击【确定】,生成连接点。

7.5.1.5 点位测量

连接点或控制点生成后可以通过点击【区域网平差】→【点位测量】,进入点位测量窗口(图 7-13)。可以查看提取的点数量、点位置等信息,同时可以修改、增加、删除点位。

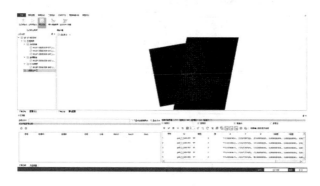

图 7-13　点位测量窗口

点位信息界面包含所有连接点、控制点、检查点的状态信息,用户可以通过界面对所有点进行浏览、查看和编辑操作(图 7-14)。

图 7-14　点影像列表

7.5.1.6　区域网平差

PIE-SAR 提供 2 种区域网平差方法和几何校正方法,一种是基于 RPC 模型的平差,另一种是基于 R-D 模型的平差、地理编码。下面分别介绍两种方法的操作步骤。

(1) 基于 RPC 模型的区域网平面平差

点击【区域网平差】→【区域网平面平差】,弹出区域网模型解算设置窗口(图 7-15)。

图 7-15　区域网模型解算设置窗口(一)

"平差方法"选择"RPC"。

"平差模式"选择"常规区域网平差"模式。

"控制点权重""模型中误差阈值""最大迭代次数""残差显示方式"按照默认参数设置即可。

点击【确定】进行基于 RPC 模型的区域网平差解算。

(2) 基于 R-D 模型的区域网平差模型

点击【区域网平差】→【区域网平面平差】,弹出区域网模型解算设置窗口(图 7-16)。

"平差方法"选择"Range Doppler"。

"平差模式"选择"常规区域网平差"模式。

"控制点权重""模型中误差阈值""最大迭代次数""残差显示方式"按照默认参数设置即可。

图 7-16　区域网模型解算设置窗口(二)

点击【确定】,进行基于 R-D 模型的区域网平差解算。

7.5.2　DSM 生产处理

(1) DSM 生产流程

利用 PIE-SAR 软件进行的 DSM 生产流程如图 7-17 所示。

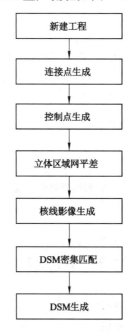

图 7-17　DSM 生产流程图

(2) 处理流程

① 新建工程(同上)。

② 连接点生成(同上)。

③ 控制点生成(同上)。

④ 立体区域网平差(图 7-18)。

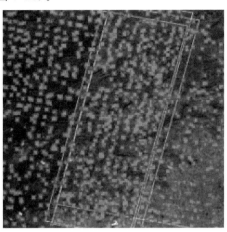

图 7-18 立体区域网平差图

⑤ 核线影像生成。核线影像产品是从原始图像沿核线重采样得到没有上、下视差的左、右两景影像,用来立体测图以及 DSM 的自动生产(图 7-19)。

图 7-19 核线影像参数设置图

⑥ DSM 密集匹配。核线初始匹配(图 7-20)用于生成密集匹配的特征点,特征点将作为种子点参与 DSM 密集匹配计算。

图 7-20 核线初始匹配参数设置图

⑦ DSM 生成(图 7-21、图 7-22)。

图 7-21　DSM 密集匹配设置图

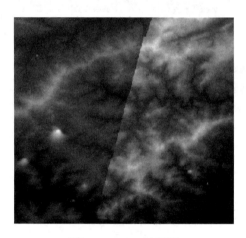

图 7-22　DSM 结果图

8　雷达干涉测量

8.1　InSAR 的基本原理

　　"干涉"概念常用于光学等领域,例如,采用两个不同相干光源的相位差可以进行高精度距离测量。合成孔径雷达干涉测量技术(interferometric synthetic aperture radar,InSAR)在宏观上利用了干涉原理,有两幅雷达天线各自向目标平面(如地面)发射相同频率的相干雷达波,则在目标平面上会发生干涉现象。注意到,雷达是距离测量的传感器,根据雷达波到达目标再返回接收器的时间长短判断目标到传感器的距离,其接收的信号包含相位信息。

　　InSAR 技术利用两组具有不同空间位置(形成一定的空间基线)或不同时间节点(形成一定的时间基线)的单极化 SAR 天线,发出同频率的雷达波对同一目标进行观测,进而分别获取对应的目标复散射信号 s_1 和 s_2,再对复散射信号 s_1 和 s_2 进行共轭相乘,即干涉过程。注意到,此时复散射信号 s_1 和 s_2 均为复标量,因此传统的 InSAR 干涉过程也称为标量干涉。标量干涉示意图如图 8-1 所示,其具体过程如下:

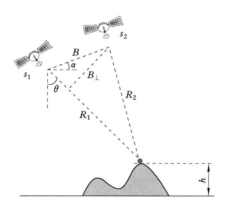

图 8-1　标量干涉示意图

　　第一步为获取两组复散射信号 s_1 和 s_2,其具体表达式为:

$$\begin{cases} s_1 = a_1 e^{i\varphi_1} = a_1 e^{-i(\beta \cdot 2R_1 + \varphi_{s_1})} = a_1 e^{-i\left(\frac{4\pi}{\lambda}R_1 + \varphi_{s_1}\right)} \\ s_2 = a_2 e^{i\varphi_1} = a_2 e^{-i(\beta \cdot 2R_2 + \varphi_{s_2})} = a_2 e^{-i\left(\frac{4\pi}{\lambda}R_2 + \varphi_{s_2}\right)} \end{cases} \tag{8-1}$$

式中,a_1,a_2 为复散射信号 s_1 和 s_2 的幅度信息;φ_1,φ_2 为复散射信号 s_1 和 s_2 的相位信息,其可以分解为两个部分,一部分为传播相位(取决于雷达天线到目标之间的距离),另一部分为散射相位(取决于雷达照射目标的散射特性);β 为雷达波的频率;λ 为雷达波长;R_1,R_2 为两次观测时雷达天线到照射目标的距离;φ_{s_1},φ_{s_2} 为两次观测时目标散射特性产生的散射相位。注意到,在两次观测中雷达照射目标的散射特性可以假定不发生变化,则可以认为 $\varphi_{s_1} = \varphi_{s_2}$。

第二步为进行干涉,即对复散射信号 s_1 和 s_2 进行共轭相乘。

$$\gamma = s_1 s_2^* = \frac{\langle s_1 s_2^* \rangle}{\sqrt{\langle s_1 s_1^* \rangle \langle s_2 s_2^* \rangle}} = a_1 a_2 e^{i(\varphi_1 - \varphi_2)} = a_1 a_2 e^{i\Delta\varphi} = A e^{i\left[\frac{4\pi}{\lambda}(R_1 - R_2)\right]} = A e^{i\left(\frac{4\pi}{\lambda}\Delta R\right)}$$

$$(8-2)$$

式中,A 为干涉相干性,可以表示两次雷达照射时地物目标的变化程度;φ 为干涉相位。

在地物目标稳定且不考虑电离层和水汽等对雷达波的延迟作用情况下,干涉相位一般由噪声相位、平地相位以及地形相位组成。

通过 InSAR 相位-高程转换关系可以将地物目标引起的地形相位转换为高程信息,即

$$\begin{cases} \varphi_{\text{topo}} = \dfrac{4\pi B_\perp}{\lambda R_1 \sin\theta} h \\ B_\perp = B\cos(\theta - \alpha) \end{cases}$$

$$(8-3)$$

式中,θ 为第一次雷达发射电磁波的入射角;$B_\perp$ 为垂直基线长度;h 为地物目标的高度信息。

此外,可以发现相位-高程转换关系中的转换因子均由干涉几何中的基线等参数组成,即

$$k_z = \frac{4\pi B_\perp}{\lambda R_1 \sin\theta}$$

$$(8-4)$$

获取 InSAR 数据有三种主要方式,分别为沿轨道向、交叉轨道向、重复轨道干涉测量。

8.1.1 沿轨道向干涉测量

沿轨道向干涉测量需要将两幅 SAR 天线同时固定在同一平台上,图 8-2 显示了沿轨道向干涉测量的几何示意图,可以看出天线位置与飞行方向平行。这种方式中对应像元间的相位差是测量期间目标运动导致的。目标的运动速度可以表示为:

$$\varphi = \frac{4\pi}{\lambda} \frac{\mu}{v} B_x$$

$$(8-5)$$

式中,λ 为雷达波长;v 为 SAR 天线飞行速度;B_x 为空间基线分量。

沿轨道向干涉测量可以用于动目标检测、水流制图等的测量工作。

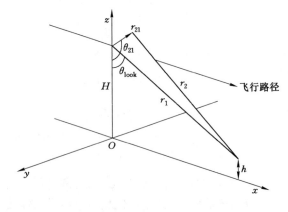

图 8-2 沿轨道向干涉测量几何示意图

8.1.2　交叉轨道向干涉测量

交叉轨道向干涉测量与沿轨道向干涉测量一样,需要将两幅SAR天线系统同时固定在平台上,图8-3显示交叉轨道向干涉测量的几何示意图,可以看出飞机上两架天线位置与飞行方向垂直。交叉轨道向干涉测量与沿轨道向干涉测量几何表示没有太大差别,理论上只是 x 轴和 y 轴互换。

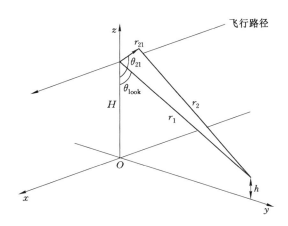

图 8-3　交叉轨道向干涉测量几何示意图

地形高度和飞行高度 H、斜距 r_1、入射角 θ_{look} 可以通过式(8-6)联系在一起。

$$h = H - r_1 \cos \theta_{\text{look}} \tag{8-6}$$

地面距离可以表示为,

$$y = r_1 \sin \theta_{\text{look}} \tag{8-7}$$

注意到此类方法存在一个缺点:无法规避天线滚动造成的误差影响及地形坡度导致的误差影响。

8.1.3　重复轨道干涉测量

重复轨道干涉测量只需要一幅SAR天线,利用在不同(或相同)轨道上飞行的SAR天线,经由一定的时间间隔照射同一区域形成干涉几何,如图8-4所示。这里采用时间基线描述时间间隔,实际操作中希望时间间隔越短越好,否则会产生严重的去相干作用。目前重复轨道干涉测量为InSAR最常见的模式。

两个点 O_1 和 O_2 实际上不是SAR天线的相位中心点,而是经过运动补偿后参考轨道上的点。SAR天线间的实际距离决定了两幅图像的相关性。干涉测量基线可以用参考轨道的水平向间距 δ_{h} 和垂直向间距 δ_{v} 描述,斜距差 δ_r 可以表示为:

$$\begin{cases} \delta_r = r_2 - r_1 = \dfrac{g\delta_{\text{h}} - (H-h)\delta_{\text{v}}}{\bar{r}} - \dfrac{B}{2\bar{r}} \\ \bar{r} = \dfrac{r_1 + r_2}{2} \\ B = \sqrt{\delta_{\text{h}}^2 + \delta_{\text{v}}^2} \end{cases} \tag{8-8}$$

相位差可以由斜距差获取。

$$\varphi = \frac{-4\pi}{\lambda}\delta_r \tag{8-9}$$

重复轨道干涉测量几何示意图如图 8-4 所示。

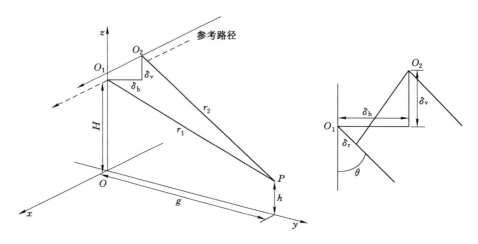

图 8-4 重复轨道干涉测量几何示意图

8.2 InSAR 高程测量

基于 InSAR 技术进行高程测量的主要步骤包括影像配准、干涉图生成、噪声滤波、基线估计、平地效应去除、相位解缠、高程估计、地理编码等。由于不同算法之间存在差异，上述步骤可能需要重复迭代达到精细处理的目的。实际处理时，还需要一定的地面控制点来解算相关参数。图 8-5 显示了 InSAR 数据处理的一般流程。

（1）影像配准

遥感影像配准是将取自同一目标区域的两幅或多幅影像在空间位置上进行最佳配准。由重复轨道获取的两幅复数 SAR 影像，欲获取最准确的干涉相位，必须精确实现影像配准。理论上，配准精度应达到亚像素级。多个影像配准时，常用的方法为确定一幅影像为主影像，其他影像为辅影像，辅影像参考主影像进行配准。首先在参考影像和主影像上找到同名点（一一对应的点），将这些同名点作为控制点来确定影像之间的变形模型（几何变换模型），再根据变形模型将辅影像进行纠正。影像配准的主要流程如图 8-6 所示。

（2）干涉图生成

影像配准完成后，InSAR 数据处理的流程为高质量干涉图的生成，提取正确的干涉相位以供相位解缠。根据式（8-2），只需将两幅经过配准的复数影像共轭相乘即可。需要注意的是，式（8-2）是连续信号和两幅 SAR 影像处理非常理想的条件下的数学模型。在实际数据处理工作中，需要考虑各种噪声的影响。

（3）噪声滤波

一般认为干涉图包含系统噪声、地表变化、影像配准、基线去相关、影像聚焦不一致等噪声源。其中，系统噪声可以在影像后处理时加以削弱或抑制；基线去相关、影像聚焦不一致

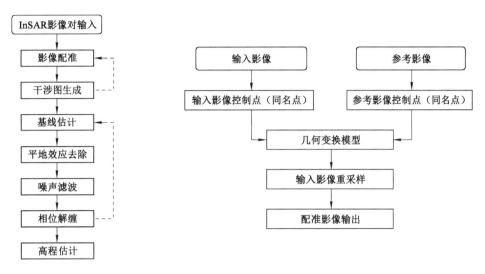

图 8-5 InSAR 数据处理的一般流程   图 8-6 影像配准流程

需要在 SAR 成像过程中加以补偿;影像配准需要采用最合适的算法,尽量保证影像配准精度足够高。

（4）相位解缠

从干涉图中得到的相位差实际上为相位主值,其取值范围为$(-\pi, +\pi)$,要得到真实的相位差则必须在主值基础上加或减 2π 的整数倍,此过程即相位解缠。二维相位解缠是 InSAR 干涉数据处理中最关键的步骤。在没有噪声和其他干扰的理想状况下,直接求取相位的偏导数,通过简单的积分运算即可计算真实相位差。然而实际数据处理过程中,由于地形起伏引起的干涉条纹密集、顶底倒置、阴影等各种影响,InSAR 相位解缠存在相当大的困难。总体而言,二维相位解缠要兼顾精确性和一致性两个方面。精确性是指解缠相位要能真实反映原始相位信息;一致性是指解缠后相位矩阵中任意两点之间相位差与这两点间路径不相关。

（5）基线估计

基线的准确估计在 InSAR 高程提取中十分重要。根据式(8-3)给出了基线垂直于天线视线方向的分量(即垂直基线)。实际上,对于每一个像素,垂直基线的值可能不是常数,对其精确估计是 InSAR 高程计算的重要环节。

（6）高程估计

理论上,从相位到高程的转换即从解缠后的相位到高程的计算,基本原理如 8.1 节所述,此时,相位场所有的像素均位于成像几何坐标系统中(距离-方位向坐标系统)。在高程估计过程中,求解所有参数存在一定困难。相位缠绕现象导致求解出的相位差往往不是距离向相邻像素间的绝对相位差,进而不能逐像素求取高程值。尽管不能针对单点求取高程值,但是可以从解缠的相位梯度得到高程分布的梯度,进而获取整幅影像的相位梯度。如预先获取某一像素的绝对高程,则可以推算整幅影像的高程分布。

8.3 InSAR 形变测量

8.3.1 差分雷达干涉技术

应用 InSAR 技术进行地形测量需要传感器以略有差异的视角获取数据,且假定地面场景无变化。反之,如果两幅天线在同一位置以同一角度先后对地面进行成像,此时空间基线为零,干涉图不能体现地形起伏,而可以提取地面动态变化信息。实际情况中,如果空间基线足够小,利用多次重复观测可以进行地表微小形变的测量,即差分雷达干涉技术 (differential inSAR,D-InSAR)。D-InSAR 测量的形变为沿雷达视线(line-of-sight,LOS)方向,理论上形变测量精度可达毫米级。

D-InSAR 技术通过去除或削弱 InSAR 干涉相位中的地形、轨道、噪声等相位贡献,从而分离地表变形相位。采用重轨模式监测地表形变,理想条件下,SAR 卫星平台两次飞行轨迹应重合,即实现零基线,这样可以避免非形变信号对干涉相位的干扰,但是,真实条件下,难以做到零基线干涉模式。假设有覆盖同一地区、成像几何存在很小差异的两景 SAR 影像在获取干涉图后,任意像素干涉相位可以表示为如下公式:

$$\varphi_{int} = \varphi_{flat} + \varphi_{topo} + \varphi_{defo} + \varphi_{orbit} + \varphi_{atm} + \varphi_{noise} + 2k\pi \tag{8-10}$$

式中,$\varphi_{flat} = (-4\pi/\lambda) \cdot B_\parallel$,表示平地相位;$\varphi_{topo} = (-4\pi/\lambda) \cdot (B_\perp h/R_0 \sin\theta)$,表示地形相位,可以用来计算地形信息;$\varphi_{defo} = (-4\pi/\lambda) \cdot d_{LOS}$,表示地表 LOS 向形变 d_{LOS} 引起的干涉相位;φ_{orbit} 为轨道误差相位;φ_{atm} 为大气延迟相位;φ_{noise} 为观测噪声引起的相位;$2k\pi$ 为干涉相位缠绕部分;k 为整周模糊度;$B_\parallel$ 为平行基线;$B_\perp$ 为垂直基线。

在去除或解算式(8-10)中除形变相位 φ_{defo} 之外的其他相位组分后,即可以得到地表形变信息,即可以估计地表沿 LOS 方向的形变。

$$d_{LOS} = -\frac{\lambda}{4\pi}\varphi_{defo} \tag{8-11}$$

式中,λ 为雷达波长。

8.3.2 多时相 InSAR 技术

根据 8.3.1 小节叙述,地形、时空失相干、大气、轨道误差等均为影响 D-InSAR 技术形变监测精度的主要因素。同时,卫星硬件水平不断发展与提升,重访周期缩短导致微小形变信号与噪声混杂、空间分辨率的提升也导致噪声更加复杂,这些都对常规 D-InSAR 形变监测提出了更高要求。此外,D-InSAR 技术获取的形变信息为真实三维形变在 LOS 向的一维投影,对于垂直向形变多采用除以入射角余弦的方式进行。此种方法需要假设水平方向无形变,显然与真实情况相悖,导致形变信号解译错误。

为突破 D-InSAR 技术的限制,后序专家学者提出了多时相 InSAR 技术(multi-temporal InSAR,MT-InSAR),如永久散射体(persistent scatterer InSAR,PS-InSAR)、小基线集(small baseline subsets InSAR,SBAS-InSAR)等。

(1) PS-InSAR

PS-InSAR 的基本思想:首先,利用覆盖同一研究区域的多景 SAR 影像选取其中一景为主影像,其他 SAR 影像为辅影像。主辅影像进行配准,依据时间序列上幅度或相位信息的稳定性选定永久散射体(persistent scatterer,PS)目标。其次,经过干涉和去地形处理,得到基于永久散射体目标的差分干涉相位,并对相邻永久散射体目标的差分干涉相位进行再次差分。最后,根据两次差分后干涉相位的相位成分特性差异,采用构建形变相位模型和时空滤波的方式估计形变信息和残余地形信息。

PS-InSAR 技术不是针对 SAR 影像中的所有像素进行数据处理,而是选择在时序上散射特性稳定、回波信号强的 PS 点作为观测对象。PS 点通常选取人工建筑物、裸露岩石、人工布设的角反射器等。PS 点的准确选取可以确保即使在时空基线较长的条件下,PS 点仍然呈现较好的相干性和稳定性。目前 PS-InSAR 技术已经广泛应用于城市高分辨率地表沉降监测。

(2) SBAS-InSAR

SBAS-InSAR 是一种基于多主影像的 InSAR 时间序列方法,只利用时空基线在一定范围内的干涉对来提取地表形变信息。SBAS-InSAR 技术克服了 PS-InSAR 技术单一主影像而引起部分干涉对相干性差的不足,同时减少了对 SAR 影像数量的限制。

SBAS-InSAR 技术以多主影像的干涉对为基础,基于高相干性点恢复影像覆盖区域的时序形变信息,具体原理:第一,对覆盖研究区域的不同时间段的多景 SAR 影像计算时间、空间基线,选取适合的时间、空间基线阈值,选取干涉对;第二,对选取的干涉对进行差分干涉处理和相位解缠;第三,根据自由组合的干涉图的子集情况,对所有干涉图组成的相位方程采用最小二乘法或者 SVD 方法进行形变参数估计。

8.3.3 多孔径 InSAR 技术

针对 D-InSAR 和 MT-InSAR 技术只能获取 LOS 向形变的缺陷,学者又提出了多孔径 InSAR(multi-aperture InSAR,MAI)技术来获取方位向(卫星飞行方向)的形变信息。MAI 技术提出的目的是获取地表方位向的形变信息,由于方位向和 LOS 向互相垂直,因此对 D-InSAR 的监测结果起到了很好的补充,进而可以获取地表三维形变信息。

MAI 技术的原理主要是利用方位向公共频谱滤波技术重新确定 SAR 数据的零多普勒中心,进而将一景 SAR 影像重新划分为前视与后视两景影像。通过主、辅影像的前视与后视影像分别进行影像配准、多视处理、生成干涉图、去平地相位、去地形相位以及滤波处理得到前视干涉图与后视干涉图,再对前视干涉图与后视干涉图进行差分处理,即可得到 MAI 干涉图,其包含的信息即方位向形变相位。

8.4 InSAR 形变监测应用

InSAR 具有高精度、高分辨率、全天时、全天候等优点,已经成为目前极常用的大地测量技术之一,可以通过计算两次过境时的 SAR 影像相位差获取高精度数字高程模型。后续,随着差分雷达干涉(differential InSAR,D-InSAR)技术、多时相 InSAR(multi-temporal InSAR,MT-InSAR)技术、多孔径 InSAR(multi-aperture InSAR,MAT)技术的发展,InSAR 技术已经广泛应用于各类形变监测,如城市沉降监测、矿区形变监测、地震及板块监测、火山喷发运动、基础设施监测、冰川冻土区变化、滑坡等。本章节主要对 InSAR 变形监测应用进行简要阐述。

8.4.1 城市形变监测

随着全球城市化进程的不断加快,城市区域人为建筑物越来越多,其散射特性稳定,可以减少 InSAR 失相干对形变监测的影响。目前,城市区域形变监测的主要成因包括:(1)地下水抽取导致的大范围、大量级形变;(2)基础设施修建导致的地表形变;(3)软土地质压实导致的时序形变等。上述也是 InSAR 城市形变监测的应用研究热点。

随着 SAR 影像分辨率的提高与重返周期时间的缩短,InSAR 城市形变监测在应用广泛的同时也面临一系列挑战。例如,高分影像中由于城市区域楼房密集导致干涉条纹过于密集,进而导致相位解缠困难;外部 DEM 数据分辨率和精度均较低,导致大量 DEM 相位残留,难以去除等问题。此外,多时相 InSAR 技术假设 PS 点的形变为线性形变,然而目前城市中的 PS 点形变规律为非线性,进而导致形变估计错误等问题。

8.4.2 矿山形变监测

InSAR 技术最早应用于矿山形变监测可以追溯至 2000 年,自此以后,InSAR 技术逐渐成为矿区地表形变监测和预计的重要技术之一(图 8-7)。目前,InSAR 技术在矿区进行形变监测主要包括两个方向:(1)矿区地表高精度三维形变监测;(2)矿区地表变形预计。

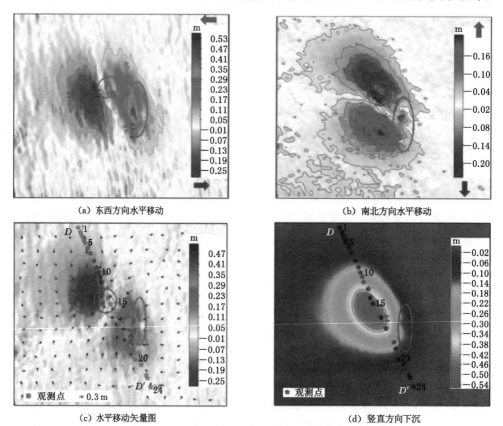

(a) 东西方向水平移动

(b) 南北方向水平移动

(c) 水平移动矢量图

(d) 竖直方向下沉

图 8-7　基于先验模型＋单轨 InSAR 观测值方法获取的钱营孜矿区地表在东西、南北和竖直方向地表三维形变场(Li Zhiwei et al. ,2015)

矿区地表形变具有范围小、梯度大等特点,因此失相干是目前 InSAR 技术在矿山形变监测中的主要瓶颈。但是随着未来短时空基线、长波长的 SAR 传感器不断问世,上述问题会有所改善。另外,目前 InSAR 矿山形变监测主要应用于对地表形变监测与预计,而对于利用 InSAR 矿山形变监测机理以及矿山生态环境修复等领域涉足较少。

8.4.3 地震形变监测

地震形变监测是目前 InSAR 技术应用极为广泛和成功的领域之一(图 8-8)。自 InSAR 技术成功获取 1992 年 Lander 地震形变以来,InSAR 技术已经在世界范围内大小对数以百计的地震进行了应用与研究。根据目前 InSAR 地震形变监测量级和技术来分,地震形变监测可以分为两类:InSAR 同震形变监测、InSAR 震后或震间形变监测。

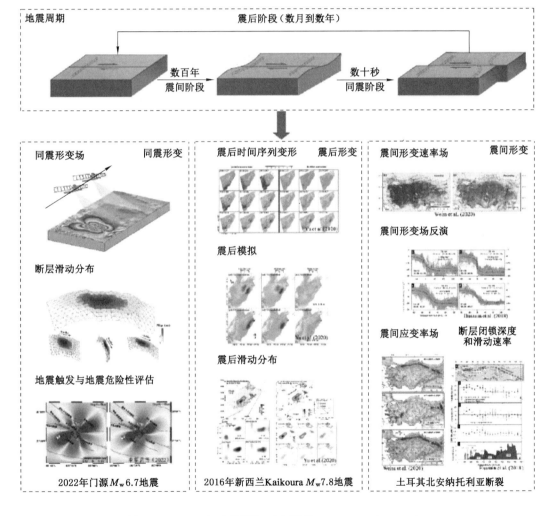

图 8-8　InSAR 与地震周期(李振洪等,2022;Yu Chen et al.,
2021;HUSSAIN E et al.,2018;WEISS J R et al.,2020)

同震形变量级一般较大（分米级至米级），虽然 D-InSAR 技术可以获取较好的监测效果，但是由于受 InSAR 技术侧视成像几何限制，无法估计地震三维形变。此外，由于 InSAR 相位在大形变量级会出现失相干，无法获取有效观测，Offset-Tracking 技术已经成为目前大量级地震形变场绘制的重要补充。震后和震间形变量级一般较小（厘米级、毫米级），应该使用精度更高的 MT-InSAR 技术进行形变监测。此外，受到部分地震形变区域存在植被等影响，CR-InSAR 等人工散射体技术也常用于震间形变监测。

8.4.4　基础设施形变监测

高速公路、高速铁路、电力设施、海港码头等基础设施是社会经济发展的重要链条，而由于受到建设和其他外界因素的影响，基础设施常会出现严重的地表形变，给基础设施的安全运营带来严重的安全隐患。MT-InSAR 技术可以快速、高精度、高空间分辨率、大范围提供地表形变监测结果，已经成为目前基础设施形变监测的重要手段之一（图 8-9）。近些年来，随着 SAR 载荷技术的不断发展，影像分辨率最高可达 0.25 m，为高空间分辨率基础设施形变监测带来了可能。

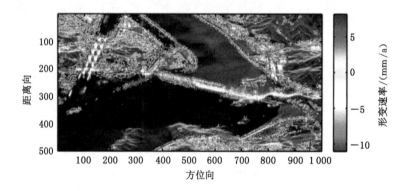

图 8-9　InSAR 监测三峡大坝形变（WANG Teng et al.，2011）

然而，由于受到最小天线面积的限制，传统 SAR 传感器无法实现空间分辨率与影像覆盖范围的同时提高，因而对于大范围高空间分辨率基础设施的形变监测，如高速铁路、高速公路的全范围监测，仍然难以实现。

8.4.5　滑坡形变监测

早期 InSAR 滑坡形变监测主要基于 D-InSAR 技术进行，且取得了一系列有效的成果。然而由于滑坡所处环境相对复杂，如地形起伏大、植被覆盖茂密、部分滑坡移动速度快等，使得 InSAR 形变滑坡监测较为困难。因此，后续 MT-InSAR 技术被广泛应用于滑坡形变监测（图 8-10）。

然而，由于现有的 MT-InSAR 技术基本上基于地面沉降监测发展而来，对于滑坡形变监测显然无法达到最佳性能。此外，地形起伏引起的几何畸变和植被覆盖导致的失相干仍然是 InSAR 滑坡形变监测的主要技术瓶颈，需要深入研究加以突破。

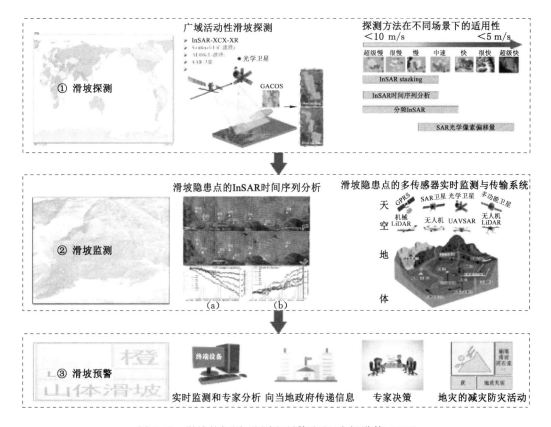

图 8-10 滑坡的探测、监测和预警流程(李振洪等,2022)

8.5 基于 PIE-SAR 软件的 InSAR 数据处理

软件支持 InSAR 处理,生成 DEM,包括图像亚像素级配准、干涉图生成、基线估算、干涉图去平、相干性计算、干涉图滤波、相位解缠、基线精化、相位向高程转换等。在 InSAR 模块基础上开发了 D InSAR 形变监测模块,用两景 SAR 影像获取大范围的形变监测图,用于监测矿区、地震等。

8.5.1 实验数据

D InSAR 处理流程演示案例采用的是覆盖平朔地区 2011 年 12 月 17 日至 2012 年 2 月 27 日相隔两个多月的干涉对(双极化 GF-3 数据,图 8-11),该干涉对具有较好的时间基线与空间基线,相干性较好,详细数据见表 8-1。

表 8-1 影像数据列表

数据类型	波段数	分辨率/m	坐标系
GF3_FSI_L1A 影像 2 景	HH、HV 极化方式	5	无坐标系
DEM	单波段	30	WGS-84 地理坐标系

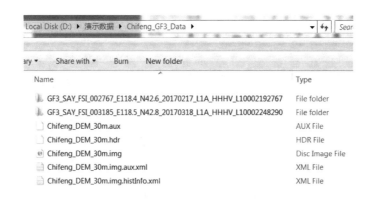

图 8-11　GF3 原始影像及 DEM 数据图

8.5.2　实验流程

本案例的数据处理流程如图 8-12 所示。

8.5.3　处理流程

（1）主辅影像导入

将 GF-3 数据导入成 PIE 雷达处理模块标准数据格式（裸数据＋参数文件）。由于多种误差源的存在，不同来源的 SAR 数据通常存在辐射误差，为精确反映地物回波特性，PIE-SAR 软件程序内部已进行辐射校正处理。

选择菜单栏【数据导入】，点击【批量数据导入】，选择【GF3 条带】，打开"GF3 批量导入"对话框，如图 8-13 和图 8-14 所示。

- 【产品级别】：L1A。
- 【成像模式】：FSI。
- 【极化类型】：HH。
- 【输入目录】：选择待导入的 GF-3 条带影像所在的文件夹。
- 【输出文件名前缀】：成像日期。

数据导入后生成影像数据文件和参数文件，如图 8-15 所示。输出文件可以用原始数据名称命名，成像时间靠前的作为主影像，成像时间靠后的作为辅影像。数据文件可保存为 ENVI 标准格式、TIFF 格式、ERDAS 的 img 格式。参数文件以 xml 格式存储，包含 SAR 图像的栅格属性、成像时刻、成像几何以及轨道等 InSAR 处理必需的参数信息，如图 8-16 所示。

（2）配准

① 粗配准

选择菜单栏【干涉 SAR】中的【InDAR 模块】，点击【配准】中的【粗配准】，打开"粗配准"对话框，如图 8-17 和图 8-18 所示。

粗配准生成 ∗.off 偏移文件，示例如图 8-19 所示。

② 图像裁剪

在进行主辅影像裁剪时，需要考虑初始偏移量，这样裁剪后的主辅影像子区域只存在几

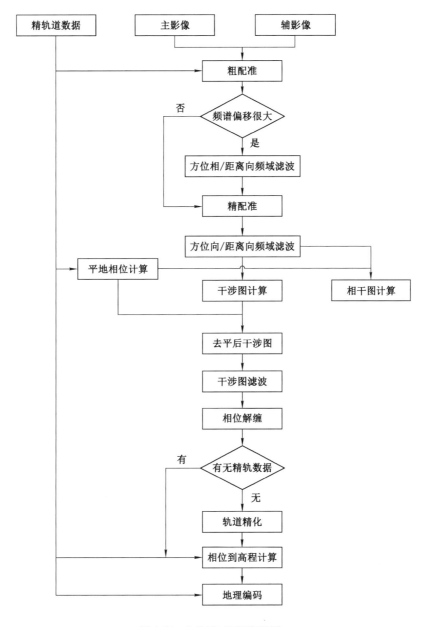

图 8-12 InSAR 处理流程图

图 8-13 GF3 条带数据批量导入菜单栏图

图 8-14　GF-3 条带数据批量导入对话框图

图 8-15　导入数据后生成文件列表图

图 8-16　参数文件示例图

图 8-17　粗配准菜单栏图

图 8-18　粗配准对话框图

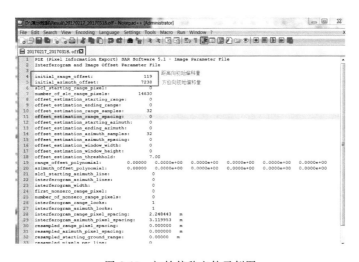

图 8-19　初始偏移文件示例图

个像素的偏移。对话框提供了是否裁剪最大重叠区的单选按钮,若想最大范围地处理干涉对,可选择是。若只想处理指定的一小块感兴趣区域,可选择否,这样可以在主影像裁剪范围的组框内设置主影像裁剪的起始列号、裁剪列数、起始行号、裁剪行数。为防止辅影像重采样后存在黑边框,程序默认将辅影像裁剪范围外扩 100 个像素。

选择菜单栏【干涉 SAR】中的【InDAR 模块】,点击【配准】中的【图像裁剪】,打开"图像裁剪"对话框,如图 8-20 和图 8-21 所示。

图 8-20　图像裁剪菜单图

生成文件:裁剪后主辅影像名默认添加_Crop 后缀,如图 8-22 所示。

因裁剪时辅影像外扩 100 个像元,所以要同步更新 off 文件,此时主辅影像的起始偏移量为 100 个像元,如图 8-23 所示。

图 8-21　图像裁剪对话框界面图

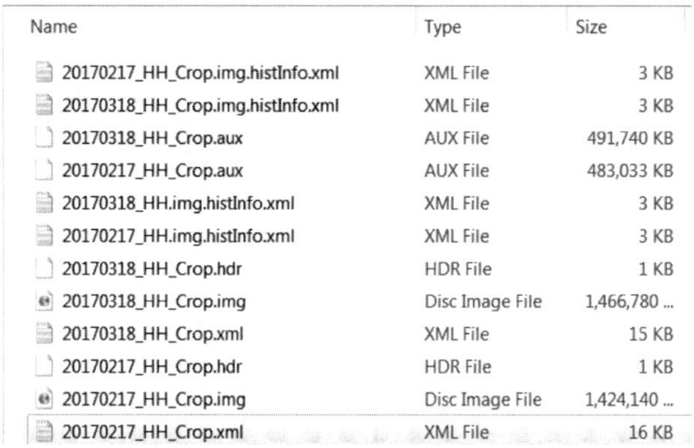

图 8-22　图像裁剪后生成文件列表图

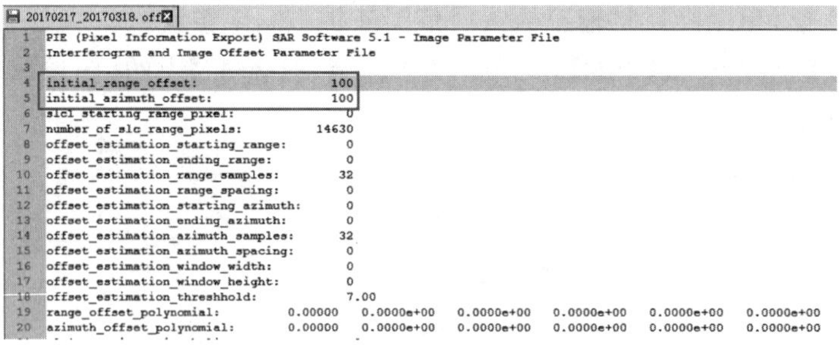

图 8-23　图像裁剪后更新的偏移文件图

③ 图像精配准

选择菜单栏【干涉 SAR】中的【InDAR 模块】，点击【配准】中的【精配准】，打开"精配准"
对话框，如图 8-24 和图 8-25 所示。

生成文件：精配准结果会输出到 off 偏移文件（将生成新的 off 文件），即距离向、方位向

图 8-24　精配准菜单图

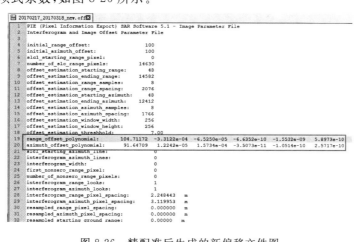

图 8-25　图像精配准对话框界面图

拟合的偏移多项式系数,如图 8-26 所示。

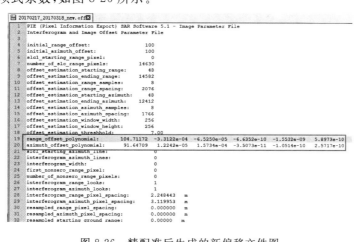

图 8-26　精配准后生成的新偏移文件图

④ 图像重采样

选择菜单栏【干涉 SAR】中的【InDAR 模块】,点击【配准】中的【重采样】,打开"重采样"对话框,如图 8-27 和图 8-28 所示。

生成文件:生成重采样后的辅影像文件,配准精度在亚像素级,如图 8-29 所示。

(3)干涉图计算

干涉图计算的操作界面如图 8-30 所示。若主辅影像的空间基线距较大,需做距离向频谱滤波。若主辅影像的多普勒中心频率差值较大,需做方位向频谱滤波。

图 8-27　重采样菜单图

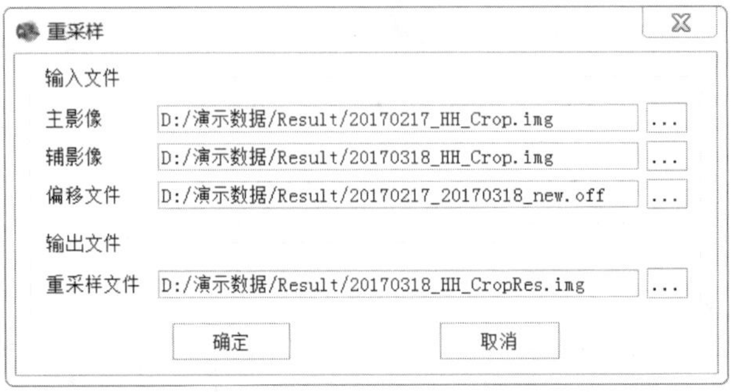

图 8-28　重采样对话框界面图

图 8-29　配准后的主辅影像图

图 8-30　干涉图计算对话框界面图

（4）干涉图提取相位

利用干涉图计算功能得到的干涉图文件为复数形式,若想获取干涉条纹图,需要提取干涉图相位。

选择菜单栏【基础 SAR】中的【基础工具】,点击【复数据转换】,打开"复数据转换"对话框,如图 8-31 所示。

图 8-31　复数据转换对话框界面图

生成文件,如图 8-32 所示。

图 8-32　干涉图文件图

（5）基线计算

选择菜单栏【干涉 SAR】中的【InSAR 模块】,点击【基线计算】,打开"基线计算"对话框,如图 8-33 所示。

图 8-33　基线计算对话框界面图

生成文件：基线文件第一行是影像中心时刻的基线向量（TCN），第二行是基线速率，如图 8-34 所示。这样便可得到每一方位向的基线向量。

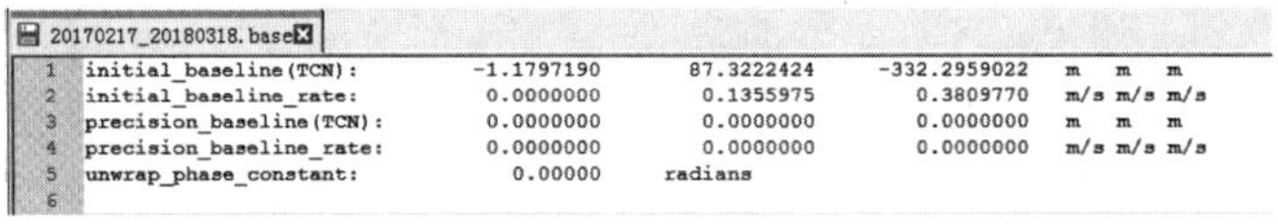

图 8-34　基线文件图

（6）去除平地相位

选择菜单栏【干涉 SAR】中的【InSAR 模块】，点击【去除平地相位】，打开"去除平地相位"对话框，如图 8-35 所示。

图 8-35　去除平地相位对话框界面图

生成文件，如图 8-36 所示。生成平地相位文件 Flat，作为后续计算相干图的输入文件。去平后的干涉图文件 Fint（复数据文件 a＋b 形式），即对应的地形相位。

提取地形相位：选择菜单栏【基础 SAR】中的【基础工具】，点击【复数据转换】，打开"复数据转换"对话框，输入去平干涉图文件，提取相位，如图 8-37 所示。

（7）相干性计算

① 预处理-主辅影像多视处理

此处计算主影像和（配准后的）辅影像的多视复数据，用于后续相干图计算。选择菜单

(a) 平地相位

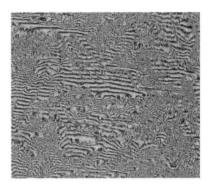
(b) 地形相位图

图 8-36　平地相位与地形相位图

图 8-37　复数据转换对话框界面图

栏【基础 SAR】中的【基础工具】的【多视处理】，打开"多视处理"对话框，如图 8-38 所示。

② 相干性计算处理

相干性是 SAR 干涉测量中衡量两幅雷达复影像之间相似性程度的指标，一般可以用相干系数作为标准之一，通过相干系数计算得到相干图，如图 8-39 和图 8-40 所示。

(8) 干涉图滤波

多视处理抑制了干涉图中的部分噪声，但是噪声并未消除。为了更好地反演形变，需要对干涉相位进行滤波处理，软件操作界面如图 8-41 所示。Goldstein 和 Werner 提出的基于 FFT 变化的功率谱自适应滤波算法能有效抑制噪声影响。因为干涉相位可被认为是具有一定带宽的信号，而噪声是多频的，以干涉相位的功率谱作为自适应滤波对象，能增强干涉相位信息。

在图层列表加载滤波前后的去平干涉相位图文件，使用菜单栏【加载显示】中的【显示浏览】，选择【卷帘】工具对比滤波前后效果，如图 8-42 所示。

(9) 相位解缠

图 8-38　多视处理对话框界面图

图 8-39　相干性计算对话框界面图

图 8-40　相干图结果图

图 8-41　干涉图滤波对话框界面图

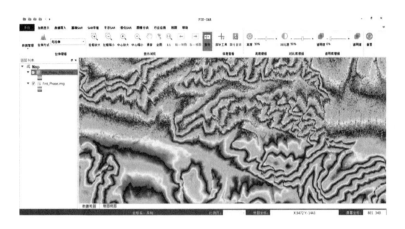

图 8-42　Goldstein 滤波前后的干涉相位图

选择菜单栏【干涉 SAR】中的【InSAR 模块】,点击【相位解缠】,打开"最小统计费用流相位解缠"对话框,如图 8-43 所示。

图 8-43　相位解缠对话框界面图

生成文件:解缠文件 * _UnwarpPhase,如图 8-44 所示。

(10) 基线精化

① 预处理

a. 多视幅度图生成。生成多视幅度图用于后续地理编码,软件操作界面如图 8-45 所示。

图 8-44　解缠后的相位文件图

图 8-45　多视幅度图生成对话框界面图

　　b. 主影像地理编码。地理编码用于生成查找表、模拟幅度图等,软件操作界面如图 8-46 所示。

　　生成文件:生成 WGS-84 地理坐标信息的地理编码文件及其他相关文件,如图 8-47 和图 8-48 所示。

　　② 基线精化处理

　　a. 雷达坐标 DEM。雷达坐标 DEM 的功能主要是根据查找表文件,生成雷达坐标系下的 DEM,用于精化基线。利用雷达影像数据和对应范围内的地理坐标 DEM 数据,基于查找表文件中雷达像元坐标和地理坐标的对照关系,对地理坐标的 DEM 数据进行计算转换和重采样等运算以获取雷达坐标系下的 DEM 数据。

　　选择菜单栏【干涉 SAR】中的【InSAR 模块】,点击【基线精化】,选择【雷达坐标 DEM】,

图 8-46 主影像地理编码对话框界面图

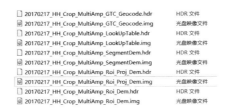

图 8-47 主影像地理编码生成文件列表图

图 8-48 主影像地理编码文件图

打开"雷达坐标 DEM"对话框,如图 8-49 所示。

生成文件:雷达坐标系下的 DEM 文件,如图 8-50 所示。

b. 人工选择 GCP。选择 GCP 功能主要用于在雷达坐标系下的 DEM 文件中交互式选择控制点,并保存为 GCP 文件进行输出。选择的 GCP 是后面进行基线精化的重要基础数据。

软件中仅加载雷达坐标系下的 DEM 文件,选择菜单栏【干涉 SAR】中的【InSAR 模块】,点击【基线精化】,选择【人工选择 GCP】,会弹出"选择 GCP"对话框,如图 8-51 所示。此时光标会变成十字丝,左键单击地形起伏不大的地区,每次单击鼠标左键,都会在"选择

图 8-49　雷达坐标系下的 DEM 转换对话框界面图

图 8-50　雷达坐标系下的 DEM 文件图

GCP"对话框的列表中添加点位的列号、行号、高程值。在整个区域均匀选择多于 12 个点。

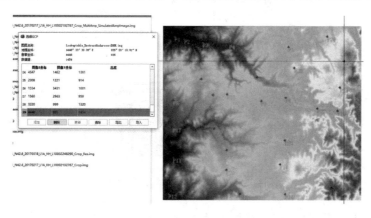

图 8-51　人机交互选择 GCP 界面图

若想删除某个点,选择该行后点击【删除】按钮即可。若想清除所有点,重新选择,则点击【清除】按钮。

点击【导出】按钮,将选择的点保存为 gcp 文件,如图 8-52 所示。

c. GCP 解缠相位。GCP 解缠相位功能主要是输入解缠相位文件、GCP 文件,获取 GCP 文件中每个点的解缠相位值,作为基线精估计的重要输入。

1	1	296	225	747
2	2	670	1375	996
3	3	2063	1405	1054
4	4	4103	1404	1404
5	5	4681	1395	1473
6	6	2432	1961	1105
7	7	1343	2552	943
8	8	263	3136	766
9	9	216	3945	805
10	10	4701	3949	1514
11	11	2759	3963	1025
12	12	4481	2876	1499
13	13	1196	1220	1036
14	14	4411	928	1430
15	15	2925	1862	1123
16	16	1829	3282	1125
17	17	360	2073	898
18	18	1683	1691	1035
19	19	3071	587	1196
20	20	2543	2591	1141
21	21	4431	2330	1454
22	22	971	1945	963
23	23	1368	3166	1001
24	24	991	367	802
25	25	2274	205	973
26	26	4734	185	1120
27	27	1159	3984	878
28				

(文件名:20170217_20170318.gcp)

图 8-52　生成的 GCP 文件图

选择菜单栏【干涉 SAR】中的【InSAR 模块】，点击【基线精化】，选择【GCP 解缠相位】，打开"GCP 解缠相位"对话框，如图 8-53 所示。

图 8-53　GCP 解缠相位对话框界面图

生成文件：生成 ∗.gcp_ph 文件，文件中的各列分别表示索引号、列号、行号、高程值、解缠相位值，如图 8-54 所示。

d. 基线精估计。基线精估计功能主要是利用控制点文件，采用最小二乘法精化基线向量。基线精估计利用控制点和粗基线生成的干涉条纹图进一步精化基线。

选择菜单栏【干涉 SAR】中的【InSAR 模块】，点击【基线精化】，选择【基线精估计】，打开"基线精估计"对话框，如图 8-55 所示。

生成文件：更新 ∗.base 文件，获得精化后的基线向量，如图 8-56 所示。

（11）相位转高程

相位转高程功能主要指根据雷达成像几何关系，将解缠相位转为高程值。在估算出基线、得到解缠相位并拟合出轨道参数后，理论上已经可以重建 DEM 了。在已知精确星历参数的前提下，可直接求解卫星高、侧视角、基线等参数，然后求解高程。在轨道参数不精确的

1	296.00000	225.00000	747.00000	25.71325
2	670.00000	1375.00000	996.00000	78.57159
3	2063.00000	1405.00000	1054.00000	81.84630
4	4103.00000	1404.00000	1404.00000	57.71122
5	4681.00000	1395.00000	1473.00000	53.42598
6	2432.00000	1961.00000	1105.00000	115.46958
7	1343.00000	2552.00000	943.00000	166.31726
8	263.00000	3136.00000	766.00000	219.92290
9	216.00000	3945.00000	805.00000	269.09406
10	4701.00000	3949.00000	1514.00000	217.90723
11	2759.00000	3963.00000	1025.00000	257.55267
12	4481.00000	2876.00000	1499.00000	144.00189
13	1196.00000	1220.00000	1036.00000	67.64548
14	4411.00000	928.00000	1430.00000	22.60856
15	2925.00000	1862.00000	1123.00000	105.00830
16	1829.00000	3282.00000	1125.00000	198.01758
17	360.00000	2073.00000	898.00000	135.01443
18	1683.00000	1691.00000	1035.00000	100.25945
19	3071.00000	587.00000	1196.00000	17.99625
20	2543.00000	2591.00000	1141.00000	154.27621
21	4431.00000	2330.00000	1454.00000	114.92474
22	971.00000	1945.00000	963.00000	122.56841
23	1368.00000	3166.00000	1001.00000	201.79785
24	991.00000	367.00000	802.00000	33.61939
25	2274.00000	205.00000	973.00000	10.74410
26	4734.00000	185.00000	1120.00000	6.60183
27	1159.00000	3984.00000	878.00000	270.70374

图 8-54　GCP 解缠相位文件图

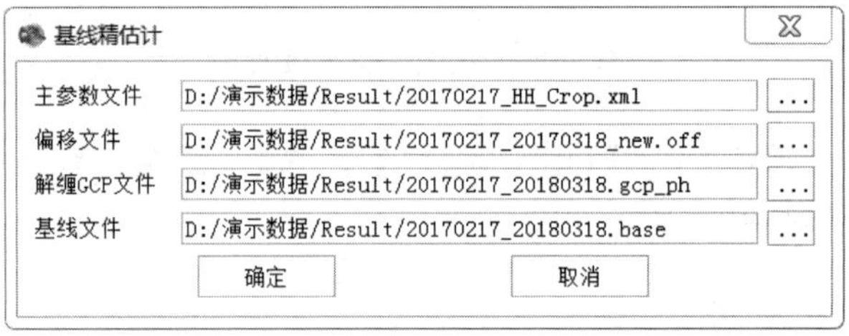

图 8-55　基线精估计对话框界面图

initial_baseline(TCN):	0.0000001	87.3222479	-332.2974257	m m m
initial_baseline_rate:	0.0000000	0.1356202	0.3795767	m/s m/s m/s
precision_baseline(TCN):	0.0000000	85.6396399	-332.3662308	m m m
precision_baseline_rate:	0.0000000	0.1076813	0.1433166	m/s m/s m/s
unwrap_phase_constant:	-0.00546	radians		

图 8-56　精化后的基线文件图

情况下，一般利用地面控制点求解参数。

注：生成雷达坐标系下的 DEM(不从主影像中读取行列号，所以不用纠结是输入单视参数文件还是多视参数文件)。

选择菜单栏【干涉 SAR】中的【InSAR 模块】，点击【相位转高程】，打开“相位转高程”对话框，如图 8-57 所示。

生成文件：雷达坐标 DEM 文件，如图 8-58 所示。

(12) 坐标转换

功能描述：坐标转换功能主要是查找表，将 DEM 由雷达坐标系转到地图坐标系，如图 8-59 和图 8-60 所示。

图 8-57　相位转高程对话框界面图

图 8-58　GF3 获取的雷达坐标 DEM 图

图 8-59　坐标转换对话框界面图

图 8-60　GF3 获取的地图坐标 DEM 图

9 雷达极化测量

9.1 极化 SAR 基本原理

9.1.1 电磁波的极化

电磁波是一种在空间中以波动形式传播的交变电磁场,其可以传递能量与信息。电磁波中,电场矢量 E 与磁场矢量 H 相互垂直,并同时垂直于电磁波的传播方向 Z,如图 9-1 所示。

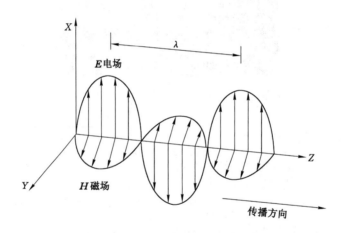

图 9-1　电场、磁场以及电磁波传播方向示意图

根据麦克斯韦理论,电磁波的传播是由于变化的电场在空间中引发变化的磁场,而变化的磁场又感应生成电场,这样互相激发的电、磁场引起了电磁波的振荡传播。根据麦克斯韦方程组,电磁波可以表达为与时间、空间相关的函数,式(9-1)为电场矢量的表达式。由式(9-1)可知:电场矢量变化规律与起始位置的变化规律相同,只是在时间上存在一定的先后顺序。

$$\begin{cases} E(r,t) = E_0 \cos[(\omega t - k \cdot r) + \varphi_0] \\ k = k\hat{s} \\ \omega = 2\pi f \end{cases} \tag{9-1}$$

式中,E_0 为电场强度;r 为位置矢量,其可以采用图 9-1 中的三维坐标系 XYZ 中的坐标(x,y,z)具体表示;t 为时刻或时间;ω 为角频率;f 为载波频率;k 与介电常数和磁导率相关,为电磁场为特定媒介中的波数,媒介的介电常数为 ε,磁导率为 μ,具体的函数关系为:$k =$

$\omega \sqrt{\varepsilon\mu}$;$\hat{s}$ 为电磁波的传播方向;φ_0 为电磁波的起始相位。

电磁波同样为一种"波",其具有波的干涉、叠加、衍射、反射、折射、极化等所有特性,本书主要针对研究所需要的波的极化特性进行重点介绍。

电磁波的极化定义为空间中特定位置电场矢量方向的终点随时间变化而形成的轨迹,其用以描述空间中给定位置的电场矢量方向随时间的变化规律。根据式(9-1),首先假设电磁波传播的方向为沿 Z 轴,进一步,由于电磁波的电场矢量方向、磁场矢量方向以及电磁波的传播方向相互垂直,则该电磁波的电场分量有且仅有 2 个,方向分别为沿 X 轴和沿 Y 轴,其电场矢量可以表示如式(9-2)所示。这种电磁波称为单色平面波,为最基本的电磁波。

$$
\begin{aligned}
\boldsymbol{E}(z,t) &= \boldsymbol{E}_0 \cos(\omega t - k \cdot z + \varphi) \\
&= E_{0x} \cos(\omega t - k \cdot z + \varphi_x)\hat{a}_x + E_{0y} \cos(\omega t - k \cdot z + \varphi_y)\hat{a}_y \\
&= \begin{bmatrix} E_{0x} \cos(\omega t - k \cdot z + \varphi_x)\hat{a}_x \\ E_{0y} \cos(\omega t - k \cdot z + \varphi_y)\hat{a}_y \\ 0 \end{bmatrix}
\end{aligned}
\tag{9-2}
$$

式中,φ_x,φ_y 分别为 φ 在 X 轴与 Y 轴上的分量;$\hat{a}_x$,$\hat{a}_y$ 分别为 X 轴与 Y 轴的单位矢量;E_{0x},E_{0y} 分别为 E_0 在 X 轴与 Y 轴方向的分量。

根据叠加原理,两个不同幅度、不同相位、相互正交的电磁波可以合成任意一种极化电磁波,则根据式(9-2)可以得到如下几种常见的极化方式。

(1)线极化:当 $\varphi_x = \varphi_y$ 时,可以得到线极化波,其具体表现为电场矢量的终点方向不随时间变化。线极化的具体表达式为:

$$
E(z,t) = \sqrt{E_{0x}^2 + E_{0y}^2} \begin{bmatrix} \cos\varphi \\ \sin\varphi \\ 0 \end{bmatrix} \cos(\omega t - k \cdot z + \varphi_{0x})
\tag{9-3}
$$

(2)圆极化:当满足 $E_{0x} = E_{0y}$,$|\varphi_{0x} - \varphi_{0y}| = \pi/2$ 时,可以得到圆极化波,其具体表现为电场矢量方向终点的轨迹为一个围绕 Z 轴旋转的圆。圆极化的具体表达式为:

$$
\begin{cases} E(z,t) = \sqrt{E_{0x}^2 + E_{0y}^2} \\ \varphi_z = \cos(\omega t - k \cdot z + \varphi_{0x}) \end{cases}
\tag{9-4}
$$

(3)椭圆极化:除线极化与圆极化这两种特殊的极化方式外,其他更为一般情形的极化方式均为椭圆极化。椭圆极化表现为电场矢量方向终点轨迹为围绕 Z 轴旋转的椭圆。

图 9-2 为三种常见极化方式的示意图。目前的雷达系统主要采用线极化波作为工作模式,由于线极化的电场矢量不随时间改变,因此其可以分为水平极化和垂直极化两种模式。水平极化代表电磁波的电场矢量与目标照射面垂直,而垂直极化则代表电磁波的电场矢量与目标照射面平行。一般采用 HH 极化方式表达 SAR 信号水平发射+水平接收,HV 极化方式表达 SAR 信号水平发射+垂直接收。实际上,雷达系统在工作中采用水平极化、垂直极化同时收发信号,可以最终合成任意一种极化状态下的雷达数据。图 9-3 为极化雷达系统的天线设计原理图。

9.1.2 极化波的表征

在分析与描述极化波时,由于波的传播作用,其在空间上表现为复杂的三维螺旋结构,

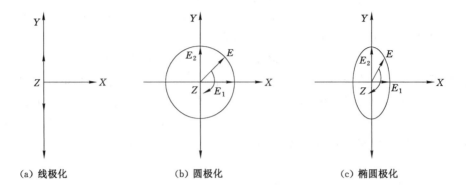

（a）线极化　　　　　　（b）圆极化　　　　　　（c）椭圆极化

图 9-2　线极化、圆极化、椭圆极化示意图

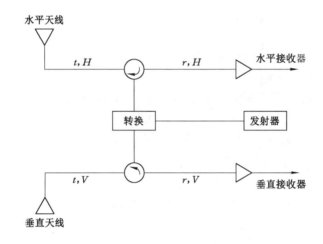

图 9-3　极化雷达系统的天线设计原理图

因此需要通过一定的表达方式对其进行描述，本书主要介绍三种极化波的表征方式，下面具体介绍。

9.1.2.1　极化椭圆

在极化波传播过程中，由于三维螺旋结构相当复杂，因此为简化对极化波的描述和分析中存在的困难，一般选择在电磁波传播方向的 Z 轴上选择固定一点 $z=z_0$ 用以描述该电磁波的极化特性。当电磁波通过 z_0 点时，其在 X 轴与 Y 轴共同所在的平面内行成一条椭圆轨迹，这个椭圆也被称为极化椭圆。

不失一般性，在 $z=0$ 平面内，此时极化椭圆上任一点可以表示为：

$$\begin{cases} E_x = E_{0x}\cos(\omega t) \\ E_y = E_{0y}\cos[\omega(t-t_0)] = E_{0y}\cos(\omega t - \varphi_0) \end{cases} \tag{9-5}$$

进一步，消除式（9-5）中的时间参数，可以得到极化椭圆的具体表达式：

$$\begin{cases} \dfrac{E_x \cos \varphi_0}{E_{0x}} - \dfrac{E_x}{E_{0y}} = \sin(\omega t)\sin\varphi_0 = \sqrt{1 - \dfrac{E_x^2}{E_{0x}^2}}\sin\varphi_0 \\ \qquad\qquad\qquad \Downarrow \\ \dfrac{E_x^2}{E_{0x}^2} + \dfrac{E_y^2}{E_{0y}^2} - 2\dfrac{E_x E_y}{E_{0x}E_{0y}}\cos\varphi_0 - \sin^2\varphi_0 = 0 \end{cases} \tag{9-6}$$

由式(9-6)可知:极化椭圆的形状、方向取决于 $E_{0x}, E_{0y}, \varphi_0$ 3 个参数。

此外,椭圆可以用更方便的参数表示,如椭圆的长轴倾角 θ 和椭圆率 τ,其可以用来描述椭圆的形状,如图 9-4 所示。当极化波为线极化时,椭圆率 $\tau=0$;当极化波为圆极化时,椭圆率存在最大值($\tau=\pi/4$)。注意到:椭圆长轴倾角 θ 与椭圆率 τ 均有明确的取值范围,分别为 $-\pi/2 \leqslant \theta < \pi/2$ 和 $-\pi/4 \leqslant \tau \leqslant \pi/4$,且由于平面旋转作用,椭圆长轴倾角 θ 的变化可能是明显的。

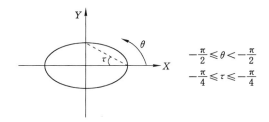

图 9-4　极化椭圆示意图

常见极化状态下的极化椭圆参数见表 9-1。

表 9-1　常见极化状态下的极化椭圆参数

	水平极化	垂直极化	+45°线极化	−45°线极化	左旋圆极化	右旋圆极化
椭圆方向角 θ	0	$\dfrac{\pi}{2}$	$\dfrac{\pi}{4}$	$-\dfrac{\pi}{4}$	$\left[-\dfrac{\pi}{2}, \dfrac{\pi}{2}\right)$	$\left[-\dfrac{\pi}{2}, \dfrac{\pi}{2}\right)$
椭圆率角 τ	0	0	0	0	$\dfrac{\pi}{4}$	$-\dfrac{\pi}{4}$

9.1.2.2　Jones 矢量

除采用极化椭圆这种几何描述方法外,电磁波的电场矢量强度还可以采用 Jones 矢量表示。对于单色平面波,式(9-2)可以直接表示为:

$$\begin{aligned} E(z,t) &= \begin{bmatrix} E_{0x}\cos(\omega t - kz + \varphi_x) \\ E_{0y}\cos(\omega t - kz + \varphi_y) \end{bmatrix} \\ &= Re\left\{ \begin{bmatrix} E_{0x}\mathrm{e}^{\mathrm{i}\varphi_x} \\ E_{0y}\mathrm{e}^{\mathrm{i}\varphi_y} \end{bmatrix} \mathrm{e}^{\mathrm{i}\omega t}\mathrm{e}^{-\mathrm{i}k\cdot z} \right\} \end{aligned} \tag{9-7}$$

式中,i 为复数标识。

进一步,对于任意电场矢量 $\boldsymbol{E}$,其对应的 Jones 矢量可以定义为:

$$\boldsymbol{E}_J = \begin{bmatrix} E_{0x}\mathrm{e}^{\mathrm{i}\varphi_x} \\ E_{0y}\mathrm{e}^{\mathrm{i}\varphi_y} \end{bmatrix} = \begin{bmatrix} E_x \\ E_y \end{bmatrix} \tag{9-8}$$

Jones 矢量的优点是其用最少的参数描述了电磁波的极化状态,且基本与极化椭圆等价。因此,通过极化椭圆参数也可以对 Jones 矢量进行描述:

$$\boldsymbol{E}_J = \sqrt{E_{0x}^2 + E_{0y}^2}\, e^{i\alpha} \begin{bmatrix} \cos\theta & -\sin\theta \\ \sin\theta & \cos\theta \end{bmatrix} \begin{bmatrix} \cos\tau \\ i\sin\tau \end{bmatrix} \tag{9-9}$$

式中,α 为绝对相位项。

任意两个正交的 Jones 矢量可以构成一组正交基,不同的正交基之间也可以通过一定的数学关系相互转换。因此对于特定目标,在任意一组正交基已知的情况下,即可以获取对应目标在其他正交基下的表现状态,即获取该目标在任意极化电磁波照射下的响应状态。常见极化状态对应的 Jones 矢量参数见表 9-2。

表 9-2　常见极化状态对应下的 Jones 矢量参数

	水平极化	垂直极化	+45°线极化	−45°线极化	左旋圆极化	右旋圆极化
单位 Jones 矢量	$\begin{bmatrix}1\\0\end{bmatrix}$	$\begin{bmatrix}0\\1\end{bmatrix}$	$\dfrac{1}{\sqrt{2}}\begin{bmatrix}1\\1\end{bmatrix}$	$\dfrac{1}{\sqrt{2}}\begin{bmatrix}1\\-1\end{bmatrix}$	$\dfrac{1}{\sqrt{2}}\begin{bmatrix}1\\i\end{bmatrix}$	$\dfrac{1}{\sqrt{2}}\begin{bmatrix}1\\-i\end{bmatrix}$

9.1.2.3　Stokes 矢量

由式(9-8)可知:Jones 矢量由于自身为复数矢量,描述的对象为相干雷达幅度与相位,显然不适用于只能测量电磁波功率的非相干雷达。因此,需要引入一种新的矢量,仅采用功率即可以描述电磁波的极化状态,即 Stokes 矢量。

Stokes 矢量以 Jones 矢量为基础,将 Jones 矢量及其本身共轭转置得到的矢量进行外积运算,可以获取一个 Hermite 矩阵。

$$\boldsymbol{E}_J \boldsymbol{E}_J^{*\mathrm{T}} = \begin{bmatrix} E_x \\ E_y \end{bmatrix} \begin{bmatrix} E_x \\ E_y \end{bmatrix}^{*\mathrm{T}} = \begin{bmatrix} E_x E_x^* & E_x E_y^* \\ E_y E_x^* & E_y E_y^* \end{bmatrix}$$

$$= \frac{1}{2} \begin{bmatrix} g_0 + g_1 & g_2 - ig_3 \\ g_2 + ig_3 & g_0 - g_1 \end{bmatrix} \tag{9-10}$$

式中,$*\mathrm{T}$ 代表共轭转置。

进一步,由式(9-9)中的 g_0, g_1, g_2, g_3 可以构成新的矢量参数,即 Stokes 矢量参数,具体的,Stokes 矢量表示为:

$$\boldsymbol{g}_E = \begin{bmatrix} g_0 \\ g_1 \\ g_2 \\ g_3 \end{bmatrix} = \begin{bmatrix} E_x^2 + E_y^2 \\ E_x^2 - E_y^2 \\ 2Re(E_x E_y^*) \\ -2Im(E_x E_y^*) \end{bmatrix} \tag{9-11}$$

根据式(9-11)可以进一步得到 Stokes 矢量参数之间的关系式:

$$g_0^2 - g_1^2 - g_2^2 - g_3^2 = 0 \tag{9-12}$$

进而由式(9-12)可知:Stokes 矢量的 4 个参数之间存在相关关系,其只有 3 个独立参数。此外,由于 Stokes 矢量以 Jones 矢量为基础,因此其仍然可以利用极化椭圆参数表达,

$$\boldsymbol{g}_E = \begin{bmatrix} g_0 \\ g_1 \\ g_2 \\ g_3 \end{bmatrix} = \begin{bmatrix} \sqrt{E_{0x}^2 + E_{0y}^2} \\ (E_{0x}^2 + E_{0y}^2)\cos(2\theta)\sin(2\tau) \\ (E_{0x}^2 + E_{0y}^2)\sin(2\theta)\cos(2\tau) \\ (E_{0x}^2 + E_{0y}^2)\sin(2\tau) \end{bmatrix} \tag{9-13}$$

表 9-3 给出了常见极化状态下的 Stokes 矢量参数。

表 9-3　常见极化状态下的 Stokes 矢量参数

	水平极化	垂直极化	+45°线极化	−45°线极化	左旋圆极化	右旋圆极化
单位 Stokes 矢量	$\begin{bmatrix}1\\1\\0\\0\end{bmatrix}$	$\begin{bmatrix}1\\-1\\0\\0\end{bmatrix}$	$\begin{bmatrix}1\\0\\1\\0\end{bmatrix}$	$\begin{bmatrix}1\\0\\-1\\0\end{bmatrix}$	$\begin{bmatrix}1\\0\\0\\1\end{bmatrix}$	$\begin{bmatrix}1\\0\\0\\-1\end{bmatrix}$

9.1.3　极化波的散射

当雷达系统发射的电磁波照射到电介质表面时会感应产生矢量电流,感应电流的电场矢量方向和幅度与电介质的形状、材料、介电常数等密切相关。与此同时,这些电场矢量作为"二级源"产生新的磁场矢量,进而生成新的电磁波向电介质所在空间辐射,这便是极化波的散射。散射波的极化包含感应电流电场矢量的基本特性,不同电介质所产生的散射波可能是不同的。下面对极化波的散射进行具体介绍。

9.1.3.1　Sinclair 极化后向散射矩阵

入射电磁波与照射目标相互作用后会产生电磁波的散射,而雷达系统接收到的散射波可能与原入射波的极化方式存在一定的差异。如何描述这种入射电磁波与散射电磁波之间存在的极化差异,需要引入极化后向散射矩阵,即 Sinclair 极化后向散射矩阵。

假设入射电磁波的 Jones 矢量为 $\boldsymbol{E}_i$,散射电磁波的 Jones 矢量为 $\boldsymbol{E}_s$,则在任意正交极化基 P-Q 下,目标散射过程可以具体表示为:

$$\begin{aligned} \boldsymbol{E}_s &= \frac{\mathrm{e}^{-\mathrm{i}\beta r}}{r}\begin{bmatrix} S_{PP} & S_{PQ} \\ S_{QP} & S_{QQ} \end{bmatrix}\boldsymbol{E}_i \\ &= \frac{\mathrm{e}^{-\mathrm{i}\beta r}}{r}\boldsymbol{S}\boldsymbol{E}_i \end{aligned} \tag{9-14}$$

式中,r 为散射目标到雷达系统接收天线的距离;β 为电磁波波数;$\mathrm{e}^{-\mathrm{i}\beta r}/r$ 为电磁波在传播过程中发生的相位、幅度变化;$\boldsymbol{S}$ 为 Sinclair 散射矩阵,其包含散射体的极化等信息。

$\boldsymbol{S}$ 矩阵为复二维矩阵,对应的 4 个基本的矩阵元素 S_{PP},S_{PQ},S_{QP},S_{QQ}(P 代表极化接收,Q 代表极化发射)称为散射系数。此外,注意到 S 矩阵的主对角线上 2 个元素分别代表入射波与散射波的极化方式相同,称为同极化项,辅对角线上 2 个元素分别代表入射波与散射波的极化方式不同,称为交叉极化项。

前文已经提及目前的雷达遥感领域,SAR 系统一般的工作模式为垂直发射或水平发射电磁波,相同的,雷达系统的接收天线可以接收垂直极化或水平极化的电磁波。进而,

Sinclair 极化后向散射矩阵 S 在水平-垂直极化基（H-V 极化基）下可以表达为：

$$S = \begin{bmatrix} S_{HH} & S_{HV} \\ S_{VH} & S_{VV} \end{bmatrix} \tag{9-15}$$

式中，HH 为电磁波水平发射、水平接收；VV 为电磁波垂直发射、垂直接收；HV 为雷电磁波水平发射、垂直接收；VH 为电磁波垂直发射，水平接收。当传播介质满足互异性假设时，$S_{HV} = S_{VH}$。此外，由于交叉极化多数由目标多次散射而形成，因此，一般而言交叉极化的后向散射比同极化的后向散射弱。

9.1.3.2　极化散射矩阵矢量化

式(9-15)所示 S 矩阵为一个数学意义上的矩阵，其代表了入射波与照射目标相互作用后散射波的变换，单靠矩阵现有形式难以对其物理意义进行准确描述。为解译其蕴含的物理信息，一般采用矩阵矢量化的方法将 S 矩阵扩展成为目标散射矢量的形式。

在单站体制以及传播媒介满足互异性假设的条件下，目前极化 SAR 领域最常用的矢量基有两种，具体如下。

（1）Lexicographic 基

Lexicographic 基矩阵可定义为：

$$\{\psi_L\} = 2 \left\{ \begin{bmatrix} 1 & 0 \\ 0 & 0 \end{bmatrix} \quad \sqrt{2} \begin{bmatrix} 0 & 1 \\ 0 & 0 \end{bmatrix} \quad \begin{bmatrix} 0 & 0 \\ 0 & 1 \end{bmatrix} \right\} \tag{9-16}$$

根据 Lexicographic 基矩阵对 S 矩阵进行矢量化，可以获取 Lexicographic 基对应的目标散射矢量矩阵：

$$\boldsymbol{k}_L = \begin{bmatrix} S_{HH} \\ \sqrt{2} S_{HV} \\ S_{VV} \end{bmatrix} \tag{9-17}$$

（2）Pauli 基

Pauli 基矩阵定义为：

$$\{\psi_L\} = \sqrt{2} \left\{ \begin{bmatrix} 1 & 0 \\ 0 & 1 \end{bmatrix} \quad \begin{bmatrix} 1 & 0 \\ 0 & -1 \end{bmatrix} \quad \begin{bmatrix} 0 & 1 \\ 1 & 0 \end{bmatrix} \right\} \tag{9-18}$$

根据 Pauli 基矩阵对 S 矩阵进行矢量化，可以获取 Pauli 基对应的目标散射矢量矩阵：

$$\boldsymbol{k}_P = \frac{1}{\sqrt{2}} \begin{bmatrix} S_{HH} + S_{VV} \\ S_{HH} - S_{VV} \\ 2S_{HV} \end{bmatrix} \tag{9-19}$$

（3）Lexicographic 基与 Pauli 基目标散射矢量矩阵之间的转换关系

由式(9-17)和式(9-19)可知：两组目标散射矢量可以通过下式互相转换。

$$\boldsymbol{k}_L = \frac{1}{\sqrt{2}} \begin{bmatrix} 1 & 1 & 0 \\ 0 & 0 & \sqrt{2} \\ 1 & -1 & 0 \end{bmatrix} \boldsymbol{k}_P \tag{9-20}$$

$$\boldsymbol{k}_P = \frac{1}{\sqrt{2}} \begin{bmatrix} 1 & 0 & 1 \\ 1 & 0 & -1 \\ 0 & \sqrt{2} & 0 \end{bmatrix} \boldsymbol{k}_L \tag{9-21}$$

9.1.3.3　极化协方差矩阵 $\boldsymbol{C}$ 与极化相干矩阵 $\boldsymbol{T}$

现实情况下,雷达照射的目标多数为分布式散射体目标。而在这种情况下,由于 $\boldsymbol{S}$ 矩阵只能描述单一、独立的散射体目标,因而不再适用。此时,科研人员通过二阶统计量的方式,来描述分布式散射体目标复杂的散射特性,即采用极化协方差矩阵 $\boldsymbol{C}$ 与极化相干矩阵 $\boldsymbol{T}$,其可以充分描述由多个独立散射体组成的分布式散射体复杂的极化特性。

（1）极化协方差矩阵 $\boldsymbol{C}$

通过 Lexicographic 基目标散射矢量组合可以获取极化协方差矩阵 $\boldsymbol{C}$。

$$
\boldsymbol{C}_3 = \langle \boldsymbol{k}_L \boldsymbol{k}_L^{*\mathrm{T}} \rangle = \begin{bmatrix} \langle |S_{\mathrm{HH}}|^2 \rangle & \sqrt{2}\langle S_{\mathrm{HH}} S_{\mathrm{HV}}^* \rangle & \langle S_{\mathrm{HH}} S_{\mathrm{VV}}^* \rangle \\ \sqrt{2}\langle S_{\mathrm{HV}} S_{\mathrm{HH}}^* \rangle & 2\langle |S_{\mathrm{HV}}|^2 \rangle & \sqrt{2}\langle S_{\mathrm{HV}} S_{\mathrm{VV}}^* \rangle \\ \langle S_{\mathrm{VV}} S_{\mathrm{HH}}^* \rangle & \sqrt{2}\langle S_{\mathrm{VV}} S_{\mathrm{HV}}^* \rangle & \langle |S_{\mathrm{HV}}|^2 \rangle \end{bmatrix} \tag{9-22}
$$

式中,$\langle\ \rangle$ 为取多视平均符号。

（2）极化相干矩阵 $\boldsymbol{T}$

通过 Pauli 基目标散射矢量组合可以获取极化协方差矩阵 $\boldsymbol{T}$。

$$
\boldsymbol{T}_3 = \langle \boldsymbol{k}_P \boldsymbol{k}_P^{*\mathrm{T}} \rangle
$$
$$
= \frac{1}{2}\begin{bmatrix} \langle |S_{\mathrm{HH}} + S_{\mathrm{VV}}|^2 \rangle & \langle (S_{\mathrm{HH}} + S_{\mathrm{VV}})(S_{\mathrm{HH}} - S_{\mathrm{VV}})^* \rangle & 2\langle (S_{\mathrm{HH}} + S_{\mathrm{VV}})S_{\mathrm{HV}}^* \rangle \\ \langle (S_{\mathrm{HH}} - S_{\mathrm{VV}})(S_{\mathrm{HH}} + S_{\mathrm{VV}})^* \rangle & \langle |S_{\mathrm{HH}} - S_{\mathrm{VV}}|^2 \rangle & 2\langle (S_{\mathrm{HH}} - S_{\mathrm{VV}})S_{\mathrm{HV}}^* \rangle \\ 2\langle S_{\mathrm{HV}}(S_{\mathrm{HH}} + S_{\mathrm{VV}})^* \rangle & 2\langle S_{\mathrm{HV}}(S_{\mathrm{HH}} - S_{\mathrm{VV}})^* \rangle & 4\langle |S_{\mathrm{HV}}|^2 \rangle \end{bmatrix}
$$
$$
\tag{9-23}
$$

（3）极化协方差矩阵 $\boldsymbol{C}$ 与极化相干矩阵 $\boldsymbol{T}$ 之间的转换关系

由式（9-22）和式（9-23）可以看出:极化协方差矩阵 $\boldsymbol{C}$ 与极化相干矩阵 $\boldsymbol{T}$ 均为半正定的 Hermitian 矩阵,且两个矩阵之间可以通过酉变换互相转换。

$$
\boldsymbol{C}_3 = \begin{bmatrix} \dfrac{1}{\sqrt{2}} & \dfrac{1}{\sqrt{2}} & 0 \\ 0 & 0 & 1 \\ \dfrac{1}{\sqrt{2}} & -\dfrac{1}{\sqrt{2}} & 0 \end{bmatrix} \boldsymbol{T}_3 \begin{bmatrix} \dfrac{1}{\sqrt{2}} & \dfrac{1}{\sqrt{2}} & 0 \\ 0 & 0 & 1 \\ \dfrac{1}{\sqrt{2}} & -\dfrac{1}{\sqrt{2}} & 0 \end{bmatrix}^{\mathrm{T}} \tag{9-24}
$$

$$
\boldsymbol{T}_3 = \begin{bmatrix} \dfrac{1}{\sqrt{2}} & 0 & \dfrac{1}{\sqrt{2}} \\ \dfrac{1}{\sqrt{2}} & 0 & -\dfrac{1}{\sqrt{2}} \\ 0 & 1 & 0 \end{bmatrix} \boldsymbol{C}_3 \begin{bmatrix} \dfrac{1}{\sqrt{2}} & 0 & \dfrac{1}{\sqrt{2}} \\ \dfrac{1}{\sqrt{2}} & 0 & -\dfrac{1}{\sqrt{2}} \\ 0 & 1 & 0 \end{bmatrix}^{\mathrm{T}} \tag{9-25}
$$

9.2　极化目标分解

极化目标分解的作用是从极化 SAR 数据中提取不同的散射机制和极化特征参数,进而从物理角度解译目标散射机理。极化目标分解主要分为相干分解和非相干分解两类。相干目标分解的对象是极化 SAR 获取的单视 Sinclair 散射矩阵。由于此类分解方法针对的是确定性目标,在自然场景中较少,目前的理论和应用较少,具有代表性的方法有 Pauli 分解、

Krogager 分解、Cameron 分解等。

非相干目标分解的主要对象是多视相干矩阵或者协方差矩阵,针对的是分布式目标。非相干目标分解主要分为两大类:基于特征值的目标分解方法和基于模型的分解方法。

对于基于特征值的目标分解方法,Cloude 和 Pottier 利用特征值和特征向量定义了极化熵 H 和平均散射角 alpha,建立 H-alpha 平面,粗略地将目标散射划分为几类已知的散射机制,故 Cloude-Pottier 分解又称为 H-alpha 分解,是目前最常用的基于特征值的分解方法。在此基础上,国内外学者相继提出了一些其他方法,主要包括 An 分解、Holm 分解、Van Zyl 分解、Touzi 分解、Anisworth 分解、Paladini 分解等。这些方法数学推导过程严密,但物理意义并不是十分明确。

对于基于模型的分解方法,Freeman 和 Durden 根据森林场景的结构形态特征及物理属性,结合微波信号传输的特点,首次提出了 Freeman 三分量分解模型,将森林区域的散射过程主要概括为三种散射机制:表面(奇次)散射、二面角(偶次)散射以及体散射。在此基础上,国内外学者相继提出了一系列其他改进方法,主要有 Neumann 分解、Yamaguchi 分解等。

本书主要介绍了 3 种最具代表性的分解方法:Pauli 分解、Cloude-Pottier 分解和 Freeman-Durden 三分量分解。

9.2.1 Pauli 分解

Pauli 分解基于 S 矩阵进行。在满足互异性假设的条件下,Pauli 分解将 S 矩阵分解为 3 个 Pauli 基矩阵的加权和,具体表达式为:

$$S = \begin{bmatrix} S_{HH} & S_{HV} \\ S_{VH} & S_{VV} \end{bmatrix} = \frac{a}{\sqrt{2}} \begin{bmatrix} 1 & 0 \\ 0 & 1 \end{bmatrix} + \frac{b}{\sqrt{2}} \begin{bmatrix} 1 & 0 \\ 0 & -1 \end{bmatrix} + \frac{c}{\sqrt{2}} \begin{bmatrix} 0 & 1 \\ 1 & 0 \end{bmatrix} \tag{9-26}$$

其中,系数 a、b、c 均为复数,具体表达式为:

$$\begin{cases} a = \dfrac{1}{\sqrt{2}}(S_{HH} + S_{VV}) \\ b = \dfrac{1}{\sqrt{2}}(S_{HH} - S_{VV}) \\ c = \sqrt{2} S_{HV} \end{cases} \tag{9-27}$$

式中,3 个复系数与总功率 SPAN 满足如下关系式:

$$|a|^2 + |b|^2 + |c|^2 = \text{SPAN} \tag{9-28}$$

Pauli 分解具有明确的物理意义,其将目标散射过程分解为三种散射机制:(1) 奇次(表面)散射,$|a|^2$ 代表了奇次散射机制目标的散射能量;(2) 偶次(二面角)散射,$|b|^2$ 代表了偶次散射机制目标的散射能量;(3) 体散射,$|c|^2$ 代表了体散射体制目标的散射能量。

9.2.2 Cloude-Pottier 分解

Cloude-Pottier 分解基于 T 矩阵进行,是一种最常见的基于特征值的非相干分解方法。利用特征值分解,Cloude-Pottier 分解将 T 矩阵为 3 个相互独立的目标之和,分解过程可以表示为：

$$\boldsymbol{T} = \boldsymbol{U} \sum \boldsymbol{U}^{-1} = \sum_{i=1}^{3} \lambda_i \boldsymbol{T}_i = \sum_{i=1}^{3} \lambda_i \boldsymbol{u}_i \boldsymbol{u}_i^{*\mathrm{T}} \tag{9-29}$$

式中，$\sum$ 为一个 3×3 的对角矩阵，其矩阵元素对应 $\boldsymbol{T}$ 矩阵的 3 个特征值 $\lambda_1, \lambda_2, \lambda_3$，且满足 $\lambda_1 \geqslant \lambda_2 \geqslant \lambda_3$，分别描述 3 个目标的散射权重；$\boldsymbol{U}$ 由 3 个特征值对应的单位特征向量 $\boldsymbol{u}_i$ 组成；$\boldsymbol{T}_i$ 为每个独立目标对应的极化相干矩阵。

矩阵特征值具有旋转不变性，其分布存在以下几种情况：(1) 只存在一个非零特征值，代表单一散射目标情况；(2) 3 个特征值相等，代表完全随机散射情况；(3) 其他一般情况介于二者之间。

9.2.3 Freeman-Durden 三分量分解

Freeman-Durden 三分量分解是基于散射模型的非相干目标分解方法，将散射机制分解为表面散射、二次散射、体散射三种类型，同时分别建立对应的物理散射模型，是极为经典的非相干分解方法之一。

(1) 表面散射模型

表面散射模型采用电磁波在微粗糙度表面的一阶布拉格(Bragg)散射模型描述，忽略交叉极化项，具有垂直和水平极化响应，则极化散射矩阵可以表示为：

$$\boldsymbol{S} = \begin{bmatrix} R_{\mathrm{H}} & 0 \\ 0 & R_{\mathrm{V}} \end{bmatrix} \tag{9-30}$$

式中，$R_{\mathrm{H}}, R_{\mathrm{V}}$ 分别表示水平和垂直 Bragg 反射系数。

对 $\boldsymbol{S}$ 矩阵进行 Pauli 基矢量化后可以得到对应的极化相干矩阵形式：

$$\boldsymbol{T}_s = \begin{bmatrix} 1 & \beta^* & 0 \\ \beta & |\beta|^2 & 0 \\ 0 & 0 & 0 \end{bmatrix} \tag{9-31}$$

$$\beta = \frac{R_{\mathrm{H}} - R_{\mathrm{V}}}{R_{\mathrm{H}} + R_{\mathrm{V}}}$$

β 理论上是一个复系数，然而对于微波照射下的大多数自然地表，其虚部远小于实部，在参数求解时可只取实部、忽略虚部。

(2) 二次散射模型

二次散射模型描述电磁波在由相互垂直的两个平面构成的二面角结构中的散射情况，如森林区域的地面-树干构成的二面角散射体和城市区域地面-墙面构成的二面角散射体。二面角散射模型的散射矩阵为：

$$\boldsymbol{S} = \begin{bmatrix} \mathrm{e}^{2\mathrm{j}\gamma_{\mathrm{H}}} R_{\mathrm{TH}} R_{\mathrm{SH}} & 0 \\ 0 & \mathrm{e}^{2\mathrm{j}\gamma_{\mathrm{V}}} R_{\mathrm{TV}} R_{\mathrm{SV}} \end{bmatrix} \tag{9-32}$$

式中，$\gamma_{\mathrm{H}}, \gamma_{\mathrm{V}}$ 为电磁波传播过程的相位衰减或变化；$R_{\mathrm{SH}}, R_{\mathrm{SV}}, R_{\mathrm{TH}}, R_{\mathrm{TV}}$ 为 4 个不同的 Fresnel 反射系数。

同样，对 $\boldsymbol{S}$ 矩阵进行 Pauli 基矢量化后可以得到对应的极化相干矩阵：

$$\boldsymbol{T}_d = \begin{bmatrix} |\alpha|^2 & \alpha & 0 \\ \alpha^* & 1 & 0 \\ 0 & 0 & 0 \end{bmatrix} \tag{9-33}$$

式中，α 为复系数。

（3）体散射模型

体散射模型采用随机取向的偶极子集合描述，其中，单一长圆柱形垂直偶极子的散射矩阵 S 可以表示为：

$$S = \begin{bmatrix} 0 & 0 \\ 0 & 1 \end{bmatrix} \tag{9-34}$$

对一组随机取向的偶极子，可假设垂直方向圆柱体存在一个围绕雷达视线方向的旋转角 θ，则旋转后的散射矩阵可表示为：

$$S(\theta) = R_2(\theta) S R_2^H(\theta) = \begin{bmatrix} \sin^2\theta & \sin\theta\cos\theta \\ \sin\theta\cos\theta & \cos^2\theta \end{bmatrix} \tag{9-35}$$

体散射的散射矩阵中交叉极化项非零。

对 S 矩阵进行 Pauli 基矢量化后可以得到极化相干矩阵：

$$T(\theta) = \begin{bmatrix} \dfrac{1}{2} & \dfrac{-\cos(2\theta)}{2} & \dfrac{\sin(2\theta)}{2} \\ \dfrac{-\cos(2\theta)}{2} & \dfrac{\cos(4\theta)}{4}+\dfrac{1}{4} & -\dfrac{\sin(4\theta)}{4} \\ \dfrac{\sin(2\theta)}{2} & -\dfrac{\sin(4\theta)}{4} & -\dfrac{\cos(4\theta)}{4}+\dfrac{1}{4} \end{bmatrix} \tag{9-36}$$

假定随机取向服从均匀分布，即 $p(\theta)=1/(2\pi)$，可得到最终的体散射模型。

$$T_v = \int_{-\pi}^{\pi} T(\theta) p(\theta) \mathrm{d}\theta = \frac{1}{4} \begin{bmatrix} 2 & 0 & 0 \\ 0 & 1 & 0 \\ 0 & 0 & 1 \end{bmatrix} \tag{9-37}$$

假设 3 种散射分量互不相关，则目标二阶统计量可以看成 3 个散射分量对应的二阶统计量之和。因此，Freeman-Durden 三分量分解将目标极化相干矩阵分解为：

$$T = f_s T_s + f_d T_d + f_v T_v = \begin{bmatrix} f_s + f_d \mid \alpha \mid^2 + \dfrac{2}{4} & f_s\beta^* + f_d\alpha & 0 \\ f_s\beta + f_d\alpha^* & f_s \mid \beta \mid^2 + f_d + \dfrac{f_v}{4} & 0 \\ 0 & 0 & \dfrac{f_v}{4} \end{bmatrix} \tag{9-38}$$

式中，f_s, f_d, f_v 为对应 3 个散射分量的散射系数。

T 矩阵是一个 Hermitian 矩阵，共包含 9 个实数观测量。

9.3 极化矢量干涉

全极化 SAR 系统在传统单极化 SAR 系统的基础上引入了极化信息，相应的，全极化 SAR 系统雷达天线获取的也不再是复散射标量信号，而是包含 4 种极化方式的极化后向散射矩阵 S_1 及 S_2。

$$\begin{cases} \boldsymbol{S}_1 = \begin{bmatrix} S_{HH}^1 & S_{HV}^1 \\ S_{VH}^1 & S_{VV}^1 \end{bmatrix} \\ \boldsymbol{S}_2 = \begin{bmatrix} S_{HH}^2 & S_{HV}^2 \\ S_{VH}^2 & S_{VV}^2 \end{bmatrix} \end{cases} \tag{9-39}$$

为对全极化 SAR 系统进行干涉处理,则需要对极化后向散射矩阵进行矢量化。在满足互异性假设条件下,采用 Pauli 基对后向散射矩阵 $\boldsymbol{S}_1$ 及 $\boldsymbol{S}_2$ 分别进行矢量化,获取其对应的散射矢量 $\boldsymbol{k}_1$ 和 $\boldsymbol{k}_2$,具体形式为:

$$\begin{cases} \boldsymbol{k}_1 = \dfrac{1}{\sqrt{2}} \begin{bmatrix} S_{HH}^1 + S_{VV}^1 & S_{HH}^1 - S_{VV}^1 & 2S_{HV}^1 \end{bmatrix}^T \\ \boldsymbol{k}_2 = \dfrac{1}{\sqrt{2}} \begin{bmatrix} S_{HH}^2 + S_{VV}^2 & S_{HH}^2 - S_{VV}^2 & 2S_{HV}^2 \end{bmatrix}^T \end{cases} \tag{9-40}$$

根据主、辅 SAR 影像分别对应的散射矢量 $\boldsymbol{k}_1$ 和 $\boldsymbol{k}_2$,可以定义极化干涉矩阵 $\boldsymbol{T}_6$:

$$\boldsymbol{T}_6 = \left\langle \begin{bmatrix} \boldsymbol{k}_1 \\ \boldsymbol{k}_2 \end{bmatrix} \begin{bmatrix} \boldsymbol{k}_1^{*T} & \boldsymbol{k}_2^{*T} \end{bmatrix} \right\rangle = \begin{bmatrix} \boldsymbol{T}_{11} & \boldsymbol{\Omega}_{12} \\ \boldsymbol{\Omega}_{12}^{*T} & \boldsymbol{T}_{22} \end{bmatrix} \tag{9-41}$$

式中,$\boldsymbol{T}_{11}$,$\boldsymbol{T}_{22}$ 为主、辅影像的极化相干矩阵,包含极化信息;$\boldsymbol{\Omega}_{12}$ 为极化干涉相干矩阵,包含干涉信息。

式(9-41)中 $\boldsymbol{T}_{11}$,$\boldsymbol{T}_{22}$,$\boldsymbol{\Omega}_{12}$ 矩阵均为 3×3 维度的复矩阵,由其构成的 $\boldsymbol{T}_6$ 矩阵为 Hermitian 矩阵,包含了极化信息与干涉信息。

根据上述内容可知:相对于传统标量干涉技术,极化干涉技术引入矢量进行表达,因此其被称为矢量干涉,如图 9-5 为矢量干涉示意图。采用 Pauli 基对后向散射矩阵 $\boldsymbol{S}_1$ 及 $\boldsymbol{S}_2$ 分别进行矢量化后,在极化空间内通过引入两个单位矢量 $\boldsymbol{w}_1$ 和 $\boldsymbol{w}_2$,并通过其变换组合,将散射矢量 $\boldsymbol{k}_1$ 和 $\boldsymbol{k}_2$ 分别投影到 $\boldsymbol{\omega}_1$ 和 $\boldsymbol{\omega}_2$ 所在极化平面内,进而可以获取任意一种极化复相干系数的表达式:

$$\begin{aligned} \gamma(\boldsymbol{w}_1, \boldsymbol{w}_2) &= \frac{\left| (\boldsymbol{w}_1^{*T} \boldsymbol{k}_1)(\boldsymbol{w}_2^{*T} \boldsymbol{k}_2)^{*T} \right|}{\sqrt{\langle (\boldsymbol{w}_1^{*T} k_1)(\boldsymbol{w}_1^{*T} k_1) \rangle} \sqrt{(\boldsymbol{w}_2^{*T} k_2)(\boldsymbol{w}_2^{*T} k_2)}} \\ &= \frac{\left| \langle w_1^{*T} \boldsymbol{\Omega}_{12} w_2 \rangle \right|}{\sqrt{\langle w_1^{*T} \boldsymbol{T}_{11} w_1 \rangle \langle w_2^{*T} \boldsymbol{T}_{22} w_2 \rangle}} \end{aligned} \tag{9-42}$$

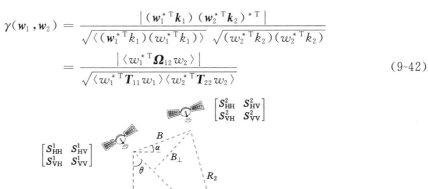

图 9-5　矢量干涉示意图

上述公式相较传统 InSAR 干涉公式更具一般性。

现实中,由于受到雷达参数、成像几何、微波传输介质、目标散射特性等因素的影响,会产生各种去相干因子,而极化复相干性可以具体表示为各种去相干因子的乘性组合。

$$\gamma = \gamma_{\text{temporal}} \gamma_{\text{SNR}} \gamma_{\text{volume}} \gamma_{\text{process}} \tag{9-43}$$

式中,γ_{temporal} 为时间去相干,主要表达两次雷达成像过程中由于目标场景发生改变而产生的去相干影响。γ_{volume} 为体去相干,主要表达 SAR 影像的任意像素内,监测目标的垂直结构在主、辅影像上的投影存在一定差异,导致主、辅影像中目标散射信息有所区别,进而产生了去相干影响。γ_{SNR} 为信噪比去相干,主要代表了由于雷达系统白噪声引起的去相干,其可以通过干涉图滤波等方法进行削弱或抑制。γ_{process} 为数据处理去相干,主要代表了由于主、辅影像配准误差等数据处理过程导致的去相干。

9.4 极化 SAR 应用

9.4.1 极化 SAR 农业应用

极化 SAR 不仅具有后向散射对农作物生物物理特性敏感的特征,还兼具对农作物方向、形状敏感度特性,在农业各项应用领域均具有极大的潜力。本章节简要介绍极化 SAR 在农作物识别和分类、农田土壤应用、农作物长势监测、农作物灾害监测中的应用。

(1) 农作物识别和分类

农作物识别和分类是极化 SAR 在农业中应用最早的方向之一,最初的研究主要通过增加不同极化后向散射进而提高农作物的分类精度,研究表明:相对于传统的基于单一极化信息,随着多极化信息的引入,农作物分类的精度明显提高。随着极化分解方法的提出与发展,引入不同极化分解参数可以有效提高农作物分类的精度,在玉米、大豆、小麦、水稻等分类研究中取得了良好的效果。

(2) 农田土壤应用

相比于传统 InSAR 技术,极化 SAR 技术由于引入多种极化信息,有效降低了基于后向散射特征反演土壤水分的不确定性,研究结果表明:应用极化 SAR 技术反演土壤含水量的均方根误差可以优于 4%。另外,极化 SAR 参数对土壤粗糙度较为敏感。随后,极化分解技术被应用于土壤水分反演中剔除土壤粗糙度的影响。随着极化 SAR 技术的深入发展,对于表征土壤粗糙度的特征参数研究也开始逐渐深入。

(3) 农作物长势监测

应用极化 SAR 数据进行农作物长势监测是目前应用热点领域之一,国内外众多研究团队基于极化 SAR 数据进行了水稻、玉米、大豆、小麦等农作物的长势监测、产量估计等研究,研究结果表明:各个极化参数对于农作物的敏感性受到农作物类型和物候期的影响有所差异,也验证了利用极化 SAR 数据进行农作物长势监测的可能性;在物候期识别方面,基于极化 SAR 对农作物生长周期结构变化敏感的优势,首先对覆盖物候期的极化 SAR 影像提取极化特征,分析农作物在整个生长过程中的极化参数变化特性,进而选取合适的极化参数对物候期进行划分,最终实现对农作物物候期的精准识别(图 9-6)。

(4) 农作物灾害监测

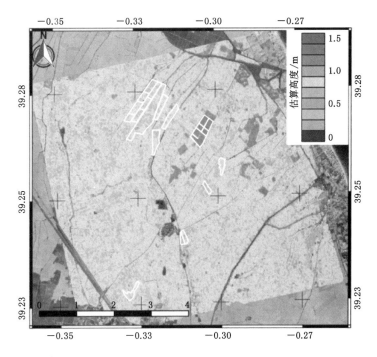

图 9-6　巴伦西亚实验场地大面积稻田长势监测图

(Juan M. Lopez-Sanchez et al. ,2017)

研究表明：HH 与 VV 极化方式的散射能量在小麦倒伏前后会发生明显逆转现象，同时，不同极化参数组合在小麦倒伏前后的特征变化明显，可用于小麦倒伏现象监测。

9.4.2　极化 SAR 林业应用

森林资源是林业发展的基础与命脉，是生态文明建设的重要载体。对于森林资源的监测，从尺度上可分为国家级的宏观监测和地块级的精细监测。传统的调查方法是以抽样理论为基础，以地面调查为主要方法进行，地面测量工作量大、更新周期长，全国难以取得统一时间、时空连续的森林资源调查成果。极化 SAR 技术具备全天时、全天候的观测能力，且波长相对较长，对于森林等植被叶簇具有一定的穿透能力，因此可获取与森林垂直结构参数更相关的遥感观测量。目前，极化 SAR 林业应用主要集中在林地覆盖类型分类、森林高度提取、生物量估计等方面。

（1）林地覆盖类型分类

应用传统单极化 SAR 特征进行分类的潜力和精度都较低，若要提高分类效果和精度，实现对林地覆盖类型的细化分类，则需要引入极化 SAR 信息进行解决。采用交叉极化的相干系数特征可以区分 SAR 影像中的林地与城市建筑用地划分混淆的问题；利用极化比等时变特征可以将林地覆盖类型细化为林地、疏林地、灌木林地等，实现了对林地覆盖类型的多级分类。研究表明：应用极化特征可以较好地区分森林/非森林，纹理特征可以减少林地与建筑用地的混淆区分，相干特征可以实现有效区分未成林造林地、幼龄林和中龄林等。

（2）森林高度提取

极化合成孔径雷达干涉测量技术在传统 InSAR 技术的基础上引入极化测量技术，不仅具有 InSAR 技术对目标散射体高度、位置敏感的特性，还具有对生物物理属性以及结构敏感的特性，可以区分同一分辨单元内的不同散射机理，具备区分地表、冠层散射相位中心的能力，为快速、大范围、高精度估测森林高度提供了可能。

基于极化干涉 SAR 数据的森林高度反演主要可以分为基于 PolInSAR 干涉相位差异的反演方法和基于 PolInSAR 物理散射模型的森林高度反演方法。① 基于 PolInSAR 干涉相位差异的森林高度反演方法主要思想：不同极化方式对应的散射机理不同，因此干涉相位中心高度在森林垂直方向上存在一定的差异。通过寻找体散射占优极化方式以及地面散射占优极化方式，对二者干涉相位做差得到干涉相位差，再通过相对高度转换公式将干涉相位差转换为高度值即可获取森林高度的估计值。② 基于 PolInSAR 物理散射模型的森林高度反演法主要思想：通过对森林区域进行抽象解译，建立极化复相干性与森林参数之间的关联，构建物理散射模型，进而采用不同解算方法对模型参数进行求解而获取森林高度的估计值。基于物理模型的 PolInSAR 森林高度反演，由于其相对简单、物理意义明确，因此深入研究较多，已经逐渐成为目前 PolInSAR 森林高度反演算法研究极为活跃的领域之一。

（3）森林蓄积量/生物量估计

基于极化 SAR 数据估计森林蓄积量/生物量，可以利用的基本信息为雷达后向散射信息，包含纹理和极化分解特征。从信息利用度角度，极化 SAR 数据的森林蓄积量/生物量估计研究大致可以分类以下三类：① 利用不同极化通道的后向散射系数信息建立森林参数的估测模型；② 利用局部空间上后向散射强度反映的纹理信息建立森林参数的估测模型；③ 利用极化分解的特征参数建立森林参数估测模型。由于森林的生物量或蓄积量与上述特征信息没有直接的物理含义的联系，因此利用上述特征进行估测的反演模型主要为经验模型，最常用的是线性、非线性的统计模型及神经网络等机器学习模型。上述方法基于后向散射系数的估测模型研究较多，这一类估测模型除了统计回归模型，还包括基于一定物理含义的半经验模型，例如水云模型及其演变形式。另外，还有基于森林场景模拟 SAR 影像的查找表方法的正向物理模型，但该方法过于复杂，实际应用的难度较大。

9.4.3 极化 SAR 图像舰船目标检测

随着极化 SAR 系统的快速发展，图像解译技术得到了越来越广泛的关注，基于极化 SAR 图像的目标检测方法已经成为目前 SAR 信息处理领域的前沿课题。研究表明：极化信息可以改善雷达目标检测与分类识别性能。

当前 PolSAR 舰船目标检测方法主要可以分为四大类，即极化特征目标检测方法、慢速运动目标检测方法、舰船目标尾迹检测方法和基于深度学习的目标检测方法。目标极化特征检测方法主要适用于舰船目标本体极化特征和杂波特征有一定差异情形下的检测；慢速运动目标检测方法主要适用于目标杂波极化特征差异较小但有一定速度差异的情形，同时也能提取目标运动信息以获取实时海面态势；舰船目标尾迹检测方法不是检测舰船目标本体，而是检测运动产生的尾迹，主要针对小目标和隐身目标。数据驱动的深度学习方法是人工智能的重要工具，不需要人工提取目标特征，在 PolSAR 图像智能解译中取得了巨大成功。恒虚警率（constant false alarm rate，CFAR）检测本质上属于统计信号处理，可以看作上述方法的后续。图 9-7 为 PolSAR 舰船检测方法的分类示意图。

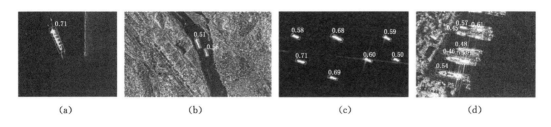

图 9-7 极化 SAR 图像舰船目标检测结果图(苏航等,2022)

9.4.4 极化 SAR 图像地物分类

近年来,随着极化 SAR 系统的不断发展,可用的极化 SAR 数据逐渐增加,分辨率也不断提高。与单极化 SAR 相比,极化 SAR 进行的是全极化测量,可以获取更丰富的目标信息,因此极化 SAR 的应用越来越广泛。采用极化 SAR 图像进行地物分类是极化 SAR 技术在实际应用中的一个重要发展方向,也是 SAR 图像解译的重要研究内容。

利用极化 SAR 图像进行地物分类的基本步骤为:预处理→特征提取→分类处理。预处理通常包括斑点滤波、几何校正和去取向角等。特征提取一般包括纹理特征提取和极化特征提取。

对极化 SAR 图像进行地物分类处理的方法多种多样,根据所用特征信息的不同,可以将分类方法归结为基于极化目标散射特性的分类、基于统计分析的分类、基于目标散射特性和统计方法相结合的分类。根据分类过程中是否需要人工标记样本,可以分为监督分类、无监督分类和半监督分类三大类。根据处理对象的不同可以分为基于像素级和基于对象级的分类。根据采用的技术方法的不同可以将极化 SAR 图像地物分类方法分为六种,分别是主动轮廓模型法、马尔可夫随机场模型法、模糊理论法、支持向量机法、神经网络法和融合算法。

9.5 基于 PIE-SAR 软件的极化 SAR 数据处理

9.5.1 数据处理流程

极化 SAR 数据处理可实现对全极化数据的深入分析,可提取目标极化散射机理,满足专业用户对全极化 SAR 数据高级处理分析的应用需求。本案例数据为旧金山区域 RADARSAT-2 全极化影像,分类处理主要涉及极化 SAR 模块和影像分类模块,其中,极化 SAR 模块包括极化合成、极化矩阵转换、极化滤波、极化分解、RGB 通道合成等部分,图像处理模块包括非监督分类、监督分类、ROI 工具及分类后处理等功能(图 9-8)。

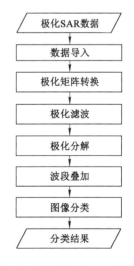

9.5.2 数据准备

实验数据采用旧金山地区 RADARSAT-2 影像数据(图 9-9), 图 9-8 极化分类处理流程图包含 HH、HV、VH 与 VV 全极化数据。

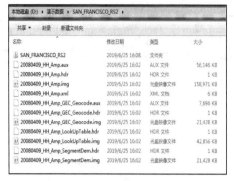
（a）影像数据列表

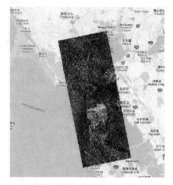
（b）原始影像与高德路线图叠加显示

图 9-9　原始影像数据

9.5.3　RADARSAT-2 全极化数据导入

选择菜单栏【数据导入】→【单景数据导入】→【RS-2】，打开"RADARSAT-2 数据导入"对话框（图 9-10）。

图 9-10　RADARSAT-2 数据导入界面

9.5.4　极化矩阵转换

极化散射矩阵（[S]）只能够描述相干或纯散射体，对于分布式散射体，为减小斑点噪声影响，将极化散射矩阵（[S]）转换为极化协方差矩阵（[C3]/[C4]）或极化相干矩阵（[T3]/[T4]）。

选择菜单栏【极化 SAR】→【极化矩阵转换】，打开"极化矩阵转换"对话框（图 9-11、图 9-12）。

9.5.5　极化滤波

本次极化滤波处理以精致极化 Lee 滤波为例进行操作，选择菜单栏【极化 SAR】→【极

图 9-11 极化矩阵转换界面

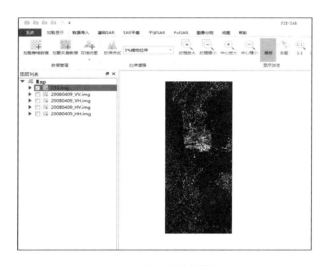

图 9-12 极化矩阵转换结果显示

化滤波】→【精致 Lee 滤波】,打开"精致极化 LEE 滤波"对话框(图 9-13)。

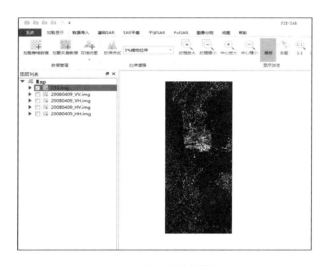

图 9-13 精致极化 LEE 滤波界面

　　加载对应的精致极化 LEE 滤波结果到软件中,以相同的渲染方式对该影像进行渲染并查看结果(图 9-14)。

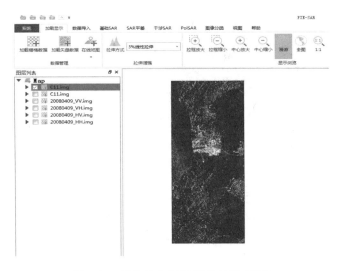

图 9-14　精致极化 LEE 滤波结果(C11)

9.5.6　极化分解

本次极化分解处理以 Freeman 分解为例进行操作,选择菜单栏【极化 SAR】→【极化分解】→【Freeman 分解】,打开"Freeman 分解"对话框及其结果(图 9-15、图 9-16)。

图 9-15　Freeman 分解界面

图 9-16　Freeman 分解结果

在 Freeman 分解结果中生成了表面散射(Freeman_Odd)、体散射(Freeman_Vol)、偶次散射(Freeman_Dbl)三种散射机理的影像。其中，表面散射即单次散射，其模型是一阶布拉格表面散射体，对应的地物包括湖泊水面等；体散射、冠层散射体的模型是一组方向随机的偶极子集合，也就是各个方向的散射，对应植被冠层等；偶次反射即二次反射，其模型是一个两面角反射器，对应地物包括建筑物等。

9.5.7　波段叠加

选择菜单栏【图像分类】→【监督分类】→【波段叠加】，打开"波段叠加"对话框，点击【输入影像】将极化分解后的影像加载至波段列表，并将 Vol 影像上移到列表中间，波段顺序为 Dbl、Vol、Odd，这由散射机理决定，类似于光学的 RGB，R 对应偶次散射 Freeman_Dbl(建筑物)、G 对应体散射 Freeman_Vol(植被)、B 对应表面散射 Freeman_Odd(水体)(图 9-17、图 9-18)。

图 9-17　Freeman 波段叠加

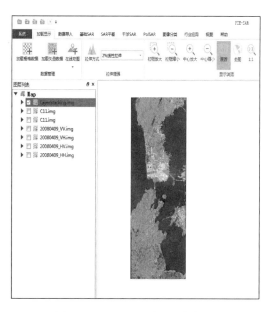

图 9-18　Freeman 波段叠加结果

9.5.8 ROI 选择

利用 ROI 工具可以选择波段叠加影像的样本,从而对该影像进行监督分类。

选择菜单栏【图像分类】→【ROI 工具】,打开"ROI 工具"对话框,点击【增加】按钮,建立 3 个新样本,在样本列表中设置如图 9-19 所示的样本的名称和颜色,根据地物形状选择【多边形】、【矩形】、【椭圆】中的一种,在影像窗口绘制 ROI,绘制完毕双击鼠标左键,ROI 感兴趣区域即添加到训练样区中。重复上述操作,每个样本选择多个感兴趣区域。

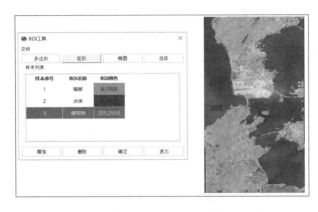

图 9-19　ROI 样本选择

样本选择完毕,点击【文件】→【保存 ROI】,对选择的样本进行保存。

9.5.9 图像分类

本次操作以最大似然监督分类为例,选择菜单栏【图像分类】→【监督分类】→【最大似然分类】,打开"最大似然分类"对话框(图 9-20、图 9-21)。

图 9-20　最大似然分类

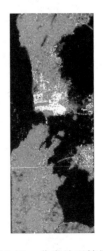

图 9-21　分类处理结果

10 微波遥感应用

10.1 应用需求分析

10.1.1 星载合成孔径雷达

随着星载合成孔径雷达技术和地面数据处理与反演技术的进步,各应用行业对星载合成孔径雷达提出了诸多新的应用需求。

（1）高分宽幅成像需求

在应用中,一方面期望 SAR 具有很高的分辨率以获得更多的目标细节信息,另一方面期望 SAR 可以对场景目标进行大范围观测。自 SAR 技术应用于遥感观测以来,高分辨率和宽测绘带一直是牵引 SAR 技术发展的两个主要引擎,传统的星载 SAR 体制在空间分辨率与测绘带之间存在制约关系,需要采用新的体制和技术手段解决高分辨率与宽覆盖之间的矛盾,在充分考虑星上资源约束的情况下实现相对高分宽幅。

（2）定量化应用需求

当前各行业用户对 SAR 卫星定量化应用支持能力提出了很高的要求,这就要求 SAR 图像辐射精度和几何精度等性能指标达到较高的应用水平,才能反演出高精度的行业应用信息,这需要卫星设计、研制、数据处理、定标等环节来共同保证。

（3）地理测绘及地表形变测量需求

SAR 卫星通过干涉测量可获得场景内的高度信息,进而获得 DEM 信息。自然资源管理、交通运输、应急管理对 DEM 信息的获取提出了迫切的要求,此外通过差分干涉可获得地表形变信息,这对灾害预警、重要基础设施地质环境监测具有重要意义,这些需求对卫星轨道控制、干涉基线测量与保持、干涉数据处理都提出了较高的要求。

（4）穿透探测需求

低频电磁波具有一定的穿透性,利用其对植被的穿透性可以实现对生物量的估计,利用电磁波对沙漠、冰川、冻土等介质的穿透性可以实现地下目标探测和进行全球气候变化研究。

（5）快速重访的需求

传统的星载 SAR 受轨道重访周期的限制无法满足某些特定的应用需求,卫星应急应用及战术侦察对重访提出了较高的要求,可通过增加卫星平台左右侧视机动能力、多星组网、高轨 SAR 等技术手段满足快速重访的需求。

10.1.2 星载雷达高度计

（1）高的测高精度和高时空分辨率需求

传统雷达高度计为星下点的测量，对观测物理现象的时空分辨率通过轨道星下点轨迹的合理设计来保证。中小尺度的海洋现象既需要提高空间分辨率，也需要提高其时间分辨率（及缩短重访周期），以获取其高的时空谱信息。此外，高精度的海洋重力场及海底地形反演对测高精度和空间分辨率也提出了更高的要求。

（2）近岸观测能力需求

近岸区域，雷达高度计回波受到陆地回波及较大有效波高的影响，测距精度较差，但近岸区的海洋现象对海洋生物、生态系统以及污染物的扩展都有重要影响，这就要求在近岸区域能够实现高精度的测量。

10.1.3 星载辐射计

全球性的高精度海洋温度测量对海洋动力环境与海洋生态环境的反演至关重要，海洋温度是决定海气界面水循环和能量循环的一个重要参数，从而决定全球的水循环和能量收支平衡。台风的强度、频率、发生和登陆位置很大程度上都决定于其下垫面海水温度对台风的维持、促生和衰减过程。大尺度的气候变化包括厄尔尼诺、南方涛动和北大西洋涛动，都具有明显的海面温度变化特征，高空间分辨率、高精度的海面温度测量对海洋动力环境监测、海洋环境预报、防灾减灾都具有重要意义。

10.1.4 星载散射计

星载散射计用于对海面风场的测量。海面风场作为海洋环流的主要驱动力，调制着海洋与大气之间的热通量、水汽通量、气溶胶粒子通量等，进而调节海洋与大气之间的耦合作用，最终确定并保持着全球或区域的气候模式。风速的分布决定着波高的分布以及海洋涌浪的传播方向，并能预测涌浪对船只、近岸建筑以及海岸带的影响。因此，高精度、高空间分辨率海面风场监测对理解海洋与大气之间的相互作用、开展海洋大气领域研究、近岸船舶航行等至关重要。

10.2 农业应用

自 1974 年美国国家航空航天局（NASA）、农业部（USDA）和国家海洋大气局（NOAA）等部门联合开展"大面积农作物估产实验（LACIE）"计划以来，遥感在农业方面逐渐得到应用。25 年后，该项目的负责人美国农业部的 Moran 等对 ERS-2SAR 数据和 Landsat TM 数据进行农作物和土壤状况监测的比较，认为光学遥感存在不能穿透云层和大气衰减的局限性，应鼓励利用 SAR 图像进行农作物和土壤评估的研究。

不同农作物的冠层结构、几何特性和介电特性在 SAR 图像中表现出不同特征，这就可以作为农作物的分类依据。研究证明：将光学遥感、地面监测以及 SAR 数据结合可显著提高农作物的分类精度。如通过后向散射差异可以区分水稻的种植方法，这样就可以对不同季节、不同环境的水稻种植进行规划和管理。该方法同样可以应用于对农作物发育状况的监测,农作物的发育情况可从生物量、株高、密度等参数体现,这些都和播种天数有明显相关性。此外,SAR 影像还可以对土壤湿度和植被含水量进行评估。

微波遥感在农业方面的应用主要涉及农作物的识别、农作物的生长状况的估计及土壤湿度的分析等。

10.2.1 农作物识别与面积提取

农作物识别是建立一个农作物监测系统关键的第一步。对农作物进行识别后,可以估算每种作物类型的种植面积,从而为基于面积的农作物管理提供统计数据,并且为估产模型提供输入参数。利用遥感进行农作物识别,需要选择作物生长期的特定时间段获取遥感数据。雷达可以穿透云层全天时全天候工作,为农作物识别研究提供了有保障的数据源。

由于被动微波数据的空间分辨率多为几十千米,无法满足作物的分类和提取研究要求,农作物提取的数据源多为主动微波,即雷达数据。早在 1969 年,美国堪萨斯大学的 Haralick 等对 K 波段的雷达图像进行研究,研究结果表明植被类型影响信号强度,并且与光学图像相比较,在作物区分中表现良好。1977 年,为美国航天飞机成像雷达的发射做准备,Bush 等利用机载雷达进行实验,对雷达作为农作物分类器进行了评价。近年来,利用雷达数据进行农作物的提取多注重数据获取时间的选择和对多参数雷达数据及雷达与光学数据结合应用的探索。

进行作物识别时,数据获取时间的选择非常重要。根据不同类型作物的生长阶段,选择进行农作物提取合适的图像获取时间可以提高提取精度。分析要提取的植被和其共生植被的后向散射特性,避开它们容易混淆的时间。有研究表明:7 月份获取的数据在植被提取上比其他时间更优越。另外,多时相雷达数据也可以提高提取精度。Shao 等利用 4 月中下旬和 5 月中旬的两幅 RADARSAT 图像对水稻种植区进行提取,精度达 91%。

多波段多极化的雷达数据及雷达和光学数据相结合可以改进农作物的分类精度。多波段多极化的数据包含作物在不同波段和极化状态下的后向散射特性的信息,因此提供了更高的可分性。Ferrazzoli 等对多波段多极化雷达分类进行了实验,结果表明:单波段单极化的 SAR 数据识别农作物是有局限性的,利用多波段多极化的雷达数据可以获取高达 90%的精确度。另外,和雷达数据主要反映植被的结构特征与介电特征不同,光学数据反映了植被的光谱信息,两种数据结合可以获得一种数据达不到的精度。Michelson 等利用 Jeffries-Matusita 距离计算类别可分性,得出 Landsat TM 和 ERS-1 数据结合时可以达到最高的可分性。通常在多云雨天气的区域,雷达数据是光学数据的有利补充。

综上所述,理论上多时相的雷达数据和光学数据结合可以获取最佳的农作物识别和提取效果。在具体应用中还要结合需要判别的作物类型、所获取数据的卫星过境时间和数据可获取性,综合分析进行数据选择。

10.2.2 农作物长势监测

(1)农作物生长状况监测

同一种作物,由于阳光、温度、水分、土壤等条件不同,其生长状况不一样,在微波图像上表现出不同的辐射和散射特性。利用微波遥感数据,可以对植被的生物物理和生物化学参数,例如植株高度、叶面积指数、生物量、叶绿素总含量等,进行反演,从而对作物的健康状况进行监测,及时发现农作物的病虫害、旱涝等灾情,并采取应对措施,减少农业灾害所带来的损失。

植被冠层的微波特性是冠层物候历、类型及雷达频率、波段的函数,在不同的频率和极化状态下,不同类型作物响应不同。研究微波数据与农作物生长过程的关系,是发展可靠的农作物监测方法的基础和关键。了解农作物的微波辐射或散射特性随作物生长变化的规律,可以利用植被的后向散射或辐射模型对作物的散射或辐射过程进行模拟,也可以安装地基的微波设备,进行地面测量。前者的缺点是后向散射受很多因素的影响,建立的模型很难将各种影响都描述清楚,因而适应性和泛化性较差;反之,针对特定物种进行地面实验,可以获得微波数据和作物生长参数之间更确定的关系。

利用微波数据对植株生长状况进行监测,一方面要分析作物生长状况与各种生长参数的关系,另一方面要建立微波数据与农作物生长参数的关系,利用微波数据进行生长参数的定量化提取。定量化提取的方法有统计方法,包括一元线性回归、逐步多元线性回归和部分最小二乘回归等;物理方法,对冠层反射率模型的反演,包括迭代最优化算法、查找表方法和人工神经网络等。2004年印度的Singh等分析了蚜蜢虫害的发生与玉米作物参数(例如植株高度、生物量、LAI、总叶绿素含量等)的关系,发现总叶绿素含量和病虫害发病率有最好的相关性,建立二者的经验模型;另一阶段,利用散射计测量不同生长阶段的玉米X波段的不同极化和入射角的散射数据,对总叶绿素含量和散射数据进行线性回归分析,选择入射角和极化状态。基于对两种阶段的研究,建立用微波遥感估算病虫害发生率的算法。利用该算法估算的病虫害发生率和实际情况有很高的一致性。

利用微波数据进行农作物监测时,需要注意露水的影响。2000年,加拿大的Wood等分析了露水对利用RADARSAT-1图像进行业务化的作物监测的影响。露水存在时,后向散射强度会增大,但是整体的作物可分性不会受其影响。在进行农作物信息从雷达图像中定量化提取时,要注意去除露水的影响。

(2) 土壤湿度提取

土壤湿度和它的时空变化是农业科学研究的一个关键因子,土壤水分的监测,是农业过程研究的主要组成部分。在区域尺度上,土壤水分的监测对农作物监测和产量估算、干旱预测是非常重要的。常规的测量方法有土壤湿度计法、电阻法等,利用这些方法进行测量,要进行大面积的土壤湿度观测,需要建立高密度的观测点网络,需要耗费大量的人力和财力。用遥感进行土壤水分监测,宏观、时效性强,可以克服以上缺点。

微波遥感进行土壤水分监测,可测得地面0～5 cm深度内的土壤湿度。土壤水分含量影响土壤介电特性,表现在微波图像上为后向散射系数和亮度温度的变化。主动微波遥感数据的空间分辨率较高(<100 m),应用在局部区域,被动微波遥感的分辨率一般在10 km量级,一般应用于全球尺度。

目前,主动微波遥感土壤湿度提取,主要通过建立土壤水分含量和后向散射系数之间的经验关系,提取土壤湿度。尽管一系列的物理模型,例如几何光学模型、物理光学模型和小扰模型等,可用来模拟得到地表的后向散射机理,但是由于需要多个生物物理参数和土壤参数,它们不能直接应用于大多数的农作物覆盖地表的土壤湿度提取。近年来发展的经验方法考虑了利用多参数的微波信息提取土壤湿度。被动微波遥感土壤湿度提取有两种方法,一种和主动微波遥感相同,建立土壤发射的亮度温度和土壤湿度之间的统计关系,进行湿度提取;一种是根据辐射传输方程,建立亮度温度和土壤湿度之间的物理模型,通过最小化表示模拟亮度温度和实际测量亮度温度之间的差别的损失函数求得土壤湿度。1999 年,美国 Oklahoma 州进行的南大平原(SGP99)实验中,利用机载主动和被动微波传感器(PALS)进行土壤湿度的反演,精度分别达到 3% 和 2%。2002 年,在美国 Iowa 州进行的土壤水分实验(SMEX02)中,又对更高含水量植被覆盖下的主被动微波遥感土壤湿度提取的各种算法进行了检验。研究区域为大豆和玉米两种作物覆盖,利用多元线性回归建立微波观测数据和土壤湿度之间的统计关系,土壤湿度提取误差约为 0.05 g/g;利用被动微波遥感原理,由基于零阶辐射传输方程的物理模型获得的提取误差约为 0.04 g/g。实验还表明:随着植被含水量的增加,微波数据对土壤含水量的敏感度降低。2003 年,Parde 等利用 L 波段多入射角双极化的微波发射数据对麦田土壤湿度提取进行研究,比较了几种基于物理模型的提取算法。根据被提取出参数的个数,他们将这些算法分为单参数法、两参数法和三参数法。其中三参数法不需要植被的辅助信息,而且土壤湿度、植被天顶角光学厚度和极化参数可以同时被提取出来,可以获得最高的湿度提取精度。利用被动微波遥感进行土壤湿度的提取时要注意去除植被覆盖、土壤温度、雪覆盖、地形和土壤地表粗糙度的影响。

10.2.3 农作物单产估算

农作物产量估算对一个国家采取的国内国际经济政策有着重大的影响,对国家进行粮食管理有着重要作用。当前农作物估产方法可以分为三种,第一种是在统计学的基础上构建回归模型,第二种是根据农作物生长过程进行模拟构建反演模型,第三种是采用遥感数据与生长参数构建模型进行估产。近年来,大量研究建立了各种遥感农作物单位面积产量估算的模型,这些模型考虑了气象因素、农作物生长过程等,遥感数据则作为作物估产模型的直接或间接输入参数之一。

SAR 数据在农业监测方面也具有巨大的应用前景。2019 年,Setiyono 等采用 SAR 数据构建了水稻估产模型,并且在全球多个地方业务化运行。2018 年,Clauss 等利用 Sentinel-1 的 SAR 时间序列数据对越南湄公河三角洲水稻产量进行估测,其估值产量与省统计局收集的地区水平数据对比,估算模型精度 R^2 达到 0.93。2019 年,Wang 等采用 Sentinel-1 数据对我国沿海盐碱地水田进行估产,并开发了简单差异 SSD 指数,利用水稻分蘖期与灌浆期之间的后向散射特征在 VH 极化中的变化进行估产,其均方误差为 0.71 t/ha,相对误差为 7.93%。2019 年,Pazhanivelan 等采用 VV 和 VH 极化 Sentinel-1A 的 SAR 图像对印度泰米尔纳德邦进行粮食估产,其中在水稻种植区提取上,精确度在 90.3% 以上,Kappa 值 0.81 以上,采用 ORYZA2000 作物生长模型进行估产,精度在 86% 以上。

采用 SAR 对农作物面积、农作物生长和产量进行监测研究受到了广泛的关注。在水稻监测上,大部分研究集中在水稻识别与分类制图上。采用多时相结合物候期数据对水稻进行识别,通过对全极化数据进行极化分解并开展特征优选,识别精度得到较大提升。在农作物估产上,采用统计学方法估产虽然存在机理解释不强等问题,但是该方法简单易用,仍然是当前研究和应用的主流。

10.3　测绘应用

我国部分地区常年处于阴、云、雨天气中，可见光的遥感手段在这些地区都难以获取影像，导致地形图更新周期长。航空摄影和航空遥感获取的影像数据无法满足需要，已成为制约地理空间信息平台建设中基础数据源维护更新的瓶颈。而高分辨率的 SAR 成像技术，能够克服天气的障碍，全天候获取空间数据。

国际常用的 SAR 卫星中，以 TerraSAR-X、COSMO-SkyMed 及天绘二号为代表的高分辨率成像卫星，其几何定位能力已经可以满足我国 1∶50 000 比例尺 DOM 产品的业务化生产需求。以 TerraSAR-X 为代表的高精度地形测绘卫星，已经可以业务化生产平面精度为 2～3 cm 的控制点库数据，这为我国平面定位能力的提升指明了方向。在高程测量中，可业务化运行的航空航天任务包括 SRTM、TanDEM-X 与天绘二号，其中 SRTM 标准产品可满足我国 1∶100 000 比例尺 DEM 精度及格网尺寸要求，TanDEM-X 标准产品、天绘二号产品可满足我国 1∶50 000 比例尺 DEM 精度及格网尺寸要求。

SAR 卫星在国际上的诸多应用，使得我国的 SAR 卫星后起直追，快速发展。现阶段除了环境一号 C 星以及高分三号之外，我国已发射多颗民用 SAR 卫星。其中 L 波段差分干涉 SAR 卫星作为我国第一颗民用的业务化干涉应用 SAR 卫星，完成地表的形变监测和高程测量任务。随着我国天地一体化卫星设计能力的提升，我国 SAR 卫星将逐渐从对地的定性观测向定量观测转变，从单一的振幅信息收集深入干涉数据解算，充分发挥 SAR 影像相位观测的优势，使用不同波长的测绘"量尺"完成地表的分米级高程测量、厘米级定位测量、毫米级形变测量，使得我国的 SAR 卫星能够像光学卫星一样，在国际星载地形测绘中占据一席之地。

10.4　海洋应用

海洋占据了地球表面 71% 的面积，广漠的海洋无时不处于非惯性、大尺度的低频变动中，常规的海洋调查方法难以掌握理解物理海洋现象的总体规律，更由于海洋天气的多变，使光学遥感对海洋的研究受到了一定的限制，因此微波遥感显示出明显的优势和必要性。微波遥感可以测定海洋温度、海水盐分、海面风速、风向、波浪谱、海冰、海流、浅滩的水下地貌及海洋污染。微波辐射计能以较高的精度检测海洋表面温度。微波高度计能测量大浪高、洋流、大地水准面和潮汐。合成孔径雷达用于海岸带地形测绘。

在海洋测绘中主要是对海面风场、海浪、海流以及海洋污染事件等进行监测。在海洋监测方面，多种物理和经验模型以及极化、干涉测量等技术被应用于对海面风场、海浪和海流参数进行反演。

1978 年第一颗以 Seasat 命名的雷达卫星的升空，充分展示了 SAR 探测海洋的能力和潜力。SAR 卫星为人们研究、利用、开发、监测海洋提供了生动的图像，涌浪、内波、大洋水团边界、海气相互作用形成的锋面信息，在一定条件下，SAR 图像信息还和水下地形、波高及能量谱等有间接的相关性。SAR 还可以对海面和极地海冰进行连续观测，这对海洋运输、全球性气候变化研究非常有益。SAR 技术在海上船只监测、船舶及其尾迹探测、海上溢油监测、海底地形反演、海浪监测、内波反演及海底石油微渗漏检测方面具有独特优势,是其最重要的海洋应用领域。在海上船只监测方面,利用 SAR 图像依据船只结构特征的差异可以对货船和油船进行分类识别,根据基于形态成分分析的舰船尾迹检测方法,可实现在复杂海况背景下的曲线尾迹检测;在海上溢油监测方面,SAR 可利用油膜对海面波动的抑制造成的后向散射差异进行溢油区域探测;在海底地形反演方面,SAR 卫星可以作为海洋调查船的补充,结合先验地形特征、水动力模型,对近岸浅海区域的水下地形进行探测;SAR 还可以进行海浪观测,反演海浪谱和有效波高;提取内波边缘特征,描述内波产生位置及传播方向,反演内波波速、波长和振幅,建立内波参数反演模型。

随着资源与环境问题日益尖锐,海洋资源探测、海洋环境监测和海洋要素调查等需求日趋迫切。渔业方面,国外已开发应用于渔场渔情分析的渔业微波遥感技术方法,主要有海面高度法遥感技术和合成孔径雷达法遥感技术。而在国内,据了解,2007 年 4 月 5 日海洋二号卫星研制任务已正式启动。海洋二号卫星是获取海洋动力环境信息的专用对地观测卫星,是我国首颗海洋应用的微波遥感卫星,主要用于监测和调查海洋动力环境,开展灾害性海况预报,为研究全球气候变化等提供实测数据。该卫星的研制,对我国海洋环境监测与预报、海洋调查与资源开发、海洋环境污染监测与保护、维护海洋权益和海洋科学研究等具有重要意义。我国于 2020 年 12 月发射海丝一号 C 波段海洋观测卫星,可获取米级分辨率 SAR 影像,致力于提供高分辨率海洋环境监测服务。

10.5　森林应用

森林对于全球环境问题,如碳循环、水循环以及能量平衡等极为重要。全球 33% 的土地为森林覆盖,90% 的生物量和 65% 的净初级生产力来自森林。随着全球人口的增加,森林资源不断减少,因而准确、实时地获取全球森林变化的有关信息显得尤其重要。微波遥感是获取各种森林生物物理参数的有力工具,并可以提高人们对全球气候、水循环和能量平衡的认识。微波遥感数据可用于识别监测森林类型、森林密度、年龄、生长、再生状况、森林灾害、森林砍伐以及森林蓄积量的估算等。

SAR 在植被调查中被用于植被分类、高度反演、垂直结构分析、生物量统计等方面。研究者将 Sentinel-1 数据与原位调查结合,绘制了欧盟大陆首张 10 m 分辨率作物类型分布产品;使用多种高分辨率 SAR 卫星观测数据联合估计了全球森林地面生物量;通过联合 Sentinel-1 与 Sentinel-2 对全北极植被高度进行了制图等。特别的,由于长波 SAR 对植被冠层的穿透性,SAR 数据相比光学数据在生物量反演方面具有天然优势,并可以突破光学模型中的高生物量饱和问题。欧洲航天局的 BIOMASS 计划将搭载 P 波段 SAR 于 2023 年发射以提供全球森林地面生物量数据,通过联合 L 和 P 波段的生物量反演模型可显著提高热带森林生物量反演饱和点。此外,结合极化 SAR 对具有不同散射机制的散射体进行解混可对树木不同部位的信号进行分离,从而实现树木垂直结构的精细提取。基于 SAR 数据的植被参数反演已逐渐成为林草、农业资源评估及碳动态监测的一个关键途径,对热带亚热带等常年多云雨地区的植被遥感调查具有重要意义。

10.6　地质应用

除了军事侦察以外,SAR 遥感的最早应用领域是地质学,始于 20 世纪 60 年代美国在云雾覆盖、林木繁茂的南美洲开展的大规模机载 SAR 地质应用实验。进入 80 年代,机载 SAR 遥感已作为一种成熟的技术应用于地质探测中。SAR 遥感已在地质填图、地质考古、岩性识别、地质构造探测、矿产勘查等方面发挥了很大的作用。

（1）地质填图

中国南方地区气候温暖湿润,大多数地质体覆盖有厚度不等的风化层,植被茂密,光学遥感图像上反映的大部分是植被覆盖层的光谱信息,对地质解译填图造成了困难。2016 年,裴媛媛等以粤西罗定地区为例,在植被茂密的南方强风化地区利用 ALOS-PALSAR 双极化合成孔径雷达影像与 Landsat 8 OLI 多光谱影像进行联合解译,结果表明:联合解译能够有效提升可识别岩性的种类,可以在南方强风化区填图中进行推广。

（2）地质考古

雷达的穿透成像能力使其成为热带雨林和沙漠地区文化遗产观测的重要遥感数据来源,已经被广泛应用到地质考古领域,尤其是古河道的分布研究中。

Adams 等最初意识到 SAR 在地质考古中的应用潜力,通过分析伯利兹和危地马拉蒂卡尔地区 L 波段机载雷达影像,发现了被植被覆盖的流域面积超过 12 000 km² 的古河道,并根据流域面积和古人口规模之间的关系,推测出玛雅低地是当时中美洲地区农耕密度最高的古文明;McCauley 等在埃及西部撒哈拉沙漠地区 SIR-A 影像上也发现了类似的古河道和古人类活动遗址,该地区气候干燥,砂层粒径和厚度均较适宜作为典型研究区,广泛用于 SAR 穿透能力的研究。通过对该地区大量雷达影像的研究,共发现古遗迹 1 处、古水系 900 余千米、隐伏双环形火山口 1 个及类火山口结构 1 300 余个;苏丹博尔戈尔山地区的库施王国遗址古墓地金字塔在一定几何条件下形成雷达二面角反射,在 ALOS-PALSAR 和 RADARSAT-2 这 2 种影像上均表现出强烈的散射回波;伊拉克萨迈拉古城的古城墙雷达反射情况与之类似,但是受 ALOS-PALSAR 空间分辨率制约,部分古河道只在 RADARSAT-2 影像上有所表征;Freeman 等利用柬埔寨吴哥古城的 AirSAR 影像,通过识别古河道和池塘堤坝等古水系要素对高棉帝国的古景观和分布范围进行了推测,并在古城周围植被茂密地区首次发现了直线型人工水系等要素;Linck 等在叙利亚古罗马要塞地区 TerraSAR-X 影像上发现了兵营、仓库和古墙壁等遗址,在探地雷达数据的辅助下证明了在该类干燥无植被覆盖地区,X 波段雷达数据凭借其高空间分辨率不仅能很好地探测地面遗迹,还能凭借微弱的穿透能力(25 cm)对浅覆盖下遗迹内部结构进行辨别。

国内早在 20 世纪 90 年代就已经开展雷达考古研究。郭华东等利用航天飞机飞行方向与古长城平行的 SIR-C 影像,通过古长城角反射器结构所导致的强散射回波,识别出了宁夏、陕西交界处被干沙覆盖的 3 道明、隋代古长城。探测古河道不仅对古遗迹、古人类活动研究意义重大,还对认识区域古环境演化过程有所帮助。Guo 等在内蒙古阿拉善高原地区发现,沙粒在风力搬运作用下容易在古河道形成的负地形处累积,且不同时期古河床含水量差异在雷达影像上反映为色调差异,据此在 RADARSAT 和 SIR 系列雷达影像上发现了一条自西南向东北流向的古河道,并通过古今地势差异及该地区断裂和古湖泊的分布特征,认为该区域地势变化由新构造运动控制。

（3）岩性识别

雷达岩性识别的基础是在同一风化环境中含水量高低基本相似的情况下，不同性质岩石具有不同的物理化学性质，使得其抗风化能力有所差异，形成的风化物颗粒大小、节理方向均有所区别，导致不同的地表粗糙度，在雷达影像上表现为色调差异。

火山地区不同期次熔岩常形成不同粗糙度的地表，在雷达岩性识别研究中得到了关注。Mackenzie 等在冰岛阿斯恰火山地区 SEASAT 影像上通过色调差异识别出了 9 种地表单元类型，并完成了野外验证；Dierking 等不仅利用 EMISAR 交叉极化影像对冰岛北部火山地区块状和绳状熔岩进行了识别，还通过水平和垂直极化间的相位差对同种熔岩表面不同植被覆盖情况也进行了区分；Murino 等发现意大利南部火山地区不同期次熔岩的植被覆盖情况有所差异，通过修正 Cloude 极化分解特征对不同植被覆盖的区分能力，识别了该地区不同期次熔岩和火山碎屑岩，并进一步识别出石灰岩、石灰白云岩、层状沙质土壤、砾岩、凝灰岩和冲积层等；Guo 等通过不同类型熔岩、基岩和冲积层在 SIR-C/X SAR 不同波段和极化方式雷达影像上的表征差异，发现在昆仑山阿克赛钦湖东北部火山群地区 L 波段交叉极化影像岩性识别效果最好。除火山作用外，冰川作用也常引起地表粗糙度的明显差异。Dall 等在格陵兰岛 EMISAR 机载全极化影像上通过更明亮的色调，从辉长岩中识别出了片麻岩。赵福岳等在新疆大黑山通过不同地表单元在雷达影像上的色调纹理特征建立解译标志，完成了研究区内区域地质填图和地层、岩体识别等工作；倪卓娅在黄山地区也进行了相关工作，研究发现在特定地区通过建立灰度-结构单元进行的雷达地质填图，识别结果甚至优于多光谱影像。

（4）地质构造探测

SAR 地质构造探测可以分为直接识别和间接识别。其中，直接识别是利用 SAR 对垂直于雷达波入射方向线性特征的增强能力直接识别线性地质特征；间接识别是通过识别雷达影像上因地质构造引起的地表覆盖类型变化所产生的地表粗糙度差异，从而探测地质构造。探测地质构造不仅有利于分析区域地质构造演化过程，在受构造控制矿床勘探方面也具有重要作用，是雷达地质解译的主要关注对象。

遥感地质构造解译方法主要有目视判读和自动提取。霍夫变换作为数字图像线性特征提取典型算法，在雷达影像地质构造探测中得到了广泛应用。Lee 等利用该方法分别提取了韩国东南部庆尚盆地 TM 影像、数字高程模型（digital elevation model，DEM）和 JERS-1 雷达影像中的线性特征，发现雷达影像提取结果与 TM 影像相比总长度基本相等，超过 DEM 提取结果近 400 km；Kageyama 等通过对比日本秋田县南部研究区地势图、SAR 影像、TM 影像线性特征自动提取结果和专家解译成果，发现霍夫变换提取的线性特征与该地区主要水系有很好的对应关系，证明了该方法的有效性。

除自动提取以外，利用雷达不同波段和极化方式假彩色合成影像进行目视解译也是雷达地质构造解译的主要方法。SIR-C/X SAR 因同时具有 L，C 和 X 共 3 个波段，并且在 L 和 C 波段上具备 4 种极化方式，利用该传感器数据构建的假彩色合成影像既能利用不同波段影像空间分辨率差异，又能利用不同地表类型的极化信息差异，是雷达地质构造目视解译的有利数据源。Abdelsalam 等利用该数据在苏丹东北部新元古代缝合带新发现超过 300 km 的基岩构造，并分析出该缝合带构造演化受左旋走滑断裂和逆冲构造共同影响，这一新发现使得该缝合带成为非洲东北部最长的基底构造之一；Guo 等利用该方法在广东肇庆地区发现了植被覆盖下的 1 个逆冲断层和 6 个线性构造。极化分解合成不但能提高全极化 SAR 岩性分类精度，而且不同物理散射类型波段组合也对地质构造探测有积极的作用。代晶晶在非洲埃塞俄比亚西部地区的 ALOS-PALSAR 和 RADARSAT-2 全极化数据极化分解假彩色合成影像上，识别出了一条剪切带，解译出的断裂主要呈 NW-SE 向、NNW-SSE 向和近 SN 向展布，与该地区地质调查情况一致。

（5）矿产勘查

矿产资源遥感勘查主要利用遥感技术对成矿地质背景、地质条件和地质形迹等与成矿地质作用相关的成矿、控矿和示矿信息进行提取和识别。雷达能够穿透地表植被和干燥松散覆盖层识别隐伏控矿构造，在覆盖区遥感地质找矿中具有突出优势。张满郎等在中等植被覆盖度的河北金厂峪金矿地区 TM 和 JERS-1 影像上发现了 3 条成矿构造带，总结出该地区的 3 种金矿成因类型，对该地区找矿工作具有很好的指导意义；在植被覆盖度更高的马来西亚地区，Pour 等利用 ALOS-PALSAR 单极化影像对沙捞越州的巴乌金矿地质构造进行了识别，发现该地区地质断裂受第 4 期构造作用控制，其中图班断裂和泰巴力断裂带中的 SSW-NNE 向构造与金矿矿化密切相关；Kusky 等在埃及东南部沙漠阿拉伯-努比亚地盾地区，利用 C 和 L 波段 SIR-C/X SAR 水平极化以及 L 波段垂直极化的假彩色合成影像，结合 TM 影像波段比值假彩色合成结果，发现该地盾矿床受 4 期构造运动控制，其中第 2 期构造产生的角闪岩和蓝片岩相与硫化物沉积及石英脉型金矿密切相关，硫化铜区带和其他的石英脉型金矿受第 3 期构造产生的 EW 向褶皱和剪切带控制，第 4 期构造活动产生的沿断层分布岩墙群与浸染次生铀、稀土富集相关。

10.7 水文应用

水是一种特殊的资源，无法被取代，是整个国民经济的命脉。淡水占全球总水量的 3%，而其中大部分还不能为人类所使用，湖泊、沼泽和河流水仅占 0.4%，理论上，人类可使用的淡水量只占地球总水量的 0.684%。淡水资源的短缺已成为当今世界经济发展的重要制约因素和国际纠纷的起因。因此，水资源的有效管理、合理利用和可持续开发是社会经济可持续发展的关键。微波遥感图像对水陆界线及地物含水量的敏感性，使其成为研究和探测水资源的有效手段之一。

（1）河流提取与宽度计算

河流信息的提取方法不同使得提取到的河流信息存在较大差异，目前提取 SAR 图像中河流目标的算法包括灰度阈值算法、模式识别算法和边界检测算法。

灰度阈值算法根据目标区域与背景灰度值之间的差异，通过人为设定或程序自动计算具体灰度值作为阈值来对原始灰度图像进行分割，从而初步将目标与背景区分开，然后使用不同的形态学算法进一步对目标区域进行细提取；模式识别算法的原理是依靠目标特征建立特征因子，选用神经网络等机器学习算法进行特征学习，然后依靠经过训练学习的网络自动区分原始待处理图像中的目标与背景区域；边界检测算法依靠遥感图像中目标边缘特征，进行边缘检测从而获得目标边缘，初步获得的目标边缘极其分散、不连续，需要根据图像的纹理或灰度特征进行区域生长与合并来获得目标区域，常见的算法有分水岭算法等。其中基于水体散射特性的阈值分割算法具有速度快、准确性高、实现简单等优点,现已广泛应用于高实时性的 SAR 图像河流提取场合中,特别是阈值分割的方法,容易实现自动化。雷达卫星影像波段信息较少,对于单极化的成像模式而言,传统的灰度阈值算法只根据地物的纹理特征、后向散射系数、轮廓等判断地物类型,因此具有一定的局限性。当研究区域是山地或戈壁沙漠时,由于这些地物在 SAR 图像中的后向散射系数相差不大,将难以分辨,造成较高的虚警率。为了解决上诉问题,有学者提出利用其他遥感信息来进行辅助提取,多种数据源的地物信息在一定程度上弥补了雷达卫星影像地物光谱信息的不足,使得利用 SAR 雷达卫星监测河流更加准确、有效。

河流宽度计算的方法较为普遍的是通过实地测量数据再通过河宽模型进行计算,如河流等级、流域面积和河流长度等影响河流宽度的重要因素。传统的实地测量计算河流宽度的方法在山地区域或河流流域面积较广时,实地勘测任务繁重,地形数据难以获取。另外,关于河流宽度的计算模型繁多,不同地形不同河流所适用的模型也大不相同。因此,借助卫星遥感图像计算河流宽度将工作难度大幅度降低,并且具有高实时性、高准确度、高度自动化等优点,尤其是雷达卫星不受天气因数影响,具有全天时全天候的特点,十分适合实时监测河流并计算宽度。

通过卫星遥感图像来计算河流宽度主要有两种方法:地理坐标计算方法和像素法。地理坐标计算方法根据选取两点的地理信息(经纬度)和地球半径等固定参数来计算河流宽度。像素法主要是根据两个像素点在卫星遥感图像上的像素距离再通过图像分辨率转化为实际距离。

(2) 湖泊水位提取

1969 年,美国著名科学家 W. M. Kaula 第一次在威廉斯敦(Williamstown)召开的固体地球和海洋物理大会上提出卫星测高概念,但由于受陆地水体大小的限制,星载高度计最早使用于海洋地形变化、海洋气候变化分析和海冰监测。自 20 世纪 70 年代开始,全球已有 20 余颗星载高度计成功发射,随着遥感技术发展,测高精度和算法精度不断提高,卫星重访周期缩短,雷达测高逐渐拓宽于内陆湖泊、河流水位和湿地监测,并且展现出了较好的前景。目前常用的测高卫星主要包括欧空局(ESA)发射的 ERS 系列卫星、美国国家航空航天局(NASA)和法国国家太空研究中心(CNES)联合研制的 Topex/Poseidon(T/P)系列卫星,其中 ERS-1/2、Evinsat、T/P、Jason-1/2 都已完成任务,尚在轨运行的测高卫星有 Jason-3、Saral 等,未来测高任务有 Jason-CS、Swot 等。

最初的测高卫星被用于监测海洋变化和极地冰盖厚度变化,但是后来随着技术的发展,测高卫星被广泛应用于其他领域,尤其是内陆水体高程监测领域。1982 年,Brooks 首次利用 Satellite 测高数据监测加拿大湖泊高程。TOPEX/Poseiden 卫星于 1992 年发射成功,其主要任务是监测全球海洋表面,Birkett 基于 T/P GDR 数据监测 20 世纪 90 年代内陆地表水体高程变化,并证明测高数据的精度不超过 0.7 m。ESA 分别在 1991 年、1995 年发射 ERS-1/2 星载高度计,Traon 等联合 T/P、ERS-1/2 多源高度计数据,分析了海平面变化。随后,NASA 和 CNES 于 2001 年和 2008 年分别发射 Jason-1 和 Jason-2,接替 T/P 卫星的监测任务。Cheng 等利用 Jason-l 和 Jason-2 测高数据对北美五大湖水位变化进行了监测,孙明智等利用 T/P 和 Jason-1/2/3 高度计数据进行了拉昂错 1992—2020 年水位时间序列构建,并分析水位变化与气象因子关系。Jawad 等选取 Jason-2 数据在加拿大选取 4 个湖泊,用于改进冻结和融化期间水位监测。Envisat 卫星是继 ERS-1/2 之后由 ESA 于 2002 年发射的,其搭载了测高精度更好的 RA-2 新一代雷达高度计,测高精度可控制在 1 m 以内。Alsdorf 等和 Frappart 等联合 T/P 和 Envisat 测高数据对亚马孙流域进行高程监测。Lee 等基于 Envisat 星载高度计数据,监测了青藏高原东北部 2002—2009 年的湖泊水位,并分析了湖泊变化与温度降水之间的响应关系。Seymour 等利用 CryoSat-2 数据精确测量了南北极的海冰厚度以及冰盖的变化。同时有学者利用 CryoSat-2 监测青藏高原湖泊水位变化。

但是,上述雷达高度计的足迹点都较大,基本在 2 km 左右,对湖泊大小针对性很强,监测较小湖泊水位时有一定的局限性。ICESat 系列测高卫星空间分辨率较高,其足迹点仅为 70 m,在监测小型湖泊水位变化时效果明显。李均力等基于 ICESat/GLAS 测高数据提取了 2003—2009 年期间中亚地区 24 个典型湖泊水位变化情况,证明 ICESat/GLAS 测高数据误差不大于 0.05 m。朱长明等基于 ICESat-1/2 星载高度计数据提出了高原湖泊水位综合反演方法,并证明 ICESat-1/2 星载高度计数据提取内陆湖泊水位精度较高,误差在 0.05 m 之内。

各类星载高度计都有各自的优势和缺陷,融合不同时间、空间分辨率的多源星载高度计数据,充分利用各种星载高度计的优势可以获得更高精度的湖泊水位,监测更长时间和更大范围的湖泊,构建更完整的湖泊水位序列。

(3) 湿地分类

随着 SAR 技术的不断发展,越来越多的国内外学者基于极化 SAR 进行海岸带湿地的分类研究。2000 年,Ghedira 等基于单极化 Radarsat 影像进行湿地分类,并取得了较为理想的结果。2002 年,Moghaddam 等利用两种波段的不同极化(L 波段 HH 极化和 C 波段 VV 极化)SAR 影像,基于决策树分类算法,通过建立一定的分类规则对五种湿地地物进行分类。2005 年,Li 等将 ETM+、RADARSAT-1 和 DEM 数据进行融合,充分利用光学影像的光谱信息和 SAR 影像的极化信息,进行海岸带地物的分类,结果表明:融合数据的分类精度高于单一 SAR 数据的分类精度。在此基础上,Elaksher 等于 2008 年将高光谱图像与 SAR 图像进行融合,用于海岸湿地地区建筑、水体、道路和海岸线四种地物的分类,取得了较高的分类精度。2009 年,廖静娟等利用极化 SAR 数据,采用 H-A-α 分解得到的极化特征,开展了鄱阳湖湿地不同地表类型的分类,得到了更好的分类效果。2014 年,Hong 等基于 HIS 方法将 SAR 数据和 MODIS 数据进行融合,并成功应用于苜蓿和草地的分类。

10.8　冰雪应用

冰川和积雪是重要的水资源,非常容易受气候变化的影响,SAR 技术可以对其进行监测,反演气候水文循环的变化过程。利用 SAR 数据可以进行海冰分类,对海上浮冰进行监测,区分海冰类型,帮助对海冰冰情进行评估。通过 SAR 图像可以对冰川地貌进行识别和绘图,包括对沉积物、冰碛物、岩石露头和冰川冰的高精度分类提取。

SAR 在极地测绘中主要应用于海冰分类、冰面冻融监测、冰面特征监测、冰盖运动测量等方面。由于极地研究通常涉及面积大、空间范围广,对数据的幅宽提出了很高要求。新型 SAR 普遍具备 ScanSAR 模式,观测范围可达数百公里,可有效减轻影像拼接工作量并提高结果图的完整性和时空一致性。多项研究使用 Sentinel-1 ScanSAR 数据生成了高时空分辨率的南极冰盖冻融及南、北极海冰分类数据集。此外,相关学者还基于 SAR 数据对冰川的变化进行动态监测,研究了冰川流速与温度、季节、地理位置和地貌条件等多种因素的关系,生产了冰流速、冰缘湖分布、冰裂隙分布等极地环境关键要素专题产品,绘制极地海冰高分辨率运动场,对极地海冰的运动特征进行描述,融雪过程中积雪液态水含量和表面粗糙度发生显著变化,SAR 传感器收到的后向散射随之发生变化。利用这种特征可以对积雪中干湿雪进行区分,识别出冰雪融化中的融雪阶段,进行融雪前后比较,监测冰雪融化过程,掌握积雪变化规律,避免雪崩和融雪洪灾等。这些研究成果将有助于量化极地环境对气候变化的响应和对冰川动力学及地球系统过程的进一步理解。

　　研究和探测冰雪分布、生成、消融及演变十分重要,关系到海洋洋流分析、水源水害分析、大气环流分析和气候演变分析,对人类生存环境和农业生态、经济发展关系极大。冰雪探测主要分为海冰微波遥感研究和冰川积雪、冻土微波遥感研究。南极海冰是影响全球气候的关键,由于海水和海冰具有明显的结构和温度差异,被动式微波遥感可通过它们在同一频率亮温的差异和频率不同时亮温的变化,来区分固态冰和开阔水域以及海冰的种类和密集度。而我国冰川冻土微波遥感现已广泛应用于对青藏高原积雪面积、积雪深度及雪水当量等参数的监测与反演研究。

10.9　大气应用

　　灾害性天气预测、大气含水量测量、大气温度探测和大气成分探测是大气科学研究的主要内容,微波辐射计可以在这方面发挥重要的作用。

　　微波遥感在大气中可以用来监测预报灾害性天气。主要利用液态水对微波信号的衰减和水蒸气对微波的吸收特性,微波辐射计与大气水汽的相互吸收性,实现微波辐射计对大气水汽的吸收,进而反映大气水汽的特性和衰减规律,从而实现对台风和风暴中心位置的判断及确定。利用微波辐射计对福建强台风"海贝思"的中心与运行规律进行监测,很快判断出台风呈逆时针运行并且朝厦门方向运动,对此福建就实际情况及需要,联合厦门等地一起制定降低台风破坏程度的办法,使福建及厦门等地平安度过"海贝思"台风期。

10.10　城市管理

　　基于 SAR 数据的城市土地覆盖/利用分类及三维/四维信息提取在城市规划、灾害预警、数字孪生等城市管理工作中发挥着重要作用。在土地覆盖/利用信息获取方面,研究人员通过极化 SAR 深度神经网络实现了详细的城市地物分布测绘;结合改进的差分图像和残差 U-Net 网络可实现高密度城市建筑物变化检测;毫米波 SAR 影像和毫米波特色特征描述集为城市精细地表信息获取提供支持。在三维/四维信息提取方面,基于大地测量层析成像框架实现了厘米级绝对定位精度的城市三维重建;基于高分三号 SAR 数据和差分层析成像技术探测到了毫米级的建筑物形变;广义差分成像模型实现了对建筑物的线性运动、季节性运动等多个形变速率的精确反演;永久散射体层析成像被应用于对多个城市建成区的高精度连续形变监测。这些新型 SAR 的应用正快速推动着城市管理的数字化和精细化进程。

10.11　灾害监测

SAR 的全天时、全天候特性及其对水体和三维结构的敏感性使它在灾害监测中具有独特优势,有助于形成对地震及次生灾害、山体滑坡及泥石流、森林火灾、台风及洪涝等自然灾害的应急快速反应能力。SAR 数据被用于 2016 年意大利阿马特里斯地震、2017 年四川滑坡灾害、2019 年加拿大森林火灾、2020 年鄱阳湖洪涝灾害、2022 年青海地震、2022 年汤加火山喷发等大型灾害的应急监测中,为救援、时空衍化追溯、灾情发展预测等提供了宝贵的信息。特别的,干涉 SAR 的三维信息获取能力对于地质灾害的预测和分析具有非常重要的意义,可提高有关人员提前疏散的成功率,有利于降低生命财产损失。

参 考 文 献

[1] 查东平.基于极化 SAR 的鄱阳湖区水稻生长监测及估产研究[D].南昌:江西农业大学,
2022.

[2] 常本义,高力.IECAS 高分辨率机载合成孔径雷达几何精度试验[J].电子与信息学报,
2006,28(5):945-949.

[3] 常亮.基于 GPS 和美国环境预报中心观测信息的 InSAR 大气延迟改正方法研究[J].测
绘学报,2011,40(5):669-670.

[4] 陈尔学,李增元.分析法和数值解算法相结合的星载 SAR 直接定位算法[J].中国图象
图形学报,2006,11(8):1105-1109.

[5] 陈尔学.星载合成孔径雷达影像正射校正方法研究[D].北京:中国林业科学研究
院,2004.

[6] 陈艳玲,黄城,丁晓利,等.ERS-2 SAR 反演海洋风矢量的研究[J].地球物理学报,2007,
50(6):1688-1694.

[7] 谌华.CRInSAR 大气校正模型研究及其初步应用[D].北京:中国地震局地质研究
所,2006.

[8] 程春泉,张继贤,黄国满,等.考虑多普勒参数的 SAR 影像距离:共面方程及其定位[J].
遥感学报,2013,17(6):1444-1458.

[9] 仇晓兰,韩传钊,刘佳音.一种基于持续运动模型的星载 SAR 几何校正方法[J].雷达学
报,2013,2(1):54-59.

[10] 邓云凯,赵凤军,王宇.星载 SAR 技术的发展趋势及应用浅析[J].雷达学报,2012,
1(1):1-10.

[11] 丁赤飚,刘佳音,雷斌,等.高分三号 SAR 卫星系统级几何定位精度初探[J].雷达学
报,2017,6(1):11-16.

[12] 傅文学,郭小方,田庆久.星载 SAR 距离-多普勒定位算法中地球模型的修正[J].测绘
学报,2008,37(1):59-63.

[13] 葛大庆.区域性地面沉降 InSAR 监测关键技术研究[D].北京:中国地质大学
(北京),2013.

[14] 郭德明,徐华平,李景文.高分辨率星载斜视 SAR 的姿态导引[J].宇航学报,2011,
32(5):1130-1135.

[15] 郭华东,吴文瑾,张珂,等.新型 SAR 对地环境观测[J].测绘学报,2022,51(6):
862-872.

[16] 程海琴.时序雷达干涉测量探测汶川地震龙门山区滑坡的时空分布特征[D].成都:西
南交通大学,2015.

[17] 胡晓东,胡强,雷兴,等.一种用于白天星敏感器的星点质心提取方法[J].中国惯性技术学报,2014,22(4):481-485.

[18] 黄丽芬,马海波.微波辐射计在现代大气探测中的应用[J].低碳世界,2016(34):246-247.

[19] 黄世奇,王善成.微波遥感 SAR 军事探测技术研究[J].飞航导弹,2005(4):13-16.

[20] 贾辉.高精度星敏感器星点提取与星图识别研究[D].长沙:国防科学技术大学,2010.

[21] 姜丽敏,陈曙暄,向茂生.面向 InSAR 稀疏控制点测图的同名点提取方法[J].电子与信息学报,2011,33(12):2837-2845.

[22] 姜山,王国栋,王化深.三角形三面角反射器加工公差对其单站 RCS 影响研究[J].航空兵器,2006,13(4):24-27.

[23] 蒋永华,张过,唐新明,等.资源三号测绘卫星三线阵影像高精度几何检校[J].测绘学报,2013,42(4):523-529.

[24] 解清华,朱建军,汪长城,等.基于 S-RVoG 模型的 PolInSAR 森林高度非线性复数最小二乘反演算法[J].测绘学报,2020,49(10):1303-1310.

[25] 金亚秋.微波遥感及其在中国的发展[J].微波学报,2020,36(1):1-6.

[26] 靳国旺.InSAR 地形测绘若干问题研究[J].测绘学报,2011,40(5):668.

[27] 雷博恩,王世航.微波遥感应用现状综述[J].科技广场,2016(6):171-174.

[28] 李德仁,张过,江万寿,等.缺少控制点的 SPOT-5 HRS 影像 RPC 模型区域网平差[J].武汉大学学报(信息科学版),2006,31(5):377-381.

[29] 李德仁,张过,蒋永华,等.国产光学卫星影像几何精度研究[J].航天器工程,2016,25(1):1-9.

[30] 李涛,唐新明,高小明,等.SAR 卫星业务化地形测绘能力分析与展望[J].测绘学报,2021,50(7):891-904.

[31] 李廷伟,梁甸农,黄海风,等.一种基于 BP 神经网络的极化干涉 SAR 植被高度反演方法[J].国防科技大学学报,2010,32(3):60-64.

[32] 李文梅,李增元,陈尔学,等.层析 SAR 反演森林垂直结构参数现状及发展趋势[J].遥感学报,2014,18(4):741-751.

[33] 李莹莹,吴昊,俞雷,等.高分辨率 SAR 和可见光图像同名点自动匹配技术[J].测绘通报,2014(5):66-70.

[34] 梁泽浩,王晋,李广雪.星载 SAR 技术的发展及应用浅析[J].测绘与空间地理信息,2021,44(2):29-32.

[35] 廖明.色散延迟线在相控阵中的应用研究[D].南京:南京理工大学,2016.

[36] 廖明生,林珲.雷达干涉测量:原理与信号处理基础[M].北京:测绘出版社,2003.

[37] 刘冠男.固体潮对油气运移的影响研究[D].成都:成都理工大学,2015.

[38] 刘国祥,丁晓利,李志林,等.星载 SAR 复数图像的配准[J].测绘学报,2001,30(1):60-66.

[39] 刘佳音,韩冰,洪文.一种新的 SAR 图像斜距多普勒定位模型的直接解法[J].遥感技术与应用,2012,27(5):716-721.

[40] 刘军,王冬红,刘敬贤,等.利用 RPC 模型进行 IKONOS 影像的精确定位[J].测绘科学

技术学报,2006,23(3):228-231.

[41] 刘军,张永生,王冬红.基于 RPC 模型的高分辨率卫星影像精确定位[J].测绘学报,2006,35(1):30-34.

[42] 刘淼.高分专项工程高分三号卫星成功发射(2016-08-10)[EB/OL].http://www.gov.cn/xinwen/2016/08/10/content_5098702.htm.

[43] 刘明军.利用 Radarsat 立体影像提取 DEM 摄影测量方法研究[D].武汉:武汉大学,2004.

[44] 刘一良.微波遥感的发展与应用[J].沈阳工程学院学报(自然科学版),2008,4(2):171-173.

[45] 鹿琳琳,郭华东,韩春明.微波遥感农业应用研究进展[J].安徽农业科学,2008,36(4):1289-1291.

[46] 莫锦军,袁乃昌.SAR 校准常用参考目标分析和比较[J].航天返回与遥感,1999,20(2):10-16.

[47] 欧吉坤.GPS 测量的中性大气折射改正的研究[J].测绘学报,1998,27(1):31-36.

[48] 潘红播,张过,唐新明,等.资源三号测绘卫星传感器校正产品几何模型[J].测绘学报,2013,42(4):516-522.

[49] 裴媛媛,邓飞.双极化 SAR 联合光学遥感影像在南方强风化区填图中的试验研究[J].地质力学学报,2016,22(4):976-983.

[50] 彭柏诚.基于 SAR 图像的长江流域水文变化评估方法研究[D].成都:电子科技大学,2022.

[51] 彭海月.青藏高原湖泊水位序列构建与变化分析[D].西宁:青海大学,2022.

[52] 彭希隆,赵红,范永弘,等.基于 GPS/IMU 的红外影像直接定位技术[J].测绘科学技术学报,2012,29(4):285-288.

[53] 墙强.基于 RPC 模型的星载高分辨率 SAR 影像正射纠正[J].遥感学报,2008,12(6):942-948.

[54] 秦绪文,田淑芳,洪友堂,等.无需初值的 RPC 模型参数求解算法研究[J].国土资源遥感,2005,17(4):7-10.

[55] 秦绪文,张过,李丽.SAR 影像的 RPC 模型参数求解算法研究[J].成都理工大学学报(自然科学版),2006,33(4):349-355.

[56] 任芙蓉.基于 SAR 图像模拟的控制点自动提取[D].郑州:解放军信息工程大学,2009.

[57] 撒文彬,王海涛,姜岩,等.相控阵天线色散误差对高分辨率星载 SAR 成像质量的影响研究[J].上海航天,2016,33(4):38-44.

[58] 苏航,徐从安,姚力波,李健伟,凌青,高龙.一种轻量化 SAR 图像舰船目标斜框检测方法:202210088142.2[P].2022-10-20.

[59] 孙钰珊,张力,许彪,等.资源三号卫星影像无控制区域网平差[J].遥感学报,2019,23(2):205-214.

[60] 唐新明,张过,祝小勇,等.资源三号测绘卫星三线阵成像几何模型构建与精度初步验证[J].测绘学报,2012,41(2):191-198.

[61] 滕惠忠,李秉秋.微波遥感及其在海洋测绘中的应用[J].海洋测绘,1997(01):49-51+48.

[62] 田忠明,郭琨毅,盛新庆.角反射器表面粗糙度对单站 RCS 的影响[J].北京理工大学学报,2011,31(10):1227-1230.

[63] 万杰,廖静娟,许涛,等.基于 ICESat/GLAS 高度计数据的 SRTM 数据精度评估:以青藏高原地区为例[J].国土资源遥感,2015,27(1):100-105.

[64] 汪韬阳,张过,李德仁,等.资源三号测绘卫星影像平面和立体区域网平差比较[J].测绘学报,2014,43(4):389-395.

[65] 王爱春,向茂生,汪丙南.城区地表形变差分 TomoSAR 监测方法[J].测绘学报,2016,45(12):1413-1422.

[66] 王磊,张钧萍,张晔.基于特征的 SAR 图像与光学图像自动配准[J].哈尔滨工业大学学报,2005,37(1):22-25.

[67] 王品清,刘刚,李邦良.陆地卫星 TM 及 JERS-1 卫星 SAR 数据用于西藏东部斑岩铜矿勘查[J].国土资源遥感,1997,9(2):54-61.

[68] 王睿.星载合成孔径雷达系统设计与模拟软件研究[D].北京:中国科学院研究生院(电子学研究所),2003.

[69] 王山虎,尤红建,付琨.基于大尺度双边 SIFT 的 SAR 图像同名点自动提取方法[J].电子与信息学报,2012,34(2):287-293.

[70] 王新洲,黄海兰,刘丁酉,等.谱修正迭代法及其在测量数据处理中的应用[J].黑龙江工程学院学报,2001,15(2):3-6.

[71] 王振力,钟海.国外先进星载 SAR 卫星的发展现状及应用[J].国防科技,2016,37(1):19-24.

[72] 魏钜杰,张继贤,黄国满,等.TerraSAR-X 影像直接地理定位方法研究[J].测绘通报,2009(9):11-14.

[73] 魏钜杰,张继贤,赵争,等.稀少控制下 TerraSAR-X 影像高精度直接定位方法[J].测绘科学,2011,36(1):58-60.

[74] 吴云龙.GOCE 卫星重力梯度测量数据的预处理研究[D].武汉:武汉大学,2010.

[75] 邢学敏,朱建军,汪长城,等.一种新的 CR 点目标识别方法及其在公路形变监测中的应用[J].武汉大学学报(信息科学版),2011,36(6):699-703.

[76] 熊文秀,冯光财,李志伟,等.顾及时空特性的 SBAS 高质量点选取算法[J].测绘学报,2015,44(11):1246-1254.

[77] 须海江.星载合成孔径雷达图像目标定位研究[D].北京:中国科学院研究生院(电子学研究所),2005.

[78] 许金萍,彭仲宇.基于 GCP 库的星载 SAR 图像自动精校正[J].测绘科学,2009,34(5):107-109.

[79] 许可乐,唐涛,蒋咏梅.一种 SAR 图像稳健特征点提取方法[J].智能系统学报,2013,8(4):287-291.

[80] 薛笑荣,王爱民,曾琪明.基于图像模拟的 SAR 图像角反射器检测方法研究[J].安阳师范学院学报,2009(5):69-72.

[81] 闫世勇.角反射器雷达干涉实验及在形变监测中的应用[D].邯郸:河北工程大学,2009.

[82] 杨成生,侯建国,季灵运,等. InSAR 中人工角反射器方法的研究[J]. 测绘工程,2008, 17(4):12-14.

[83] 杨浩. 基于时间序列全极化与简缩极化 SAR 的作物定量监测研究[D]. 北京:中国林业 科学研究院,2015.

[84] 杨杰. 星载 SAR 影像定位和从星载 InSAR 影像自动提取高程信息的研究[D]. 武汉: 武汉大学,2004.

[85] 杨泽发,朱建军,李志伟,等. 联合 InSAR 和水准数据的矿区动态沉降规律分析[J]. 中 南大学学报(自然科学版),2015,46(10):3743-3751.

[86] 尹宏杰,朱建军,李志伟,等. 基于 SBAS 的矿区形变监测研究[J]. 测绘学报,2011, 40(1):52-58.

[87] 于慧娜,倪文俭,蔡玉林,等. TerraSAR-X 立体雷达数据提取东北典型林区 DSM[J]. 遥感学报,2018,22(1):174-184.

[88] 袁孝康. 星载合成孔径雷达目标定位误差分析[J]. 航天电子对抗,1998(2):13-18.

[89] 袁孝康. 星载合成孔径雷达的辐射校准[J]. 上海航天,1998(4):13-19.

[90] 孝康. 星载合成孔径雷达的目标定位方法[J]. 上海航天,1997(6):51-57.

[91] 袁孝康. 星载合成孔径雷达目标定位研究[J]. 上海航天,2002(1):1-7.

[92] 袁孝康. 星载遥感器对地面目标的定位[J]. 上海航天,2000,17(3):1-8.

[93] 张德海,郑震藩,姜景山. "神舟"四号中的微波遥感[J]. 物理,2004,33(1):49-53.

[94] 张登荣,俞乐,蔡志刚. 基于面特征的光学与 SAR 影像自动匹配方法[J]. 中国矿业大 学学报,2007,36(6):843-847.

[95] 张过,费文波,李贞,等. 用 RPC 替代星载 SAR 严密成像几何模型的试验与分析[J]. 测绘学报,2010,39(3):264-270.

[96] 张过,李德仁,秦绪文,等. 基于 RPC 模型的高分辨率 SAR 影像正射纠正[J]. 遥感学 报,2008,12(6):942-948.

[97] 张过. 高分辨率 SAR 卫星标准产品分级体系研究:Research on high-resolution SAR satellite standard product classification system[M]. 北京:测绘出版社,2012.

[98] 张过,李贞. 基于 RPC 的 TerraSAR-X 影像立体定向平差模型[J]. 测绘科学,2011, 36(6):146-148,120.

[99] 张过,潘红播,江万寿,等. 基于 RPC 模型的线阵卫星影像核线排列及其几何关系重建 [J]. 国土资源遥感,2010,22(4):1-5.

[100] 张过,潘红播,唐新明,等. 资源三号测绘卫星长条带产品区域网平差[J]. 武汉大学学 报(信息科学版),2014,39(9):33-35.

[101] 张过,墙强,祝小勇,等. 基于影像模拟的星载 SAR 影像正射纠正[J]. 测绘学报, 2010,39(6):554-560.

[102] 张过,郑玉芝. 高分辨率星载 SAR 数据产品分级研究[J]. 遥感学报,2015,19(3): 409-430.

[103] 张红敏,靳国旺,徐青,等. 利用单个地面控制点的 SAR 图像高精度立体定位[J]. 雷 达学报,2014,3(1):85-91.

[104] 张庆君,韩晓磊,刘杰. 星载合成孔径雷达遥感技术进展及发展趋势[J]. 航天器工程,

2017,26(6):1-8.

[105] 张润宁,王国良,梁健,等.空间微波遥感技术发展现状及趋势[J].航天器工程,2021,30(6):52-61.

[106] 张世豪.基于深度学习的海岸带湿地高分SAR分类方法研究[D].东营:中国石油大学(华东),2020.

[107] 张婷,张鹏飞,曾琪明.SAR定标中角反射器的研究[J].遥感信息,2010,25(3):38-42.

[108] 张永红,林宗坚,张继贤,等.SAR影像几何校正[J].测绘学报,2002,31(2):134-138.

[109] 张永红.合成孔径雷达成像几何机理分析及处理方法研究[D].武汉:武汉大学,2001.

[110] 张永生,王涛,张云彬.航天遥感工程[M].2版.北京:科学出版社,2010.

[111] 赵俊娟,尹京苑,李成范.基于FEKO平台的人工角反射器RCS模拟[J].微电子学与计算机,2013,30(8):79-81.

[112] 赵俊娟.构造形变监测中人工角反射器的RCS模拟[D].上海:上海大学,2012.

[113] 赵良玉.环境一号卫星[EB/OL].http://baike.baidu.com/item/环境一号卫星.

[114] 赵现斌,严卫,王迎强,等.基于海面散射模型的全极化合成孔径雷达海洋环境探测关键技术参数设计仿真研究[J].物理学报,2014,63(21):402-412.

[115] 郑鸿瑞,徐志刚,甘乐,等.合成孔径雷达遥感地质应用综述[J].国土资源遥感,2018,30(2):12-19.

[116] 周金萍,唐伶俐,李传荣.星载SAR图像的两种实用化R-D定位模型及其精度比较[J].遥感学报,2001,5(3):191-197.

[117] 周晓,曾琪明,焦健,等.星载SAR传感器外场定标实验研究:以TerraSAR-X卫星为例[J].遥感技术与应用,2014,29(5):711-718.

[118] 周晓,曾琪明,焦健.TerraSAR-X传感器定标精度及其应用分析[J].遥感信息,2014,29(2):33-37.

[119] 周月琴,郑肇葆,李德仁,等.SAR图像立体定位原理与精度分析[J].遥感学报,1998(4):245-250.

[120] 朱建军,付海强,汪长城.InSAR林下地形测绘方法与研究进展[J].武汉大学学报(信息科学版),2018,43(12):2030-2038.

[121] 朱建军,付海强,汪长城.极化干涉SAR地表覆盖层"穿透测绘"技术进展[J].测绘学报,2022,51(6):983-995.

[122] 朱建军,解清华,左廷英,等.复数域最小二乘平差及其在Pol InSAR植被高反演中的应用[J].测绘学报,2014,43(1):45-51,59.

[123] 朱建军,杨泽发,李志伟.InSAR矿区地表三维形变监测与预计研究进展[J].测绘学报,2019,48(2):135-144.

[124] 朱建军,李志伟,胡俊.InSAR变形监测方法与研究进展[J].测绘学报,2017,46(10):1717-1733.

[125] HATOOKA Y,KANKAKU Y,ARIKAWA Y,et al. First result from ALOS-2 operation[C]//SPIE Proceedings "," Earth Observing Missions and Sensors: Development,Implementation,and Characterization III. Beijing,China. SPIE,2014:

8691-8694.

[126] BACHMANN M, SCHWERDT M, BRAUTIGAM B. TerraSAR-X antenna calibration and monitoring based on a precise antenna model[J]. IEEE transactions on geoscience and remote sensing,2010,48(2):690-701.

[127] BAMLER R, EINEDER M. Accuracy of differential shift estimation by correlation and split-bandwidth interferometry for wideband and delta-k SAR systems[J]. IEEE geoscience and remote sensing letters,2005,2(2):151-155.

[128] BAMLER R, HARTL P. Synthetic aperture radar interferometry[J]. Inverseproblems, 1998,14(4):R1-R54.

[129] BERARDINO P, FORNARO G, LANARI R, et al. A new algorithm for surface deformation monitoring based on small baseline differential SAR interferograms[J]. IEEE transactions on geoscience and remote sensing,2002,40(11):2375-2383.

[130] BIANCARDI P, IANNINI L, D'ALESSANDRO M M, et al. Performances and limitations of persistent scatterers-based SAR calibration[C]//2010 IEEE Radar Conference. Arlington,VA,USA. IEEE,2010:762-766.

[131] BRAUTIGAM B,GONZALEZ J H,SCHWERDT M,et al. TerraSAR-X instrument calibration results and extension for TanDEM-X [J]. IEEE transactions on geoscience and remote sensing,2010,48(2):702-715.

[132] BRAUTIGAM B,SCHWERDT M,BACHMANN M,et al. Results from geometric and radiometric calibration of TerraSAR-X[C]//2007 European Radar Conference. Munich,Germany. IEEE,2007:87-90.

[133] BROWN E W. Application of SEASAT SAR Digitially Corrected Imagery for Sea Ice Dynamics[C]. In: American Geophysics. Geophys Union Spring 1981 Metting, Baltimore,USA,1981:25-29.

[134] BU L J,ZHANG G,LIN Y S,et al. PSF estimation in SAR imagery restoration based on corner reflectors[C]//2010 IEEE International Conference on Progress in Informatics and Computing. Shanghai,China. IEEE,2010:804-808.

[135] BUYUKSALIH G, KOCAK G, ORUC M. Geometric accuracy evaluation of the DEM generated by the Russian TK-350 stereo scenes using the SRTM X-and C-band interferometric DEMs[J]. Photogrammetric engineering & remote sensing,2005, 71(11):1295-1301.

[136] CALABRESE D,CRICENTI A,GRIMANI V,et al. COSMO-SkyMed: Calibration & validation resources and activities[C]//2008 IEEE Radar Conference. Rome, Italy. IEEE,2008:1-6.

[137] CAPALDO P. A radargrammetric orientation model and a RPCs generation tool for COSMO-SkyMed and TerraSAR-X High Resolution SAR[J]. Italian journal of remote sensing,2012:55-67.

[138] CAPALDO P, CRESPI M, FRATARCANGELI F, et al. High-resolution SAR radargrammetry:a first application with COSMO-SkyMed SpotLight imagery[J].

IEEE geoscience and remote sensing letters,2011,8(6):1100-1104.

[139] CARNEC C,DELACOURT C. Three years of mining subsidence monitored by SAR interferometry, near Gardanne, France[J]. Journal of applied geophysics, 2000, 43(1):43-54.

[140] CARNEC C, MASSONNET D, KING C. Two examples of the use of SAR interferometry on displacement fields of small spatial extent[J]. Geophysical research letters,1996,23(24):3579-3582.

[141] CLAUSS K,OTTINGER M,LEINENKUGEL P,et al. Estimating rice production in the Mekong Delta, Vietnam, utilizing time series of Sentinel-1 SAR data[J]. International journal of applied earth observation and geoinformation, 2018, 73: 574-585.

[142] COLESANTI C,LE MOUELIC S,BENNANI M,et al. Detection of mining related ground instabilities using the Permanent Scatterers technique-a case study in the east of France[J]. International journal of remote sensing,2005,26(1):201-207.

[143] CONG X Y, BALSS U, EINEDER M, et al. Imaging geodesy-centimeter-level ranging accuracy with TerraSAR-X: an update[J]. IEEE geoscience and remote sensing letters,2012,9(5):948-952.

[144] CURLANDER J C, MCDONOUGH R N. Synthetic aperture radar: systems and signal processing[M]. New York:Wiley,1991.

[145] CURLANDER J C. Location of spaceborne sar imagery[J]. IEEE transactions on geoscience and remote sensing,1982,20(3):359-364.

[146] DALL J. InSAR elevation bias caused by penetration into uniform volumes[J]. IEEE transactions on geoscience and remote sensing,2007,45(7):2319-2324.

[147] VAN DAM T M, WAHR J M. Displacements of the Earth's surface due to atmospheric loading:effects on gravity and baseline measurements[J]. Journal of geophysical research:solid earth,1987,92(B2):1281-1286.

[148] D'ARIA D,FERRETTI A,MONTI GUARNIERI A,et al. SAR calibration aided by permanent scatterers[J]. IEEE transactions on geoscience and remote sensing,2010, 48(4):2076-2086.

[149] DAVIS J L,HERRING T A,SHAPIRO I I,et al. Geodesy by radio interferometry: effects of atmospheric modeling errors on estimates of baseline length [J]. Radioscience,1985,20(6):1593-1607.

[150] DENG M J,ZHANG G,CAI C L,et al. Improvement and assessment of the absolute positioning accuracy of Chinese high-resolution SAR satellites[J]. Remote sensing, 2019,11(12):1465.

[151] DONG D,FANG P,BOCK Y,et al. Anatomy of apparent seasonal variations from GPS-derived site position time series[J]. Journal of geophysical research: solid earth,2002,107(b4):etg9-1-etg9-16.

[152] EANES R J,SCHUTZ B,TAPLEY B. Earth and ocean tide effects on Lageos and

Starlette[C]//Proceedings of the Ninth International Symposium on Earth Tides E. The Ninth International Symposium on Earth Tides, Stuttgart, Germany, 1983: 239-249.

[153] EFTEKHARI A, SAADATSERESHT M, MOTAGH M. A study on rational function model generation for TerraSAR-X imagery[J]. Sensors,2013,13(9):12030-12043.

[154] EINEDER M, MINET C, STEIGENBERGER P, et al. Imaging geodesy-toward centimeter-level ranging accuracy with TerraSAR-X [J]. IEEE transactions on geoscience and remote sensing,2011,49(2):661-671.

[155] FAN J H,XIA Y,ZHAO H L,et al. Monitoring of landslide deformation based on the coherent targets of high resolution InSAR data[C]//SPIE Proceedings"," Remote Sensing of the Environment:18th National Symposium on Remote Sensing of China. Wuhan,China. SPIE,2014:7.

[156] EVANS D L,ALPERS W,CAZENAVE A,et al. Seasat-a 25-year legacy of success [J]. Remotesensing of environment,2005,94(3):384-404.

[157] FEI W B,ZHANG G,LI Z. Application of RPC model for InSAR phase evaluation [C]//2011 IEEE International Geoscience and Remote Sensing Symposium. Vancouver,BC,Canada. IEEE,2011:1693-1695.

[158] FERRETTI A,PRATI C,ROCCA F. Permanent scatterers in SAR interferometry [J]. IEEE transactions on geoscience and remote sensing,2001,39(1):8-20.

[159] FERSTL D, RÜETHER M, BISCHOF H. CP-census: a novel model for dense variational scene flow from RGB-D data[C]//Proceedings of the British Machine Vision Conference 2014. Nottingham. British Machine Vision Association,2014: 1-11.

[160] FLAMINI E,WALL S,JOHNSON W T K. Cassini Radar:expectations and results after three years of operations[C]//2008 IEEE Radar Conference. Rome,Italy. IEEE,2008:1-4.

[161] FREEMAN A,DURDEN S L. A three-component scattering model for polarimetric SAR data[J]. IEEE transactions on geoscience and remote sensing,1998,36(3):963-973.

[162] FRITZ T,H B,B. S,et al. TerraSAR-X Image Products: Characterization and Verification [C]//7th European Conference on Synthetic Aperture Radar,Friedrichshafen,Germany, 2008:1-4.

[163] GABRIEL A K, GOLDSTEIN R M, ZEBKER H A. Mapping small elevation changes over large areas:differential radar interferometry[J]. Journal of geophysical research:solid earth,1989,94(b7):9183-9191.

[164] GE L L,CHANG H C,RIZOS C. Mine subsidence monitoring using multi-source satellite SAR images[J]. Photogram metricengineering & remote sensing, 2007, 73(3):259-266.

[165] GORBACHEV V A. Dense terrain stereoreconstruction using modified SGM[J]. Journal of computer and systems sciences international,2014,53(2):212-223.

[166] GRODECKI J,DIAL G. Block adjustment of high-resolution satellite images described by rational polynomials[J]. Photogram metricengineering & remote sensing,2003,69(1): 59-68.

[167] HUANG J L,DENG K Z,FAN H D,et al. An improved pixel-tracking method for monitoring mining subsidence[J]. Remotesensing letters,2016,7(8):731-740.

[168] JEHLE M,PERLER D,SMALL D,et al. Estimation of atmospheric path delays in terra SAR-X data using models vs. measurements[J]. Sensors,2008,8(12):8479-8491.

[169] JIANG Y H,ZHANG G. Research on the methods of inner calibration of spaceborne SAR[C]//2011 IEEE International Geoscience and Remote Sensing Symposium. Vancouver,BC,Canada. IEEE,2011:914-916.

[170] JIAO N G,WANG F,YOU H J,et al. Geo-positioning accuracy improvement of multi-mode GF-3 satellite SAR imagery based on error sources analysis[J]. Sensors, 2018,18(7):2333.

[171] JIAO N G,WANG F,YOU H J. A new RD-RFM stereo geolocation model for 3D geo-information reconstruction of SAR-optical satellite image pairs[J]. IEEE access, 2020,8:94654-94664.

[172] JOHNSEN H,LAUKNES L,GUNERIUSSEN T. Geocoding of fast-delivery ERS-1SAR image mode product using DEM data[J]. International journal of remote sensing,1995,16(11):1957-1968.

[173] JORDAN R L,CARO E R,KIM Y,et al. Shuttle radar topography mapper(SRTM). Proceedings SPIE vol. 2958[C]//Conference on Microwave Instrumentation for Remote Sensing of the Earth Ⅱ,Taormina,Italy,1996:412-422.

[174] KARJALAINEN M,KANKARE V,VASTARANTA M,et al. Prediction of plot-level forest variables using TerraSAR-X stereo SAR data[J]. Remotesensing of environment,2012,117:338-347.

[175] KOBAYASHI T,KIM J H,LEE S R,et al. Synthetic aperture radar processing of kaguya lunar radar sounder data for lunar subsurface imaging[J]. IEEE transactions on geoscience and remote sensing,2012,50(6):2161-2174.

[176] LAVALLE M,SIMARD M,HENSLEY S. A temporal decorrelation model for polarimetric radar interferometers[J]. IEEE transactions on geoscience and remote sensing,2012,50(7):2880-2888.

[177] LEE S K,KUGLER F,PAPATHANASSIOU K P,et al. Quantification of temporal decorrelation effects at L-band for polarimetric SAR interferometry applications[J]. IEEE journal of selected topics in applied earth observations and remote sensing, 2013,6(3):1351-1367.

[178] LI F K,HELD D N,CURLANDER J C,et al. Doppler parameter estimation for spaceborne synthetic-aperture radars [J]. IEEE transactions on geoscience and

remote sensing,1985,ge-23(1):47-56.

[179] LI Z W,YANG Z F,ZHU J J,et al. Retrieving three-dimensional displacement fields of mining areas from a single InSAR pair[J]. Journal of geodesy,2015,89(1):17-32.

[180] LOPEZ-SANCHEZ J M,BALLESTER-BERMAN J D,MARQUEZ-MORENO Y. Model limitations and parameter-estimation methods for agricultural applications of polarimetric SAR interferometry[J]. IEEE transactions on geoscience and remote sensing,2007,45(11):3481-3493.

[181] LOPEZ-SANCHEZ J M,VICENTE-GUIJALBA F,ERTEN E,et al. Retrieval of vegetation height in rice fields using polarimetric SAR interferometry with TanDEM-X data[J]. Remotesensing of environment,2017,192:30-44.

[182] LU H X,SUO Z Y,GUO R,et al. S-RVoG model for forest parameters inversion over underlying topography[J]. Electronicsletters,2013,49(9):618-620.

[183] MCCARTHY D,PETIT G. IERS Conventions (2003)[J]. Iers technical note,2004, 32:95.

[184] MOHR J J,MADSEN S N. Geometric calibration of ERS satellite SAR images[J]. IEEE transactions on geoscience and remote sensing,2001,39(4):842-850.

[185] MOREIRA A, KRIEGER G, HAJNSEK I, et al. Tandem-L:a highly innovative bistatic SAR mission for global observation of dynamic processes on the earth's surface[J]. IEEE geoscience and remote sensing magazine,2015,3(2):8-23.

[186] NG A H M,GE L L,YAN Y G,et al. Mapping accumulated mine subsidence using small stack of SAR differential interferograms in the Southern Coalfield of New South Wales,Australia[J]. Engineering geology,2010,115(1/2):1-15.

[187] NISHIDAI T. Early results from 'Fuyo-1' Japan's Earth Resources Satellite (JERS-1)[J]. International journal of remote sensing,1993,14(9):1825-1833.

[188] OWENS J C. Optical refractive index of air:dependence on pressure,temperature and composition[J]. Appliedoptics,1967,6(1):51-59.

[189] PAPASODORO C,ROYER A,LANGLOIS A,et al. Potential of RADARSAT-2 stereo radargrammetry for the generation of glacier DEMs[J]. Journal of glaciology, 2016,62(233):486-496.

[190] PAPATHANASSIOU K P,CLOUDE S R. Single-baseline polarimetric SAR interferometry [J]. IEEE transactions on geoscience and remote sensing,2001,39(11):2352-2363.

[191] PAPATHANASSIOU K P,CLOUDE S R. The effect of temporal decorrelation on the inversion of forest parameters from Pol-InSAR data[C]//IGARSS 2003. 2003 IEEE International Geoscience and Remote Sensing Symposium. Proceedings. Toulouse,France. IEEE,2003:1429-1431.

[192] PARASHAR S,LANGHAM E,MCNALLY J,et al. Radarsat mission requirements and concept[J]. Canadian journal of remote sensing,1993,19(4):280-288.

[193] PAZHANIVELAN S,RAGUNATH K P,SUDARMANIAN N S,et al. Integrating time-series sar data and oryza crop growth model in rice area mapping and yield

estimation for crop insurances[J]. The international archives of the photogrammetry, remote sensing and spatial information sciences,2019,xlii-3/w6:239-243.

[194] PUYSSÉGUR B,MICHEL R,AVOUAC J P. Tropospheric phase delay in interferometric synthetic aperture radar estimated from meteorological model and multispectral imagery [J]. Journal of geophysical research:solid earth,2007,112(b5):1-12.

[195] QUEGAN S,LE TOAN T,CHAVE J,et al. The European Space Agency BIOMASS mission:measuring forest above-ground biomass from space[J]. Remote sensing of environment,2019,227:44-60.

[196] RAGGAM H, GUTJAHR K, PERKO R, et al. Assessment of the stereo-radargrammetric mapping potential of TerraSAR-X multibeam spotlight data[J]. IEEE transactions on geoscience and remote sensing,2010,48(2):971-977.

[197] REIGBER A, MOREIRA A, PAPATHANASSIOU K P. First demonstration of airborne SAR tomography using multibaseline L-band data [C]//IEEE 1999 International Geoscience and Remote Sensing Symposium. IGARSS'99 (Cat. No. 99CH36293). Hamburg,Germany. IEEE,1999:44-46.

[198] RICCIO D,DI MARTINO G,IODICE A,et al. Calibration of COSMO-SkyMed SAR data for hydrology applications [C]//2012 IEEE International Geoscience and Remote Sensing Symposium. Munich,Germany. IEEE,2012:844-847.

[199] SALOMON P,GOSS W. A microprocessor-controlled CCD star tracker[C]//14th Aerospace Sciences Meeting. 26 January 1976-28 January 1976, Washington, DC. Reston,Virginia:AIAA,1976:116.

[200] SATAKE M, FUJITA M, HANADO H, et al. Calibration experiments of ERS-1 SAR with active radar calibrator in Japan[C]//Proceedings of IGARSS '94-1994 IEEE International Geoscience and Remote Sensing Symposium. Pasadena, CA, USA. IEEE,2002:2209-2211.

[201] SCHUBERT A,JEHLE M,SMALL D,et al. Influence of atmospheric path delay on the absolute geolocation accuracy of TerraSAR-X high-resolution products[J]. IEEE transactions on geoscience and remote sensing,2010,48(2):751-758.

[202] SCHUBERT A,SMALL D,MEIER E,et al. Spaceborne SAR product geolocation accuracy: a Sentinel-1 update [C]//2014 IEEE Geoscience and Remote Sensing Symposium. Quebec City,Q,Canada. IEEE,2014:2675-2678.

[203] SCHUBERT A, SMALL D, MIRANDA N, et al. Sentinel-1A product geolocation accuracy:commissioning phase results[J]. Remotesensing,2015,7(7):9431-9449.

[204] SCHWERDT M, BRAUTIGAM B, BACHMANN M, et al. Final results of the efficient Terra SAR-X calibration method [C]//2008 IEEE Radar Conference. Rome,Italy. IEEE,2008:1-6.

[205] SCHWERDT M,BRAUTIGAM B,BACHMANN M,et al. Final TerraSAR-X calibration results based on novel efficient methods[J]. IEEE transactions on geoscience and remote sensing,2010,48(2):677-689.

［206］ SCHWERDT M,BRAEUTIGAM B,BACHMANN M,et al. TerraSAR-X calibration results［C］//7th European Conference on Synthetic Aperture Radar. Friedrichshafen, Germany. VDE,2008:1-4.

［207］ SCHWERDT M,SCHMIDT K,TOUS RAMON N,et al. Independent verification of the sentinel-1A system calibration［J］. IEEE journal of selected topics in applied earth observations and remote sensing,2016,9(3):994-1007.

［208］ SEKHAR K S S,SENTHIL KUMAR A,DADHWAL V K. Geocoding RISAT-1 MRS images using bias-compensated RPC models［J］. International journal of remote sensing,2014,35(20):7303-7315.

［209］ SHALOM E,ALEXANDER J W,STANTON R H. Acquisition and track algorithms for the Astros star tracker［J］. Advances in the astronautical sciences,1985,57:375-398.

［210］ SHIMADA M,ISOGUCHI O,TADONO T,et al. PALSAR radiometric and geometric calibration［J］. IEEE transactions on geoscience and remote sensing,2009,47(12): 3915-3932.

［211］ SHIMADA M. Radiometric and geometric calibration of JERS-1 SAR［J］. Advances inspace research,1996,17(1):79-88.

［212］ Skolnik Merrill I. 雷达手册 ［M］. 3 版. 北京：电子工业出版社,2008.

［213］ SMALL D,HOLZNER J,RAGGAM H,et al. Geometric performance of ENVISAT ASAR products［C］//IGARSS 2003. 2003 IEEE International Geoscience and Remote Sensing Symposium. Proceedings. Toulouse,France. IEEE,2004:1121-1123.

［214］ SMALL D,ROSICH B,MEIER E,et al. Geometric calibration and validation of ASAR imagery［J］. Ceos wgcv sarcalibration & validation workshop,2004:1-8.

［215］ SRIVASTAVA S K,COTE S,LE DANTEC P,et al. RADARSAT-1 calibration and image quality evolution to the extended mission［J］. Advances in space research, 2007,39(1):7-12.

［216］ SRIVASTAVA S K,LE DANTEC P,HAWKINS R K,et al. RADARSAT-1 image quality and calibration-continuing success in extended mission［J］. Advances in space research,2003,32(11):2295-2304.

［217］ STANTON R H,ALEXANDER J W,DENNISON E W,et al. Astros:a sub-arcsec CCD star tracker［C］//SPIE Proceedings","State-of-the-Art Imaging Arrays and Their Applications. San Diego. SPIE,1984: 256-282.

［218］ STANTON R H,ALEXANDER J W,DENNISON E W,et al. Optical tracking using charge-coupled devices［J］. Opticalengineering,1987,26:930-938.

［219］ TOUTIN T,CHÉNIER R,SCHMITT C,et al. Calibration of radargrammetric DEMs from RADARSAT-2 high-resolution and fine-quad modes［C］//2009 IEEE International Geoscience and Remote Sensing Symposium. Cape Town,South Africa. IEEE,2009: V-41-V-43.

［220］ TOUTIN T. Error tracking of radargrammetric DEM from RADARSAT images［J］. IEEE transactions on geoscience and remote sensing,1999,37(5):2227-2238.

[221] TOUTIN T. Impact of radarsat-2 SAR ultrafine-mode parameters on stereo-radargrammetric DEMs[J]. IEEE transactions on geoscience and remote sensing, 2010, 48 (10): 3816-3823.

[222] TREUHAFT R N, MADSEN S N, MOGHADDAM M, et al. Vegetation characteristics and underlying topography from interferometric radar[J]. Radio science, 1996, 31 (6): 1449-1485.

[223] SETIYONO T D, QUICHO E D, HOLECZ F H, et al. Rice yield estimation using synthetic aperture radar (SAR) and the ORYZA crop growth model: development and application of the system in South and South-east Asian countries [J]. International journal of remote sensing, 2019, 40(21): 8093-8124.

[224] WAHR J M. The forced nutations of an elliptical, rotating, elastic and oceanless earth[J]. Geophysical journal of the royal astronomical society, 1981, 64(3): 705-727.

[225] WANG M, WANG Y L, RUN Y, et al. Geometric accuracy analysis for GaoFen3 stereo pair orientation[J]. IEEE geoscience and remote sensing letters, 2018, 15(1): 92-96.

[226] WANG J J, DAI Q X, SHANG J L, et al. Field-scale rice yield estimation using sentinel-1A synthetic aperture radar (SAR) data in coastal saline region of Jiangsu Province, China[J]. Remotesensing, 2019, 11(19): 2274.

[227] WILLIAMS D, LEDANTEC P, CHABOT M, et al. RADARSAT-2 image quality and calibration update[C]//EUSAR 2014: 10th European Conference on Synthetic Aperture Radar. Berlin, Germany. VDE, 2014: 1-4.

[228] WIVELL C E, STEINWAND D R, KELLY G G, et al. Evaluation of terrain models for the geocoding and terrain correction, of synthetic aperture radar (SAR) images [J]. IEEE transactions on geoscience and remote sensing, 1992, 30(6): 1137-1144.

[229] WU Y D, MING Y. Using rfm for simultaneous positioning of multi-sensor spaceborne sar imagery[J]. The photogrammetric record, 2013, 28(143): 312-323.

[230] XIE Q H, WANG J F, LIAO C H, et al. On the use of Neumann decomposition for crop classification using multi-temporal RADARSAT-2 polarimetric SAR data[J]. Remote sensing, 2019, 11(7): 776.

[231] YANG Z F, LI Z W, ZHU J J, et al. An alternative method for estimating 3-D large displacements of mining areas from a single SAR amplitude pair using offset tracking[J]. IEEE transactions on geoscience and remote sensing, 2018, 56(7): 3645-3656.

[232] YANG Z F, LI Z W, ZHU J J, et al. Deriving time-series three-dimensional displacements of mining areas from a single-geometry InSAR dataset[J]. Journal of geodesy, 2018, 92(5): 529-544.

[233] YANG Z F, LI Z W, ZHU J J, et al. Retrieving 3-D large displacements of mining areas from a single amplitude pair of SAR using offset tracking[J]. Remotesensing, 2017, 9(4): 338.

［234］ YANG Z F, LI Z W, ZHU J J, et al. Time-series 3-D mining-induced large displacement modeling and robust estimation from a single-geometry SAR amplitude data set［J］. IEEE transactions on geoscience and remote sensing, 2018, 56（6）: 3600-3610.

［235］ XIA Y, KAUFMANN H, GUO X F. Differential SAR interferometry using corner reflectors［C］//IEEE International Geoscience and Remote Sensing Symposium. Toronto, Ontario, Canada. IEEE, 2002: 1243-1246.

［236］ YE X, KAUFMANN H, GUO X F. Landslide monitoring in the Three Gorges area using D-INSAR and corner reflectors［J］. Photogram metric engineering & remote sensing, 2004, 70（10）: 1167-1172.

［237］ YU B, LIU G X, LI Z L, et al. Subsidence detection by TerraSAR-X interferometry on a network of natural persistent scatterers and artificial corner reflectors［J］. Computers & geosciences, 2013, 58: 126-136.

［238］ ZANDBERGEN R, DOW J M, MERINO M R, et al. ERS-1 and ERS-2 tandem mission: orbit determination, prediction and maintenance［J］. Advances in space research, 1997, 19（11）: 1649-1653.

［239］ ZEBKER H A, VILLASENOR J. Decorrelation in interferometric radar echoes［J］. IEEE transactions on geoscience and remote sensing, 1992, 30（5）: 950-959.

［240］ ZHANG B, FU H Q, ZHU J J, et al. A multibaseline PolInSAR forest height inversion model based on fourier-legendre polynomials［J］. IEEE geoscience and remote sensing letters, 2021, 18（4）: 687-691.

［241］ ZHANG G, FEI W B, LI Z, et al. Evaluation of the RPC model as a replacement for the spaceborne InSAR phase equation［J］. The photogrammetric record, 2011, 26（135）: 325-338.

［242］ ZHANG G, FEI W B, LI Z, et al. Evaluation of the RPC model for spaceborne SAR imagery［J］. Photogrammetric engineering & remote sensing, 2010, 76（6）: 727-733.

［243］ ZHANG G, LI Z, PAN H B, et al. Orientation of spaceborne SAR stereo pairs employing the RPC adjustment model［J］. IEEE transactions on geoscience and remote sensing, 2011, 49（7）: 2782-2792.

［244］ ZHANG G, QIANG Q, LUO Y, et al. Application of RPC model in orthorectification of spaceborne SAR imagery［J］. The photogrammetric record, 2012, 27（137）: 94-110.

［245］ ZHANG G, WU Q W, WANG T Y, et al. Block adjustment without GCPs for Chinese spaceborne SAR GF-3 imagery［J］. Sensors, 2018, 18（11）: 4023.

［246］ ZHANG G, ZHU X Y. A study of the RPC model of TerraSAR-X and COSMO-SKYMED SAR imagery［J］. The international archives of the photogrammetry, remote sensing and spatial information sciences, 2008, 37: 321-324.

［247］ ZHANG L, HE X Y, BALZ T, et al. Rational function modeling for spaceborne SAR datasets［J］. ISPRS journal of photogrammetry and remote sensing, 2011, 66（1）:

133-145.

[248] ZHENG M N,DENG K Z,FAN H D,et al. Monitoring and analysis of mining 3D deformation by multi-platform SAR images with the probability integral method[J]. Frontiers of earth science,2019,13(1):169-179.

[249] ZHOU X,ZENG Q M,JIAO J,et al. Field calibration and validation of Radarsat-2 [C]//2013 IEEE International Geoscience and Remote Sensing Symposium-IGARSS. Melbourne,VIC,Australia. IEEE,2013:4451-4454.

[250] HUANG Z W,HE S. A method for improving positioning accuracy of SAR imagery based on RFM[C]//2013 Fourth International Conference on Digital Manufacturing & Automation. Shinan,China. IEEE,2013:43-46.